Die Personalfalle

Prof. Dr. Jörg Knoblauch ist erfolgreicher Unternehmer und Autor. Mit Sachverstand, Weitsicht und dem Mut, auch Unbequemes auszusprechen, vermittelt er seit mehr als 20 Jahren preisgekrönte Führungsmodelle und neue Strategien der Mitarbeiterbindung. Für seine Erfolge wurde er mehrmals ausgezeichnet, unter anderem mit dem BestPersAward für exzellente Personalführung.

Jörg Knoblauch

Die Personalfalle

Schwaches Personalmanagement
ruiniert Unternehmen

Mit Illustrationen von
Dirk Meissner

Campus Verlag
Frankfurt / New York

Verlag und Autor danken dem FinanzBuch Verlag und Dirk Meissner für die freundliche Genehmigung des Abdrucks der Cartoons:

Cartoons Seite 8, 101, 184: Dirk Meissner. Der letzte Leistungsträger. © 2004 by Redline Verlag, FinanzBuch Verlag GmbH, München. www.redline-verlag.de

Cartoon Seite 114: Dirk Meissner. Läuft alles bestens, Chef! © 2004 by Redline Verlag, FinanzBuch Verlag GmbH, München. www.redline-verlag.de

Cartoons Seite 23, 74: Dirk Meissner. Unterwegs in höherer Mission. © 2004 by Redline Verlag, FinanzBuch Verlag GmbH, München. www.redline-verlag.de

Bibliografische Information der Deutschen Nationalbibliothek.
Die Deutsche Nationalbibliothek verzeichnet diese Publikation in der Deutschen Nationalbibliografie; detaillierte bibliografische Daten sind im Internet unter http://dnb.d-nb.de abrufbar.
ISBN 978-3-593-39089-5

Copyright © 2010 Campus Verlag GmbH, Frankfurt am Main
Umschlaggestaltung: Guido Klütsch, Köln
Satz: Campus Verlag, Frankfurt am Main
Druck und Bindung: Druckhaus »Thomas Müntzer«, Bad Langensalza
Gedruckt auf Papier aus zertifzierten Rohstoffen (FSC/PEFC).
Printed in Germany

Besuchen Sie uns im Internet: www.campus.de

Inhalt

Es ist fünf vor zwölf

Wie richtet man im 21. Jahrhundert ein gesundes Unternehmen innerhalb kurzer Zeit zugrunde? Ich verrate es Ihnen: Optimieren Sie Ihre Prozesse! Sorgen Sie für maximale Effizienz. Besorgen Sie sich ausreichend Liquidität! Nutzen Sie alle modernen Instrumente des Kapitalmarkts. Weiter geht es: Überdenken Sie Ihre Strategie! Analysieren Sie Tag und Nacht Ihren Markt und nutzen Sie die ausgefeiltesten Techniken wie Szenarienplanung oder Spieltheorie, um unter Bedingungen dynamischen Wandels schnell und flexibel reagieren zu können. Setzen Sie auf Wissensmanagement! Kaufen Sie die neueste IT und schaffen Sie damit Datenbanken, die sicherstellen, dass Ihr gesamtes Know-how überall im Unternehmen jederzeit abrufbar ist.

Ja, tun Sie das alles, machen Sie also alles richtig – und vergessen Sie darüber Ihre Mitarbeiter! Machen Sie sich über die Menschen keine Gedanken mehr. Am allerwichtigsten: Schaffen Sie sofort Ihre Personalabteilung ab! Die brauchen Sie ohnehin nicht mehr, die kostet nur Geld. Akten verwalten und Urlaubslisten führen können externe Dienstleister viel besser.

Tun Sie das – und Sie sitzen in der »Personalfalle«. Sie haben alles richtig gemacht – besser gesagt: fast alles. Denn Sie haben versäumt zu erkennen, dass »A-Mitarbeiter«, die Besten der Besten für den jeweiligen Job, jetzt und in Zukunft der einzige Garant für das dauerhafte Überleben eines Unternehmens sein werden, dass auf der anderen Seite unfähige Mitarbeiter Ihre Firma ruinieren. Und dass deshalb Personalmanager ab sofort die wichtigsten Leute im Unternehmen sind. Übersehen Sie diese Entwicklung, und Sie sind demnächst pleite!

Von den über zwei Dutzend Büchern, die ich in meiner bisherigen Karriere veröffentlicht habe, ist dies mein persönlichstes. Mit diesem Buch möchte ich meine Leser aufrütteln. Ich bin selbst Unternehmer im deutschen Mittelstand und trage Führungsverantwortung – genau wie Sie. Und ich sehe für mich ganz klar: Es ist fünf vor zwölf. In deutschen Unternehmen gibt es zu wenige Topleute und zu viel Mittelmaß und Schlendrian. Wir werden im internationalen Vergleich immer weiter abgehängt. Aber es kommt noch schlimmer: Das Mittelmaß hierzulande ist vielfach gewollt! Aus falsch verstandener Menschenfreundlichkeit folgen wir falschen Leitbildern – die am Ende überhaupt nicht mehr menschenfreundliche Folgen haben. Weil immer mehr Menschen entlassen werden und keinen neuen Job finden. Weil die soziale Spaltung unserer Gesellschaft zunimmt. Die »Personalfalle« bedroht deshalb nicht nur Sie als Unternehmer oder Führungskraft, sondern schnappt am Ende auch für Ihre Mitarbeiter zu.

In diesem Buch zeige ich Ihnen Auswege aus der »Personalfalle«. Dazu lege ich die größeren Zusammenhänge offen und zeige anhand vieler Beispiele und Belege – auch aus meiner eigenen, alltäglichen Erfahrung –, wie es zu der fatalen Abwärtsspirale in Deutschland kommen konnte und was wir von anderen Ländern lernen können, die auf dem Weg zu durchweg exzellenten Mitarbeitern in ihren Unternehmen schon weiter sind.

Nur wer neun von zehn Stellen richtig besetzt, wird Marktführer. Deswegen gibt es für mich keinen anderen Weg als diesen: Machen Sie Ihr Personal zur Chefsache! Bedingungslos. Noch heute. Ich versichere Ihnen, dass ich dieses Buch nicht geschrieben hätte, wenn ich nicht absolut optimistisch gestimmt wäre. Denn es ist fünf vor zwölf. Mit anderen Worten: Wir haben noch Zeit, etwas zu ändern.

Giengen an der Brenz, im Frühjahr 2010
Professor Dr. Jörg Knoblauch

Kapitel 1

Die Kosten verfehlter Einstellungs-politik

Ich brauche die Planungsvorgaben aus dem letzten Jahr, etwas Tipp-Ex und einen guten Kopierer...

Eine Großstadt in Deutschland vor ungefähr zehn Jahren: Auf Einladung eines örtlichen Unternehmernetzwerks hielt ich einen Vortrag über Personalmanagement. Kurz zuvor hatte ich selbst eine Personalberatung gegründet – meine Begeisterung für das Thema war groß und entsprechend engagiert mein Auftritt. Schlechte Mitarbeiter gebe es nicht, rief ich den anwesenden Unternehmern entgegen. Sondern lediglich schlecht eingesetzte Mitarbeiter! Und überhaupt seien Unternehmer und Führungskräfte selbst daran schuld, wenn ihre Mitarbeiter nicht die gewünschten Leistungen brächten – das deute nämlich lediglich darauf hin, dass sie ihre Mitarbeiter falsch eingesetzt hätten.

Den Protest, der mir daraufhin aus den Reihen der Zuhörer entgegenschlug, habe ich noch lebhaft in Erinnerung. Ob ich denn nicht wüsste, dass ein einzelner schlechter Mitarbeiter wie ein fauler Apfel sei, fragte mich ein erfahrener Unternehmer sichtlich aufgebracht. Lege man diesen einen faulen Apfel in die Schale zu den anderen, seien diese auch sehr bald verdorben. Da könne man gar nichts dagegen ausrichten. »Nein! Sie irren sich!«, rief ich. Und geriet nun so richtig in Fahrt. »Es gibt keine faulen Äpfel. Es gibt nur Menschen, die mit der falschen Aufgabe betraut sind. Fassen Sie sich doch mal an die eigene Krawatte und fragen sich, was Sie bei der Einstellung dieses Mitarbeiters falsch gemacht haben!« Zugegeben: Das war provokant. Aber ich fühlte mich derart hundertfünfzigprozentig im Recht, dass mir das vollkommen egal war. Was der Unternehmer mir da entgegengeschleudert hatte – das konnte doch nicht sein. Mehr noch: Das durfte nicht sein!

Nach diesen Einwürfen aus dem Publikum beendete ich meinen Vortrag und diskutierte danach noch ausgiebig mit den eingeladenen Unternehmern. Und dachte über diese faulen Äpfel lange nach – am Abend in meinem Hotelzimmer, auf der Rückfahrt am nächsten Tag und in den vielen Monaten danach, in denen ich mein eigenes, scheinbar heiles und ideales Unternehmen aufbaute. Dort sollte es zugehen wie in einer großen Familie: Alle stehen füreinander ein, die Unternehmensführung hat einzig das Wohlergehen der Mitarbeiter im Fokus, die wiederum mit Händen, Herz und Hirn bei der Arbeit sind.

My Way or the Highway

Irgendwann kam das Erwachen. Nicht auf einen Schlag, das nicht. Sondern nach und nach. Den Anfang markierte ein Erlebnis mit einem meiner Mitarbeiter – ich nenne ihn einmal Herrn Petroni. Er arbeitete in der Produktion und gehörte von Anfang an zu den eher Langsamen. Seine ihm zustehenden Pausen dehnte er gern unnötig aus. Oft kam er zu spät, dafür ging er lieber früher. Irgendwann fand ich heraus: Er hatte drei Nebenjobs. Nicht einen, nein, gleich drei davon! Er arbeitete nach Feierabend abwechselnd in einer Eisdiele und in einer Pizzeria, und am Wochenende verdiente er noch Geld damit, dass er Hochzeitsvideos drehte. Als ich das erfahren hatte, war mir klar, warum Herr Petroni oft müde und schlapp herumsaß: Er musste sich von seinen anstrengenden Nebenjobs erholen. Bei uns! An seinem festen Arbeitsplatz, wo er Vollzeit beschäftigt war!

Da war für mich erstmals in meinem Unternehmerleben so richtig Schluss mit lustig. Bei der nächsten Mitarbeiterbeurteilung bekam Herr Petroni eine entsprechend schlechte Bewertung. Daraufhin kündigte dieser unter seinen

Kollegen an, dass er jetzt noch mal richtig auf den Putz hauen wolle. Dass ich ihm eine hohe Abfindung bezahle, nur damit er gehe – darauf könnten die Kollegen schon mal Wetten abschließen! Als mir das zu Ohren kam, platzte mir der Kragen. Ich bat ihn in mein Büro und sagte: »So geht es nicht weiter!« Ich erklärte ihm, dass es in dieser Situation eigentlich nur zwei Möglichkeiten gebe. Die Amerikaner nennen das »My Way or the Highway«.

Was ich damit meinte, können Sie sich sicher denken: »My Way« ist mein Anspruch an einen Mitarbeiter, dass er bestmögliche Arbeit leistet. Nicht nur körperlich anwesend ist, sondern auch seinen Kopf einsetzt. Mehr als das: Begeisterung und Energie in seine Arbeit steckt. »The Highway« bedeutet, dass ich einen Mitarbeiter seiner Wege ziehen lasse. Reisende soll man bekanntlich nicht aufhalten.

Mit Herrn Petroni vereinbarte ich dann, dass er sich zwei, drei Tage frei nehmen solle, in denen er sich in aller Ruhe überlegen könne, was er denn nun wolle: My Way oder the Highway. Mit voller Kraft bei uns einsteigen oder endgültig gehen. Nach drei Tagen erschien er tatsächlich wieder und erklärte mir, was er und seine Frau sich gemeinsam an ihrem Küchentisch überlegt hatten: dass die Arbeit bei mir doch die bessere für ihn sei. Und dass er bleiben wolle. Seine Nebenjobs habe er schon gekündigt. Und außerdem habe er sich auch noch überlegt, wie er den Ablauf seiner Arbeit so verbessern könne, dass er schneller sei.

Es war das erste Mal gewesen, dass ich einen Mitarbeiter wirklich unsanft angefasst hatte. Dass ich Entscheidungsdruck ausgeübt hatte. Aber es hatte funktioniert. Herr Petroni ist heute noch bei uns, mehr noch: Er ist einer der besten. Regelmäßig reicht er Verbesserungsvorschläge ein. Er macht mehr, als er muss. Er denkt mit. Er hat sich hochgearbeitet. Finden bei uns Betriebsführungen statt, kann es passieren, dass er den erstaunten Besuchern erzählt, wie er früher einmal als »Idiot« hier angefangen und sich jetzt zum »Chef« entwickelt habe – so seine Worte. Dabei platzt er fast vor Stolz. Genau das war es, was ich mir erhofft hatte. Und gleichzeitig ist es aber genau dieses Erlebnis, das meine Haltung zum Thema Personalmanagement in seinen Grundfesten erschüttert hat.

Früher dachte ich: Sei freundlich zu deinen Mitarbeitern. Und das war ja auch das, was ich bei dem eingangs erwähnten Vortrag so vehement propagiert hatte: Schaffe ein Arbeitsumfeld, in dem sich Mitarbeiter optimal entfalten können. Zahle ihnen Wunschgehälter. Kümmere dich um ihre Gesundheit. Richte ihnen ein Fitnesscenter ein. Wenn sie sich nicht so entwickeln, wie du dir das vorgestellt hast: Gib ihnen Zeit, schenk ihnen Vertrauen, das wird schon. Mitarbeiter wegen schlechter Leistungen an die Luft zu setzen, wäre für mich ein Ding der Unmöglichkeit gewesen. Dazu war ich viel zu sehr in meiner Wertewelt verankert – das wäre für mich unchristlich und unmenschlich gewesen. Was ich allerdings bitter erkennen musste: Mit Gutmütigkeit an der falschen Stelle kann man ein Unternehmen zugrunde richten. Und die Episode mit Herrn Petroni und seinen drei Nebenjobs war der erste Schritt zu dieser Erkenntnis. Sicher: Mit ihm hatte ich noch Glück gehabt. Denn obwohl er seinen Arbeitsplatz zunächst als Spielwiese betrachtet hatte, traf er für sich dann eine andere Entscheidung und veränderte sich zum Guten.

Übrigens: Meinen obersten Wert bei der Führung eines Unternehmens hatte ich mir als sehr junger Mann bei meinen Reisen nach Japan abgeschaut: Die Arbeitnehmer dort gehen quasi einen Vertrag mit »ihrer« Firma ein. Sie wissen, dass sie dort arbeiten werden, bis sie in den Ruhestand gehen. Diese Haltung hatte mir sehr imponiert, und ich machte sie zu meiner eigenen, zu meinem Modell. Dies erklärte ich auch immer allen meinen Mitarbeitern, die ich einstellte: »Wir sind eine Familie. Wir halten zusammen. Ihr habt hier alle Sicherheiten der Welt! Solange es diese Firma gibt, werdet Ihr hier einen Arbeitsplatz haben.«

Verstehen Sie mich bitte nicht falsch: Ich will diese Haltung im Nachhinein überhaupt nicht verteufeln. Aus ihr heraus sind viele gute Dinge entstanden. Wir hatten in ganz Deutschland den Ruf, das mitarbeiterfreundlichste Unternehmen zu sein. Es gab sogar einen Fernsehfilm über uns, in dem darüber berichtet wurde. Gemeinsam mit anderen Firmen, die ähnliche Werte hatten und lebten, bildeten wir das Netzwerk AGP, die Arbeitsgemeinschaft für Partnerschaft in der Wirtschaft, deren Vorsitzender ich war. Ich will nicht zurück hinter diese menschlichen Werte, bloß war es irgendwann an der Zeit, den nächsten Schritt zu gehen – einen Schritt hin zu mehr Konsequenz.

»Wir haben versagt!«

Nach meinem Erlebnis mit Herrn Petroni wollte ich es genauer wissen: Ging es anderen Führungskräften eigentlich genauso wie mir? Machten sie ähnliche Erfahrungen mit ihren Mitarbeitern? Wie gingen sie mit Mitarbeitern um, die nicht die gewünschte Leistung brachten? Schafften sie es, solche Mitarbeiter »umzudrehen«? Wenn ja, wie? Mit welcher Erfolgsquote? Ich begann also, mich in meinem Netzwerk umzuhören. Sprach gezielt andere Unternehmer, Manager und Personaler an. Und es stellte sich heraus, dass dieses Problem tatsächlich allgemein bekannt war. Es handelte sich beileibe nicht um Einzelfälle, sondern um ein Massenphänomen! Und noch etwas stellte sich heraus: Die »Umdreherquote« lag bei lediglich 20 Prozent. 80 Prozent der Underperformer blieben also Underperformer. Keine Chance, sie aufzubauen.

Ich versuchte es trotzdem. Schließlich hatte es bei Herrn Petroni geklappt, warum also nicht auch bei anderen? Wenn ich also in der Folge mit Mitarbeitern konfrontiert war, die nicht das brachten, was ich mir vorgestellt hatte, dann investierte ich Zeit in Gespräche mit ihnen, schickte sie zu Weiterbildungen und zu Coachings. Gemeinsam erarbeiteten wir Meilensteine, die sie erreichen sollten. Ich erkannte: Es gibt durchaus auch Mitarbeiter, die wollen, aber erst einmal nicht können. Weil sie vielleicht körperliche Gebrechen haben oder nicht so flexibel in Sachen Arbeitszeiten sind. Diese Mitarbeiter bekamen von mir – und bekommen heute noch! – jegliche Unterstützung, die sie brauchen, um die vereinbarten Meilensteine zu erreichen.

Wogegen ich mich in dieser Zeit aber immer noch wehrte, war die Praxis meines großen Vorbilds Jack Welch. Leitbild war der heute stärker umstrittene Ex-CEO von General Electric deswegen für mich, weil niemand mehr für seine Mitarbeiter tat als er. Seine Kategorisierung von Mitarbeitern in A-, B- und C-Mitarbeiter – top geeignete, bedingt geeignete und schlecht geeignete Mitarbeiter – war für mich jedoch vollkommen indiskutabel. Dieses Konzept stieß mich zutiefst ab – vor allem, weil es beinhaltete, dass die C-Mitarbeiter rigoros entlassen werden sollten. Sofort gefeuert. Für mich war das undenkbar. Ich hielt diese Vorgehensweise geradezu für menschenverachtend. In meiner Denkweise waren es die Führungskräfte, die dafür verantwortlich waren, dass die Mitarbeiter Leistung brachten.

Doch dann ereignete sich eine weitere schier unglaubliche Geschichte, die wie ein Schock auf mich und die restliche Geschäftsleitung wirkte und nach meinem Erlebnis mit Herrn Petroni den entscheidenden Anschub für mein Umdenken gab: Drei Mitarbeiter hatten unsere gut gemeinten Angebote egoistisch und unfair für sich ausgenutzt, und es gab keine andere Möglichkeit mehr, als sie zu entlassen. Der Riss durch unsere heile Welt war da. Unmittelbar danach riefen wir eine Betriebsversammlung ein, um die Belegschaft darüber zu informieren. Ich fühlte mich, als sei ich auf dem Weg zum Pranger – an den ich völlig zu Recht gestellt würde, denn schließlich würde ich gleich sämtliche Ideale verraten, die ich jemals gehabt hatte. Unseren Mitarbeitern gestand ich: »Wir sind ratlos und hilflos. Wir wissen nicht, wie das geschehen konnte, und eigentlich haben wir keine Worte für das, was heute morgen passiert ist. Wir mussten drei Mitarbeiter entlassen. So leid es uns tut – wir haben versagt.«

Daraufhin nannte ich die Namen der entlassenen Mitarbeiter – und wartete darauf, dass uns unsere Belegschaft steinigen würde, denn schließlich hatten wir das mit Füßen getreten, was wir jahrelang propagiert und gelebt hatten – Mitarbeiter für den Rest ihres Arbeitslebens bei uns zu behalten. Aber dann geschah das Überraschende: »Endlich!«, rief einer unserer Mitarbeiter. Andere pflichteten ihm sofort bei. Alle waren froh und erleichtert, dass wir die Betreffenden – die nicht nur das Unternehmen, sondern natürlich auch ihre Kolleginnen und Kollegen ausgenutzt hatten – an die Luft befördert hatten. Einer aus der Produktion setzte dem Ganzen noch die Krone auf und sagte: »Danke, dass ihr diese Entscheidung so getroffen habt!«

Spätestens in diesem Moment erkannte ich, was Jack Welch mit A, B und C gemeint hatte. Differenzierung muss sein. Es gibt geeignete und weniger geeignete Mitarbeiter. »Schlecht geeignet« kann übrigens auch bedeuten – und das war es, was auf meinen Mitarbeiter Herrn Petroni zutraf –, dass ein Mitarbeiter schlicht und ergreifend faul ist. Dass er zwar alle Qualifikationen und Fähigkeiten besitzt, seinen Job gut zu machen, aber aus irgendwelchen Gründen andere Prioritäten setzt und sich lieber in die Hängematte legt. Betriebliche Belange nicht weiter ernst nimmt, sich allerdings engagiert dafür einsetzt, dass die Seife in der Personaltoilette doch bitte schön nach Zitrone zu duften habe. Solche Mitarbeiter nutzen ein Unternehmen aus. Herr Petroni war ein solcher C-Mitarbeiter – allerdings einer, der die Chance bekam, sein Verhalten zu ändern, und der diese Chance auch genutzt hat.

Noch einmal: Diese Art von Differenzierung ist für mich nicht menschenverachtend. Hier geht es nicht um die Bewertung eines Menschen an sich. Jeder Mensch ist wertvoll, jeder Mensch ist ein Geschöpf Gottes. Aber die Leistung, die ein Mensch an seinem Arbeitsplatz bringt, die passt eben in einigen Fällen nicht zu dem, was von ihm gefordert wird und was dem Unternehmen nützt.

Zugeschnappt: die Personalfalle

Die Erkenntnis war und ist also da. Es gibt A-, B- und C-Mitarbeiter. Und was passiert nun in den meisten Unternehmen? Sie ahnen es bereits: Nichts. Nicht im Einstellungsverfahren und erst recht nicht dann, wenn sich ein Mitarbeiter als C-Mitarbeiter entpuppt – was man spätestens dann merkt, wenn er allen Vorschlägen zu seiner Weiterentwicklung mit einem hartnäckigen »Nein« begegnet.

Der entscheidende Punkt ist: Wenn hier alle Führungskräfte konsequent genug wären und C-Mitarbeiter gar nicht erst einstellten oder sie wenigstens nach der Enttarnung an die Luft setzten, dann gäbe es entschieden weniger betriebswirtschaftliche Probleme und daraus resultierende volkswirtschaftliche Schäden.

Aber warum sind die Personalverantwortlichen in diesem Punkt nicht konsequent? Aus den vielen Gesprächen mit anderen Führungskräften weiß ich: Führungskräfte in Deutschland sitzen Probleme mit C-Mitarbeitern auf breiter Front einfach aus. Sie sind zu sehr im Tagesgeschäft gebunden, als dass sie sich darüber Gedanken machen können. Sie haben die Hoffnung, dass sich das Problem irgendwie von allein regelt.

Aber genau darum geht es: Wer C-Mitarbeiter hat, der muss handeln! Er muss ihnen entweder die Chance geben, sich zu verändern, oder sie entlassen! Die Verfehlungen eines C-Mitarbeiters einfach »auszusitzen«, wird niemals funktionieren. Und so gebe ich im Nachhinein dem Unternehmer Recht, der mir damals, vor zehn Jahren, bei meinem Vortrag entgegenschleuderte, dass ein einzelner schlecht geeigneter Mitarbeiter wie ein fauler Apfel sei, der alle anderen ansteckt. In der Tat: Er verbreitet schlechte Stimmung, er wiegelt seine Kollegen auf, das Arbeitsklima und die Haltung zur Arbeit verschlechtern sich auf breiter Ebene.

Ein C-Mitarbeiter verbreitet aber mehr als nur ein bisschen miese Laune. Er kostet ein Unternehmen Geld. Sehr viel Geld.

Legen Sie Ihr Geld doch auf die Straße!

Führungskräfte sind im Umgang mit ihren C-Mitarbeitern also nicht nur aus Bequemlichkeit passiv und inkonsequent, sondern auch aus einem ganz anderen Grund: Kaum einer der Manager macht sich bewusst, was C-Mitarbeiter eigentlich kosten. Mitarbeiter einzustellen, die für den jeweiligen Job nur bedingt oder schlecht geeignet sind, ist nämlich nicht günstiger, als einen A-Mitarbeiter einzustellen – was viele Personalmanager immer wieder behaupten –, sondern teurer! Und wer den Mut nicht hat, C-Mitarbeiter vor die Wahl zu stellen »My way or the Highway«, der sollte sich immer vor Augen halten, dass er sein Geld vermutlich nutzbringender und sinnstiftender investiert, indem er es ganz einfach auf die Straße legt.

Um einmal konkrete Zahlen zu nennen: Ich rede hier von 15 Monatsgehältern. Auf diese Zahl hat man sich international geeinigt. Kienbaum, eine der führenden deutschen Personalberatungen sprach am 19. August 2005 auf www.faz.net sogar vom 1,5- bis 3fachen des Jahresgehalts, wenn man eine Stelle falsch besetzt – selbst wenn man das rechtzeitig erkennt und nach zwei bis drei Monaten die Kraft aufbringt, sich von dem Mitarbeiter wieder zu trennen.

15 Monatsgehälter – das gilt für ein mittelständisches Unternehmen. In einem Großkonzern kann sich diese Summe schnell auf zwei bis drei Jahresgehälter steigern. Da summieren sich die Kosten für Anzeigenschaltung, die verlorene Arbeitszeit durch das Bewerbermanagement und die Bewerbungsgespräche, die Reisekostenübernahme. Einfach das gesamte Recruiting. Hinzu kommt die verminderte Arbeitsleistung während der Einarbeitung. Auch die Trennung eines Arbeitsverhältnisses kostet natürlich Geld. Der höchste Kostenblock jedoch sind die verpassten Chancen. Das sind nicht nur mangelnde Umsätze, sondern sehr oft auch noch verärgerte Kunden und Lieferanten und nicht zuletzt ein belastetes Betriebsklima. Übersicht 1 führt dies vor Augen.

Übersicht 1: Fehleinstellungen sind teuer

1.	Einstellungskosten:	30 000 Euro
2.	Gehaltszahlungen über den gesamten Zeitraum:	250 000 Euro
3.	Ausbildung, Weiterbildung, Betreuung und Begleitung, Reisekosten, Büroeinrichtung:	70 000 Euro
4.	Abfindungskosten:	30 000 Euro
5.	Verursachter Schaden durch verpasste Gelegenheiten:	1 200 000 Euro
6.	Kosten für »Zerrüttung« in Form von beschädigten Werten, beschädigter Teamarbeit, Kosten für Vertretungen:	240 000 Euro
▶	Summe:	1 820 000 Euro
▶	Geschätzter Wert der positiven Leistungen:	620 000 Euro
▶	Gesamtkosten für die Fehleinstellung:	1 200 000 Euro

»Teuer« hat aber auch noch eine ganz andere Dimension. Machen wir doch einmal eine kleine Rechnung auf: Wie viele A-, B- und C-Mitarbeiter haben Sie? Ist es bei Ihnen so wie in den meisten Unternehmen? 20 Prozent A, 60 Prozent B und 20 Prozent C? Und was glauben Sie: Welches Quantum arbeitet der B-Mitarbeiter weniger als der A-Mitarbeiter, weil er lediglich Dienst nach Vorschrift macht? 40 Prozent? Und der C-Mitarbeiter – wie viel arbeitet der weniger als ein A-Mitarbeiter? 70 Prozent? Gut. Halten wir also fest: Angenommen, in Ihrem Unternehmen arbeiten 100 Mitarbeiter, dann sind das 20 A-Mitarbeiter, 60 B-Mitarbeiter und 20 C-Mitarbeiter. Wenn wir jetzt noch annehmen, dass ein durchschnittlicher Mitarbeiter 40 000 Euro im Jahr kostet, dann können Sie schnell ausrechnen, welchen Verlust Ihr Unterneh-

Abbildung 1: Wie viel B- und C-Mitarbeiter ein Unternehmen mit 100 Mitarbeitern kosten

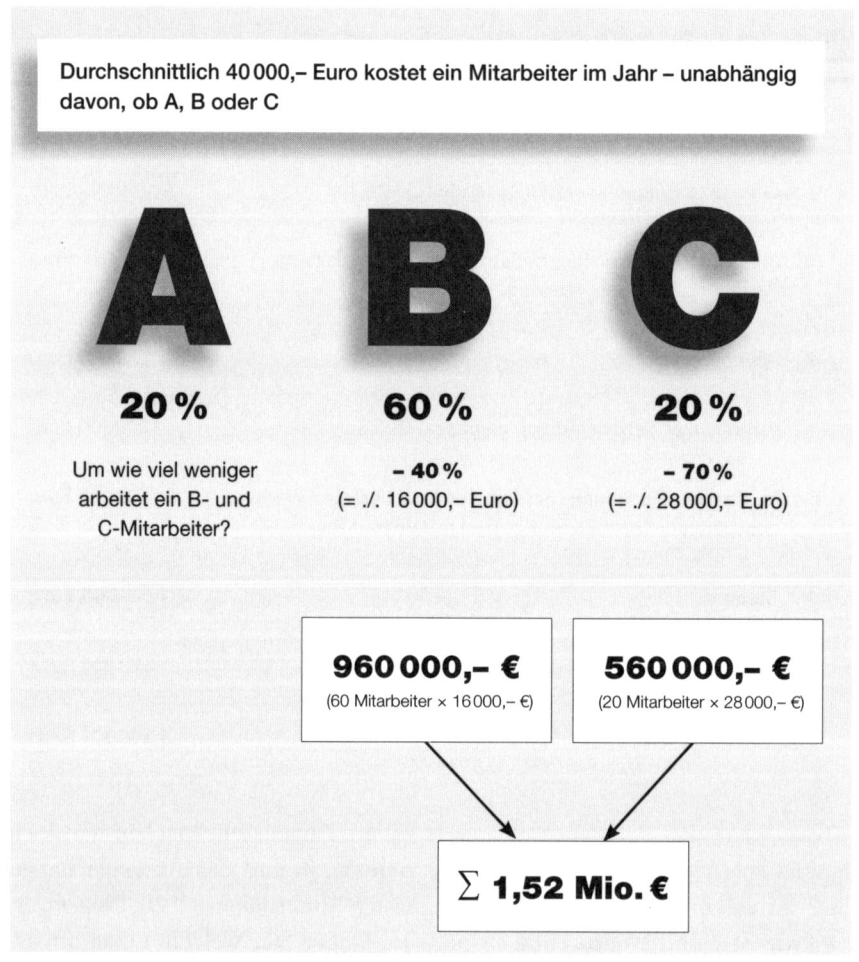

men dadurch erleidet, dass es B- und C-Mitarbeiter eingestellt hat, die nicht denselben Gegenwert erwirtschaften wie die A-Mitarbeiter. Es sind nämlich genau 1,5 Millionen Euro pro Jahr. Die Ihnen fehlen. Oder Sie legen sie drauf, je nach Betrachtungsweise. Und bei einem Hundert-Mann-Betrieb machen 1,5 Millionen eigentlich immer ziemlich genau den Unterschied zwischen Gewinn und Verlust. Sprich: Der Anteil der Mitarbeiter, die für ihre Aufgaben top geeignet sind, entscheidet betriebswirtschaftlich darüber, ob ein Unternehmen überlebt oder untergeht. Nicht mehr und nicht weniger: hopp oder top. *Diese Rechnung habe ich ausführlich in einem Film erklärt. Sie finden ihn kostenlos auf der Website www.die-personalfalle.de.*

Der Punkt ist also: Wenn Sie sich nicht von vornherein – schon bei der Einstellung neuer Mitarbeiter – für A-Kandidaten entscheiden, kostet es Sie unweigerlich Unsummen. Ganz egal, ob Sie die C-Mitarbeiter nun schon während der Probezeit oder erst nach einigen Jahren entlassen. Ihre Entscheidung für A- und gegen C-Mitarbeiter ist gleichzeitig eine Entscheidung darüber, ob das Unternehmen profitabel wirtschaftet oder nicht. Wenn Sie also schon den Fehler gemacht haben, einen C-Mitarbeiter einzustellen, dann investieren Sie kein Geld mehr, um aus ihm vielleicht doch noch einen B- oder A-Mitarbeiter zu machen. Lassen Sie nicht zu, dass die C-Problematik chronisch wird.

Übrigens: C-Mitarbeiter gibt es auf allen Hierarchieebenen in den Unternehmen – nicht nur in Produktions- oder Lagerhallen, sondern auch auf dem Sessel des Vorstandsvorsitzenden. Erinnern Sie sich an Rick Wagoner, den CEO von General Motors? Ergebnis seines jahrelangen Missmanagements waren Schulden in dreistelliger Milliardenhöhe – und letztendlich auch die Teilverstaatlichung des gigantischen, einstmals größten Automobilherstellers der Welt. Ende März 2009 trat er von seinem Posten zurück, und zwar auf massiven Druck der US-amerikanischen Regierung. Ihr war das Treiben des C-Managers nicht nur zu bunt, sondern auch entschieden zu teuer geworden – 13,4 Milliarden US-Dollar Staatshilfe waren einfach so verheizt worden.

»Das sind Adler, Chef!«

Fehlbesetzungen ziehen aber noch weitaus größere Kosten nach sich – zwar indirekt, aber darum nicht weniger gravierend oder dramatisch. Wie dies aussehen kann, erzählte mir einmal ein befreundeter Unternehmer. Er berichtete, dass eines Tages einer seiner A-Mitarbeiter zu ihm ins Büro kam und ihn um drei Minuten seiner Zeit bat. »Ja, sicher, habe ich Zeit«, sagte er. »Was gibt es denn?« Der A-Mitarbeiter legte los: »Sie wissen, dass ich einer Ihrer besten

Mitarbeiter bin. Ich bin morgens der Erste, der hier reinkommt, und abends der Letzte, der geht. Ich identifiziere mich so mit den Belangen der Firma, als wäre es meine eigene. Und es gibt da etwas, das ich Ihnen sagen will. Mitarbeiter wie ich lieben es nicht nur, früh aufzustehen, spät nach Hause zu gehen und sich für die Firma einzusetzen, sondern sie lieben es auch, sich mit ähnlichen Mitarbeitern auszutauschen, mit ähnlichen Mitarbeitern zusammenzuarbeiten, gemeinsam mit ihnen Ziele zu erreichen und mit ihnen zu feiern. Und das alles kann ich in dieser Firma nicht. Ich fühle mich hier sehr isoliert. Ich muss mich sogar von den Kollegen beschimpfen lassen – wenn ich mehr Leistung bringe als sie, beschweren sie sich, weil dann auffällt, dass sie selbst viel weniger leisten. Ständig muss ich das abarbeiten, was sie liegen lassen. Permanent muss ich den Kopf hinhalten für die Fehler, die sie verursachen. Ich bin am Ende. Und ich habe ein Angebot bekommen von einer anderen Firma. Ich war nicht nur einmal dort, sondern zweimal. Die Jungs dort sind wirklich gut drauf. Die arbeiten so wie ich. Das sind Adler, Chef! Die fliegen! Und was soll ich sagen – ich habe unterschrieben.«

Glauben Sie mir – härter kann es nicht kommen für eine Führungskraft. Dass die Topleute gehen, mehr noch: dass sie die Flucht ergreifen, ist vermutlich noch ein viel größerer Schaden als das, was ihn die Entlassung von C-Mitarbeitern kostet. Wenn sich A-Mitarbeiter isoliert fühlen und nach und nach das Unternehmen verlassen, dann bleibt der Chef mit den B- und C-Mitarbeitern zurück. Tja, und dann gehen die Lichter aus. Netter kann man es nun wirklich nicht ausdrücken. Von wegen »Das Unternehmen befand sich aufgrund der Wirtschaftskrise in einem schwierigen Marktumfeld und musste deshalb Insolvenz anmelden« – das wahre Drama spielte sich woanders ab, unbemerkt von der Öffentlichkeit. Die durch den Weggang von Topmitarbeitern entstandenen Kosten aufgrund von nicht mehr funktionierender Teamarbeit, schlechten Arbeitsergebnissen, verärgerten und schlussendlich abwandernden Kunden – eben die komplette Abwärtsspirale aus fehlender Kompetenz und sinkender Motivation –, das lässt sich gar nicht dramatisch genug zeichnen.

Was Braindrain und Diebstahl gemeinsam haben

Verfehlte Einstellungs- und inkonsequente Personalpolitik schaden jedoch nicht nur einzelnen Unternehmen, sondern gleich der ganzen Volkswirtschaft – siehe Rick Wagoner und die in der Insolvenzmasse sang- und klanglos untergegangenen amerikanischen Steuergelder. Auch das, was mein Freund mit seinem

A-Mitarbeiter erleben musste, der ihm gekündigt hatte, weil er sich isoliert an seinem Arbeitsplatz fühlte, gilt ja nicht nur für ein Unternehmen, sondern für viele! Mittlerweile ereignet sich ein kompletter »Braindrain«, eine systematische Abwanderung hoch qualifizierter Kräfte aus Deutschland in die Schweiz, nach Kanada, nach Neuseeland, nach Dubai – eben überall dahin, wo diese bestens ausgebildeten und motivierten A-Mitarbeiter optimale Bedingungen für ihre persönliche und berufliche Weiterentwicklung vorfinden. Im Jahr 2008 waren das rund 170 000 hervorragende Fachkräfte. *Weitere Informationen zu diesem Thema finden Sie kostenlos im Artikel »Deutschland blutet aus« auf der Website www.die-personalfalle.de.*

In Dubai beispielsweise sind nur noch 14 Prozent der dort lebenden Bevölkerung Einheimische. Alle übrigen Menschen sind sogenannte »Expatriates« aus dem Ausland, unter ihnen viele hoch qualifizierte Topkräfte. Dort arbeiten die besten Deichbauer aus Holland, weil in Dubai die Landgewinnung ein großes Thema ist. Dort arbeiten die besten Hotelmanager aus den USA, weil es in Dubai die renommiertesten und teuersten Hotels der Welt gibt. Alle diese Topkräfte, diese A-Mitarbeiter, wurden ganz gezielt angeworben und finden dort die für sie bestmöglichen Arbeitsbedingungen vor. Beschränkende Bestimmungen gibt es wenig, Geld dagegen in Hülle und Fülle. Hier kann jeder seinen ganz persönlichen Traum verwirklichen, kann das tun, was er schon immer tun wollte – zusammen mit vielen anderen Topleuten.

Dubai lebt von diesen Talenten – und längst nicht mehr vom Öl! Die Erdölförderung machte 2008 nur noch 3 Prozent der Wirtschaftsleistung des Emirates aus. Anderswo pfeift man dagegen auf die Talente und kümmert sich stattdessen um die intensive Betreuung von C-Mitarbeitern. Und in der Folge dessen um den durch den Braindrain mitverursachten Fachkräftemangel – der beispielsweise die Volkswirtschaft in Deutschland 18,5 Milliarden Euro pro Jahr kostet.

Wenn sich eine Ärztin im Alter von 30 Jahren für eine Karriere im Ausland entscheidet, entgehen dem Staat mehr als eine Million Euro. Kehrt ein 23 Jahre alter Metallfacharbeiter seiner Heimat den Rücken, schlägt dies im Saldo mit einem Minus von 281 000 Euro zu Buche. Dies errechnete das Münchner Ifo-Institut für Wirtschaftsforschung. Ein ziemlich hoher Preis, den alle bezahlen müssen – nur weil es sich ein paar Manager lieber schön einfach machen, anstatt ihre C-Mitarbeiter an die Luft zu setzen!

Oder denken Sie an Diebstähle durch Mitarbeiter. Was die mit der Einstufung eines Mitarbeiters als A-, B- oder C-Mitarbeiter zu tun haben? Eine ganze Menge! Wesentliches Merkmal eines C-Mitarbeiters ist es ja, dass er sich nicht mit seiner Tätigkeit und dem Unternehmen, für das er arbeitet, identifiziert. Und wer das nicht tut, wer sich innerlich bereits losgesagt hat oder noch nie richtig dabei war, der macht auch leichter mal die Finger lang. So erlitt beispielsweise Hewlett-Packard in Böblingen einen Schaden von 25 Millionen Euro, weil Mitarbeiter des Unternehmens täglich bis zu 150 Leiterplatinen aus dem Werk geschmuggelt und diese an einen Hehler verkauft hatten. Ein Microsoft-Mitarbeiter wurde vor einigen Jahren verhaftet, weil er Software im Wert von 17 Millionen US-Dollar illegal weiterverkauft hatte.

Allein in Deutschland entsteht durch Diebstähle von Mitarbeitern jährlich ein Schaden von 6,5 Milliarden Euro – was an sich schon dramatisch genug ist. Rechnet man nun noch die Kosten hinzu, die den Unternehmen dadurch entstehen, dass sie sich vor potenziellen Dieben schützen müssen – durch Schließanlagen, Überwachungskameras, Wachpersonal und so weiter –, dürfte sich diese Summe noch um einiges erhöhen. Kontrollstrukturen kosten Geld – das man sich durch die Einstellung von A-Mitarbeitern glatt sparen könnte. Und wieder: Wären Führungskräfte in diesem Punkt konsequenter, hätten sie die Kraft, sich einzugestehen, dass hier etwas schiefläuft, ließe sich dieser Schaden reduzieren. Stattdessen werden weiterhin C-Mitarbeiter eingestellt und mit durchgeschleppt.

Ein weiteres dramatisches Beispiel für die Auswirkungen verfehlter Personalpolitik fällt mir ein: der Super-GAU von Tschernobyl im Frühjahr 1986. Sicher: Gravierende Mängel in der Konstruktion des Reaktors spielten eine Rolle bei dieser nuklearen Havarie. Aber auch Fehlentscheidungen des Personals trugen entscheidend dazu bei. Es sind eindeutig Betriebsvorschriften verletzt worden, allerdings ist nicht zu ermitteln, in welchem Umfang diese Betriebsvorschriften dem Personal überhaupt bekannt waren. Und das ist der Knackpunkt: Die verantwortlichen Betreiber stellten aus Gründen der Geheimhaltungspolitik ganz bewusst Menschen ein, die buchstäblich nur einen Schalter bedienen sollten – und keinerlei Ahnung davon hatten, was sie damit bewirkten oder welche Konsequenzen ein Fehlverhalten nach sich ziehen würde. Etliche der Mitarbeiter wurden also systematisch zu C-Mitarbeitern gemacht. Eigenverantwortung, Mitdenken, Entwicklung waren hier unerwünscht. Die Folge: eine der schlimmsten Umweltkatastrophen aller Zeiten. Rund 4 000 Menschen starben bislang an der Strahlenkrankheit oder an den Folgen der Verstrahlung. Die Umwelt in der Region ist auf Jahrzehnte hinaus stark radioaktiv belastet. Hunderttausende Menschen wurden umgesiedelt. Die Wirtschaft der am stärksten betroffenen Länder Ukraine, Russland und Weißrussland ist dauerhaft geschädigt. Im Klartext: Mehrere Hundert Milliarden US-Dollar wurden verbrannt – so hoch setzen unterschiedliche Schätzungen aus den neunziger Jahren die Folgekosten des Reaktorunglücks an.

Ein weiteres dramatisches Beispiel für die Auswirkungen verfehlter Personalpolitik ist die Ölpest, die die Exxon Valdez 1989 verursachte, eine der größten Umweltkatastrophen der Seefahrt. Als das Schiff kurz nach Mitternacht auf das Bligh-Riff im Prince William Sound vor Süd-Alaska auflief, lag der alkoholkranke Kapitän, Joseph Hazelwood, betrunken in seiner Kabine.

Und Jack Welch hatte doch Recht!

Das große Unheil beginnt stets im Kleinen. Mit einer falschen Entscheidung, die eine Führungskraft bei der Einstellung eines Mitarbeiters fällt. Kleine Ursache – ganz große Wirkung. Personaler und andere Führungskräfte sitzen in einer Schlüsselposition. Und ausgerechnet sie scheuen Entscheidungen: sind nicht konsequent, wehren sich gegen die Erkenntnis, dass es C-Mitarbeiter gibt, dass es »faule Äpfel« gibt, oder ziehen keine Konsequenzen daraus.

Wenn ich darauf zurückblicke, wie ich damals vor zehn Jahren meinen Vortrag hielt, dann weiß ich heute: Ich war auch einer dieser inkonsequenten Manager, die alles taten, nur nicht das, wozu sie eigentlich da sind – die besten Mitarbeiter an ihr Unternehmen zu binden und die ungeeigneten Mitarbeiter entweder gar nicht erst einzustellen oder zügig wieder zu entlassen. Heute weiß ich: Jack Welch hatte Recht. Es gibt Underperformer. Es gibt C-Mitarbeiter, die wir früher geschützt haben. Wir hatten viel zu viel Geduld, schleppten sie viel zu lange mit, verschwendeten kostbare Lebenszeit mit ihnen. Heute weiß ich: Man tut C-Mitarbeitern keinen Gefallen, indem man sie im Unternehmen hält. Man muss sie mit der Realität des Lebens konfrontieren.

Dazu eine letzte Geschichte: Vor vier Jahren habe ich eine der Firmen aus meiner Unternehmensgruppe verkauft. Betroffen waren 80 Mitarbeiter. Einer von ihnen war auch ein C-Mitarbeiter: Er verrichtete seine Arbeit mehr schlecht als recht, sprach kaum Deutsch und hatte zehn Kinder – und genau deswegen habe ich ihn jahrelang mitgeschleift. Nachdem dann die Firma verkauft worden war, setzte ihn der neue Chef ohne viel Federlesens vor die Tür. Nun kam neulich einer seiner Kollegen zu mir und sagte: »Herr Knoblauch, Sie waren da viel zu nachsichtig. Für uns war immer klar: Dieser Kollege muss fließend Deutsch können, sonst wird das nichts mit seiner Arbeit bei uns. Er hat sich aber nie darum bemüht und gekümmert, und wir haben das jahrelang irgendwie aufgefangen – jetzt zahlt er die Zeche eben beim neuen Chef.«

Was dieser Mitarbeiter mir sagte, hätte man auch so ausdrücken können:

Sieh der Realität ins Auge und akzeptiere sie! Sei konsequent und verschleppe die Dinge nicht. Sich die Welt schönzureden, nützt nichts. Natürlich kann man sich das Unternehmen wie eine große Familie wünschen, und sicherlich hat auch jeder sein ganz eigenes Harmoniebedürfnis, aber wer es als Unternehmer oder als Führungskraft zu etwas bringen will, wer sein Unternehmen zum Erfolg führen will, sollte sich doch eher an der Realität orientieren. Er sollte die Dinge so sehen, wie sie sind, und auch danach handeln. Vor allem sollte er in dem Moment handeln, in dem er die Realität erkennt.

Mein Appell an alle Führungskräfte mit Personalverantwortung: Handeln Sie – oder zahlen Sie den Preis. Wie hoch dieser Preis ist, wissen Sie jetzt. Und vergessen Sie dabei bitte nicht, wer für diesen Preis aufkommt. Das sind nicht nur Sie oder das Unternehmen oder die Volkswirtschaft, sondern in erster Linie alle anderen Mitarbeiter.

Kapitel 2

»Wir nehmen jeden, der zwei Hände hat«

Ich habs noch mal aufgeschrieben: Ankunft um 19:08 auf Gleis 1, Weiterfahrt dann um 19:09 auf Gleis 38…

Entfesselter Kapitalismus, kurzsichtig nur auf den Shareholder-Value geschielt, Hunderttausende Entlassungen innerhalb kürzester Zeit – das Image der einstigen Managerlegende Jack Welch ist heute nicht mehr überall das beste. Auf der anderen Seite sorgten der konsequente Führungsstil des langjährigen CEO von General Electric und sein Gespür für clevere Deals dafür, dass sein Unternehmen das wurde, was es zumindest vor der Finanzkrise war: einer der größten Mischkonzerne der Welt. Und dazu noch eine gut geölte Akquisitionsmaschine, die jedes Jahr bis zu 400 Unternehmen höchst erfolgreich kaufte oder auch wieder verkaufte, immer nach dem Motto »Umbauen, verkaufen oder dichtmachen«.

Jack Welch investierte während seiner gesamten Karriere die meiste Energie in seine Mitarbeiter. Das hat er immer wieder betont. Damit war er ein Vorreiter. Im Geschäftsbericht von General Electric aus dem Jahr 2000 schreibt er zusammen mit seinem Nachfolger Jeffrey Immelt: »Unsere wahre Kernkompetenz liegt heute nicht mehr in der Produktion oder im Dienstleistungssektor, sondern vielmehr in der globalen Rekrutierung und Förderung der weltbesten Mitarbeiter und der Kultivierung eines unersättlichen Wollens in ihnen, stetig dazuzulernen, sich immer höhere Ziele zu setzen und Dinge jeden Tag besser zu tun.« Dieses Statement beweist: Jack Welch hat kapiert, dass es fast schon egal ist, was man tut, solange man es nur mit den richtigen Menschen tut. Und genau deshalb bin ich ein Fan von ihm. Immer noch, ja heute erst recht!

Die Philosophie hinter dem Erfolg von Jack Welch und seinem Führungsteam bei GE ist beinahe schlicht: »Differenzierung« heißt das Zauberwort. Im ersten Kapitel konnten Sie schon lesen, was das in Welchs Welt bedeutet: »Siegerteams entstehen durch die differenzierte Behandlung der Teammitglieder – die Besten werden belohnt, die Schlechtesten aussortiert und die Latte für das gesamte Team wird immer höher gelegt.« Getreu dem Motto »Up or out« beziehungsweise »Grow or go!«. So schreibt der Ex-CEO in seinen Memoiren. Diese einfache Maxime wird bei GE bis heute konsequent in die Tat umgesetzt. Jedes Jahr zu einem bestimmten Stichtag müssen alle Führungskräfte ihre Mitarbeiter bewerten und dabei eine Quote erfüllen: Mindestens 20 Prozent A-Mitarbeiter, maximal 10 Prozent C-Mitarbeiter. A-Leute steigen auf, C-Leute steigen aus. Für den Topnachwuchs gibt es ein firmeneigenes Ausbildungszentrum, das John F. Welch Leadership Development Center in Crotonville in New York. »Never stop learning« heißt das Motto hier, wo jedes Jahr Tausende von Mitarbeitern das Epizentrum der lernenden Organisation GE bilden.

Wer zieht den Karren aus dem Dreck?

Die Unterscheidung in A-, B- und C-Mitarbeiter hat in meinem Freundeskreis für viel Aufschrei und negative Presse gesorgt: Einige haben mir regelrecht die Freundschaft gekündigt, und es bedurfte jeweils eines umfangreichen und intensiven Briefwechsels, um Verständnis für diese Position zu schaffen. Ob Personalverantwortlicher bei Siemens oder einfach nur Knoblauch-Fan, die Einteilung von Menschen in Kategorien löst erst einmal ein Erdbeben aus. Andererseits ist eine Differenzierung der Mitarbeiter heute in weiten Bereichen Konsens. Sicher: Nicht alle Unternehmen nennen diese Kategorien A, B und C – top geeignet, bedingt geeignet und schlecht geeignet. Stattdessen ist die Rede von Mitarbeitern mit »hoher, geringer oder keiner emotionalen Bindung zum Arbeitsplatz« (Engagement Index Deutschland 2008 von Gallup), von »High Potentials, Top Performer, Achievers und Under Performer« (SAP) oder auch »Mitreißern, Mitmachern, Zaungästen und ›Schon-weg-Mitarbeitern‹« (Jörg Löhr). Prof. Dr. Rolf Wunderer von der Uni St. Gallen spricht von »Mitunternehmern, Mitrennern, routinierten Mitarbeitern« und solchen Mitarbeitern, die »innerlich gekündigt haben und/oder überfordert sind«. Allen Modellen gemein aber ist die Kategorisierung! Jedes Unternehmen nimmt eine solche Differenzierung vor, ob bewusst oder unbewusst, ob systematisch oder eher aus dem Bauch heraus. Wie man die einzelnen Kategorien aber nennt, ist in meinen Augen nur eins: Augenwischerei.

Übrigens: Auch der jeweilige Anteil, den die Mitarbeiter der einzelnen Kategorien ausmachen, wird in den meisten Unternehmen ähnlich eingestuft: Mitarbeiter der besten Kategorie stellen etwa 20 Prozent der Belegschaft, dann kommt der »Mittelbau« mit ungefähr 70 Prozent, gefolgt von den Mitarbeitern der tiefsten Kategorie mit rund 10 Prozent.

Die entscheidende Frage ist daher für mich nicht, wie man die einzelnen Kategorien *nennt*, sondern *was* die Mitarbeiter der jeweiligen Kategorie auszeichnet. Warum ist ein A-Mitarbeiter ein A-Mitarbeiter? Man kann es im Grunde auf wenige Schlüsselkompetenzen beschränken: Ein A-Mitarbeiter erreicht nicht nur seine Ziele – die er sich auch selbst setzt –, sondern er übertrifft sie sogar. Er ist stark eigeninitiativ, überdurchschnittlich engagiert und erfolgreich. Er sucht sich Aufgaben, die ihn herausfordern, und weicht auch Hindernissen und Härten nicht aus. Nachdem er eine Aufgabe bewältigt hat, überlegt er eigenständig, was er beim nächsten Mal verbessern kann. Ein B-Mitarbeiter dagegen wird in Amerika »nine to fiver« genannt. Überstunden sind in seiner Welt nicht vorgesehen. Er fällt weder positiv noch negativ auf. Er macht Dienst nach Vorschrift. Und der C-Mitarbeiter? Er hat innerlich bereits gekündigt. Er tritt die Firmenphilosophie mit Füßen und hält andere noch von der Arbeit ab.

Um es bildhaft auf den Punkt zu bringen: Der A-Mitarbeiter zieht den Karren, der B-Mitarbeiter geht nebenher, und der C-Mitarbeiter setzt sich oben drauf und lässt sich chauffieren. Oder noch einmal anders formuliert: A-Mitarbeiter sprechen über Ideen, B-Mitarbeiter reden über Vorgänge, C-Mitarbeiter ziehen über ihre Kollegen her.

Von wegen Multiple Choice!

»Dass es gute und schlechte Mitarbeiter gibt, ist doch normal. Das liegt gewissermaßen in der Natur der Dinge. Und man kann eben nichts dran ändern.« Klingen so oder ähnlich die Stoßseufzer, die Sie jeden Morgen vor dem Spiegel oder auf dem Weg in Ihr Unternehmen von sich geben, wenn Sie daran denken, wie C-Mitarbeiter Sie diesen Tag wieder herunterziehen werden?

Dann frage ich Sie: Warum glauben Sie eigentlich, dass Sie daran nichts ändern können? Mehr noch – Sie sind mit dieser Haltung ja nicht allein: Wie kommt es, dass so viele Unternehmen ihre Mitarbeiter zwar schön in verschiedene Kategorien einordnen, es aber dann dabei belassen? Dass sie starr vor diesen kategorisierten Mitarbeitern sitzen wie das Kaninchen vor der Schlange? Sich einfach damit abfinden, dass sie C-Mitarbeiter haben? Woher rührt diese Passivität der Verantwortlichen? Was ist das Muster? Und schließlich: Warum stellen sie überhaupt Mitarbeiter ein, die zwar zwei Hände haben, aber das Hirn – und erst recht die Begeisterung – weglegen, sobald sie sich auf den Weg zur Arbeit machen?

Wenn ich mich zu diesem Thema mit anderen Führungskräften austausche, dann bekomme ich oft zu hören: »Finden Sie doch erst mal eine ausreichende Zahl von Bewerbern! Dann können wir uns auch gerne über die Auswahl unterhalten! Zu uns kommen überhaupt nicht genug Bewerber, als dass wir unter ihnen auch noch eine Auswahl treffen könnten! Wir sind froh, wenn überhaupt *einer* zu uns kommt. Und wenn wir uns mit dem dann noch finanziell einig werden, da stellen wir doch keine großen Fragen mehr.« Der in vielen Branchen herrschende Fachkräftemangel – er ist eine mögliche Antwort auf die Anzahl der vielen C-Mitarbeiter in den Unternehmen. Fachkräfte sind selbst in Zeiten einer Wirtschaftskrise knapp. Derzeit sind beispielsweise etwa über 60 000 Ingenieursstellen in Deutschland unbesetzt. Egal, wie die Wirtschaftskrisen der Zukunft aussehen, dieser Fachkräftemangel wird sich noch verschärfen. Dies ist begründet durch die demografische Entwicklung. Geburtenschwache Jahrgänge sind nicht in der Lage die vielen Fachkräfte zu ersetzen, die jährlich in den Ruhestand wechseln.

Natürlich kann man jammern und über die hohe Arbeitslosigkeit in der Krise klagen. Der bekannte Managementvordenker Fredmund Malik geht davon aus, dass wir trotz Krise nahezu Vollbeschäftigung haben. Seine Rechnung: »1,7 Millionen Arbeitslose stammen aus Ostdeutschland. Sie sind die Folge von 45 Jahren DDR-Kommunismus. Kein Land der Welt könnte mit diesem Problem besser fertig werden als Deutschland.« Dann zieht Malik noch einmal eine Million Arbeitslose ab, die in Wahrheit freiwillig arbeitslos sind und lediglich das deutsche Sozialsystem ausnutzen. Wenn man das so sieht, leben wir in einem Land, das deutlich besser ist, als sein Ruf. *Den ausführlichen Artikel aus dem Manager Magazin finden Sie kostenlos auf der Website www.die-personalfalle.de.*

Sicher: Die beliebtesten Arbeitgeber wie Microsoft, BMW oder Lufthansa müssen sich um die Zahl der Bewerber für ihre offenen Stellen nicht allzu viele Sorgen machen. Bei einem mittelständischen Unternehmen sieht das dagegen ganz anders aus. Und wenn nun für eine ausgeschriebene Stelle nur ein oder zwei Bewerber zum Vorstellungsgespräch erscheinen – und da haben viele Führungskräfte mit ihrer Einschätzung durchaus Recht –, welche großartige Auswahl soll man da schon treffen?

Glauben Sie mir: Derartige Situationen sind mir durchaus bekannt. Vor etlichen Jahren suchten wir einmal eine Mitarbeiterin für den Telefonverkauf. Diese Tätigkeit ist nicht leicht. Ohne großes Kommunikationstalent und hohe Frustrationstoleranz hält man diesen Job nicht aus. Das persönliche Gleichgewicht zu wahren, ist hier wirklich ein Kunststück. Wir hatten wochenlang vergeblich nach geeigneten Bewerbern gesucht. Schließlich meldete sich eine Dame, die auf den ersten Blick geeignet schien, und wir luden sie zum Vorstellungsgespräch ein. Sie erschien pünktlich, machte einen netten und sympathischen Eindruck, war sehr gesprächig, ihre Referenzen schienen in Ordnung – und sie war mit den Konditionen, die wir anboten, einverstanden. Sie schien mindestens zwei Hände zu haben, wenn nicht noch mehr. Doch, doch, sie telefoniere für ihr Leben gern, beteuerte sie noch am Ende des Gesprächs. Wir waren so glücklich darüber, dass wir sie vom Fleck weg engagierten. Endlich hatten wir jemanden, der sich um den Telefonverkauf kümmern würde! Endlich schien dieses Problem vom Tisch.

Leider erwies sich diese Annahme als Trugschluss. Wochen später hakten wir zum ersten Mal genauer nach, und es stellte sich heraus, dass wir das alte Problem zwar losgeworden waren, aber uns dafür ein neues eingehandelt hatten: Unsere frisch engagierte Telefonverkäuferin konnte nämlich keinen einzigen Abschluss vorweisen. Sie telefonierte und telefonierte – die Anzahl der durch sie verkauften Seminare dagegen blieb konstant: bei genau null Komma null. Es sei ihr selbst ein Rätsel, bisher habe sie immer gute Erfolge gehabt, sie wisse auch nicht, was sie noch besser machen könne – so jammerte sie. Und überhaupt habe sie als alleinerziehende Mutter es schwer genug! Wir schickten sie daraufhin zu teuren Schulungen, von denen sie zwar glänzend motiviert und bester Dinge zurückkehrte, die aber dennoch nichts änderten. Wir engagierten einen speziellen Verkaufstrainer extra für sie. Der erklärte ihr, wie man Strichlisten führt und was die ideale Zeit für Akquisetelefonate ist, in welchen Abständen man am sinnvollsten nachhakt und so weiter. Mittlerweile hatten uns ihr Versagen, ihre Weiterbildung und die Beratung für sie Tausende Euro gekostet.

Weil sich dieses ganze Prozedere über Wochen und Monate hinzog, sie zwischendurch auch immer wieder krank war, ließen wir dummerweise auch noch die Probezeit verstreichen. Nach einem Jahr hatte sich immer noch nichts Entscheidendes getan. Im Gegenteil: Die Situation verschärfte sich, denn auf einmal waren Unterlagen verschwunden, die unsere Mitarbeiterin von anderen Kollegen bekommen hatte – Daten von Kunden, die sich schon einmal nach Seminaren erkundigt hatten und die anzurufen sicherlich erfolgversprechend gewesen wäre. Zur Rede gestellt, antwortete die Mitarbeiterin nur: »Ach, die hab' ich angerufen, die wollten das aber nicht, also hab' ich die Unterlagen zur Seite gelegt, und wo sie jetzt sind, weiß ich auch nicht mehr.«

Obwohl eins zum anderen und es eigentlich immer dicker kam, dauerte es zwei Jahre, bis wir die Energie aufbrachten, uns von dieser Mitarbeiterin zu trennen. Zwei Jahre. Und das nur, weil wir geglaubt hatten, es genüge, jemanden zu nehmen, der zwei Hände hat!

»Zu mir kommen doch nur C-Mitarbeiter!«

Dass auf die Stellenanzeigen von vielen mittelständischen Unternehmen sich nur wenige Bewerber melden und sie deshalb fast nur C-Mitarbeiter haben, liegt keineswegs nur am Fachkräftemangel – auch wenn sich das erst einmal plausibel und gut nachvollziehbar anhört. Ich denke vielmehr: Gerade mittelständische Unternehmen messen dem Bewerbungs- und Einstellungsprozess zu wenig Bedeutung bei. Das ist ja auch kein Wunder: Die verantwortlichen Führungskräfte sind froh, wenn sie ihr Tagesgeschäft gestemmt bekommen. Sich darüber hinaus um Personaldinge kümmern zu müssen, ist ihnen lästig. Sie betrachten es als Zeit- und Energieverschwendung – als etwas, das ihre Nerven strapaziert und sie von scheinbar wichtigeren Dingen abhält. Um es auf den Punkt zu bringen: Für eine Führungskraft im Mittelstand ist die Mitarbeiterrekrutierung weniger eine Chance als ein Problem. Und deshalb geht diese Führungskraft eben auch nicht chancenorientiert, sondern problemorientiert an diese Dinge heran.

Um mehr und bessere Bewerber für offene Stellen in seinem Unternehmen zu finden, müsste ein mittelständischer Unternehmer so etwas wie ein Employer Branding installieren – und das bedeutet nun mal zusätzliche Arbeit, die kurzfristig keinen Wertzuwachs erwirtschaftet. Mit einem einfachen Inserat in einer der einschlägigen Zeitschriften oder Online-Portale ist es da ja nicht getan! Ein spezielles Marketing, mit dessen Hilfe neue Mitarbeiter gewonnen werden könnten, müsste her. Zusätzlich müsste das Unternehmen an seiner

Kultur arbeiten, an seiner Leuchtturm-Funktion. Denn ein kleines mittelständisches Unternehmen hat natürlich nicht die Strahlkraft wie SAP, HP, Microsoft, BMW oder Google. Es wird auch nicht in der Zeitschrift *Brand eins* als Musterbeispiel für ein besonders innovatives Produkt oder eine ganz neue Führungskultur gefeiert. Es wird in der Öffentlichkeit vielmehr auf eine ganz spezielle Art und Weise wahrgenommen – nämlich gar nicht. Und seine Kultur ist einfach nur normal – nicht so glänzend und hip wie die der Global Player. Solche unsichtbaren Unternehmen gibt es zu Tausenden.

Um das Image des Unternehmens nach außen zu kommunizieren, müsste aber erst mal ein Image da sein, sprich: Man müsste sich strategisch Gedanken darüber machen, wie man sich überhaupt im Bewerbermarkt präsentieren will, was man zu bieten hat, was einen unverwechselbar im Vergleich zu anderen Arbeitgebern macht – das alles kostet Zeit und mitunter (Kommunikationsberater-)Geld. Die zur Verfügung stehende Zeit und die vorhandenen Mittel steckt man dann doch lieber in den Ausbau der Produktionskapazitäten, in die Produktwerbung oder in was auch immer. Das Problem ist also: Mittelständler machen sich oft nicht klar, was sie als Kultur leben müssen und wie sie diese kommunizieren können, damit sie ein *Magnet* für gute Mitarbeiter werden. Dass dies so ist, verwundert auch nicht weiter: Wer Personalrekrutierung als ein lästiges Übel betrachtet und am liebsten gar nichts damit zu tun hätte, tut sich nun mal schwer, diesen Zusammenhang herzustellen.

Und so nimmt es nicht wunder, dass C-Bewerber in solchen Unternehmen offene Türen einrennen. Stellt sich ein Bewerber nicht allzu ungeschickt an, kann für ihn eigentlich nicht viel schiefgehen. »Wunderbar!«, denkt sich dann nämlich der Chef, »bevor ich mich hier weiter verrückt mache und weitere Suchaktionen starte, gebe ich diesem Kandidaten doch eine Chance. Das klingt doch alles ganz vernünftig, was er erzählt hat. Und was wir hier verlangen, scheint er auch alles schon einmal gehört zu haben. Vielleicht machen wir mit ihm ja einen wirklichen Glücksgriff!« Die Hoffnung stirbt bekanntlich zuletzt. Dass das Attraktive an diesem Bewerber weniger die Person an sich ist, sondern die vermeintlich schnelle Lösung eines Personalproblems, erkennt der Chef leider nicht. Er sieht nur, dass er eine Baustelle weniger hat, wenn er diesen Kandidaten umgehend einstellt. Er ist erleichtert und voller Hoffnung, dass alles gutgeht.

In Wahrheit nimmt das Unheil jetzt aber erst seinen Lauf – wer nämlich schon bei der Einstellung eines neuen Mitarbeiters den Kopf in den Sand gesteckt und sich alles Mögliche schöngeredet hat, wird auch in der Probezeit kein spezielles Auge auf den Neuzugang haben. Und ihm erst recht keinen strammen Parcours auferlegen, den er zu durchlaufen hat. Dazu wünschen sich alle viel zu sehr, den Passenden gefunden zu haben. Und so zieht dieser eine kleine Fehler weitere nach sich.

Ein paar Autobahnkilometer mehr machen noch keinen Umsatz

Aber trösten Sie sich: Gute und mittelmäßige Unternehmen unterscheiden sich nicht darin voneinander, dass sie mehr oder weniger Fehler im Einstellungsprozess machen. Wenn ein potenzieller neuer Mitarbeiter zum Vorstellungsgespräch erscheint und sich intensiv – vielleicht mithilfe der einschlägigen Ratgeberliteratur oder gemeinsam mit einem Bewerbercoach – darauf getrimmt hat, eine gute Vorstellung abzuliefern, dann ist es wahrlich keine Schande, wenn Sie geglaubt haben, den idealen Kandidaten gefunden zu haben. Kurzum: Fehler im Einstellungsprozess machen alle! Was ein gutes von einem weniger guten Unternehmen unterscheidet, ist die Gestaltung der Zeit nach der Einstellung, sprich: der Probezeit. Wer einfach denkt: Das wird schon!, und sich darauf verlässt, dass alles irgendwie rund laufen wird, schaut früher oder später in die Röhre. Ein exzellentes Unternehmen legt beispielsweise Meilensteine fest. Es vereinbart mit dem Neueinsteiger: »Nach vier Wochen haben Sie sich in unsere Software eingearbeitet!« oder: »Nach acht Wochen haben Sie den Umsatz bei mindestens 10 Kunden um mehr als 10 Prozent erhöht.«

Sicher: Ein Wohlfühlprogramm zur schonenden Eingewöhnung ist das nicht. Ein solches Unternehmen verhält sich allerdings nicht rücksichtslos, sondern schlimmstenfalls rigoros – und eigentlich nicht mehr als nur konsequent. Eine Probezeit ist etwas, das aktiv gestaltet werden muss. In dem Wort »Probezeit« steckt schließlich »Probe« und nicht »Belohnung«, sonst hieße es »Belohnungszeit«. Ohne Stufenplan, ohne Meilensteine, ohne Messlatte, ohne Ziele geht es nicht. Merkwürdig, dass die meisten deutschen Unternehmen dennoch meinen, dass sie das nicht brauchen. Lediglich 20 Prozent der Firmen haben Erhebungen zufolge ein festes Programm für Probezeiten. In den übrigen Personalabteilungen werden Akten verwaltet, gelbe Zettel abgeheftet und Urlaubsansprüche geprüft. Kein Wunder, dass in vielen Unternehmen der Ruf laut wird, Personalabteilungen abzuschaffen, da sie eh nichts zur Wertschöpfung beitrügen und nur Kosten verursachten.

Wie auch immer: Wer sich als Führungskraft mit Personalverantwortung vor einem Bewerbungsgespräch ein oder zwei Stunden zurückzieht und konzentriert nachdenkt, was der Bewerber überhaupt leisten soll, und dies auch anhand von Zahlen festmacht, hat schon viel gewonnen. Ein solcher Chef entdeckt vielleicht schon im ersten Gespräch, dass der Bewerber zwar durchaus zwei Hände hat, die ihm aber nicht viel nützen, weil er mit ihnen allein auch nicht den Umsatz verdoppelt – was nämlich später seine Aufgabe sein soll. Eine Aufgabe, die ihm der Chef auch als solche präsentiert, woraufhin der Bewerber rückwärts vom Stuhl fällt. Spätestens dann ist ja schon mal klar: Das kann nichts werden.

Aber Meilensteine und Ziele haben doch in einem Bewerbungsgespräch nichts verloren, meinen Sie? Ich denke: Doch, genau dort gehören sie hin. Denn dass ein Bewerber für eine Vertriebsposition im Vorstellungsgespräch daherschwadroniert, wie hervorragend er doch im Außendienst arbeitet, Gespräche mit Kunden liebt und überhaupt für sein Leben gern herumreist – geschenkt! Von ein paar Gesprächen und heruntergeschrubbten Autobahnkilometern verdoppelt sich der Umsatz nicht. Da muss schon von vornherein eine Messlatte her, der sich der Bewerber verpflichtet fühlt und an der man die Ergebnisse seines Tuns recht schnell ablesen kann. Und wer die Kraft aufgebracht hat, gleich von Beginn an eine solche Messlatte aufzulegen, der schafft es auch, sich von einem Mitarbeiter noch in der Probezeit wieder zu trennen, wenn der nicht das bringt, was von ihm erwartet wird.

»Mit unbekanntem Ziel«

Noch etwas sollten Führungskräfte tun, um Überraschungen zu vermeiden – und zwar *nach* einem Bewerbungsgespräch, aber noch *bevor* sie einen neuen Mitarbeiter einstellen: Referenzen einholen. (Dies gilt natürlich nicht bei Bewerbern, die in einem ungekündigten Arbeitsverhältnis stehen.) Das kostet kaum mehr als den Griff zum Telefonhörer. Und ist wirklich hilfreich, wenn es darum geht, potenzielle C-Mitarbeiter zu entlarven. Es ist mir ein Rätsel, warum kaum ein Unternehmen davon Gebrauch macht. Dazu fällt mir wieder einer meiner ehemaligen Mitarbeiter ein – ein klassisches Beispiel für einen Mann, der zunächst als A auftrat, sich dann aber als C entpuppte. Im Bewerbungsgespräch überzeugte er uns alle mit seiner Redegewandtheit und seinem Wissen. Wir hatten einen richtig guten Eindruck von ihm und stellten ihn ein. Doch schon kurz danach ging es los: Er erledigte Dinge nicht, die ihm aufgetragen worden waren. Seine To-do-Listen wurden immer länger. Daraufhin verfiel sein Vorgesetzter in Mikromanagement und begann, selbst die Aufgaben seines Mitarbeiters zu erledigen, oder schlug ihm vor, dass sie diese gemeinsam abarbeiten sollten. Ein unhaltbarer Zustand.

Zwischendurch ereigneten sich immer ganz spezielle Highlights: Dieser Mitarbeiter hatte beispielsweise einen wichtigen Projektordner seines Vorgesetzten ohne dessen Wissen mit nach Hause genommen, dies aber dann schnell vergessen. Weil in diesem Ordner entscheidende Schriftstücke waren, unter anderem Teilnehmerunterlagen von Seminaren, stellten wir auf der Suche nach diesen Unterlagen die ganze Firma auf den Kopf. Leider erfolglos – erst nach acht Wochen fiel es dem Mitarbeiter wieder ein, wo er den Ordner gelagert hatte. Zwischenzeitlich drohte ein Kunde mit Klage, weil wir ihn immer wieder an angeblich ausstehende Zahlungen erinnert hatten – für ein Seminar, zu dem er überhaupt nicht angemeldet war und das er auch nie besucht hatte, wie aus den im Wohnzimmer des Mitarbeiters deponierten Unterlagen auf den ersten Blick hervorgegangen wäre. Und so ging das in einer Tour – zweieinhalb Jahre lang. So lange, bis wir uns von ihm trennten. Kurz danach fand dieser Mitarbeiter dann wieder eine neue Arbeitsstelle, ganz in der Nähe, und das war eine ganz ähnliche Position.

Der Clou an dieser Geschichte: Vor einigen Wochen telefonierten wir miteinander, es ging um sein Arbeitszeugnis. Dabei sagte mein ehemaliger Mitarbeiter mit sehr leiser Stimme: »Herr Professor Knoblauch, ich bin gerade dabei, diese Firma hier zu verlassen.« »Echt? Was ist los? Haben Sie ein neues Angebot?«, fragte ich ihn. »Nein«, erklang es kleinlaut aus dem Hörer. »Ich gehe mit unbekanntem Ziel.« Das tat mir natürlich leid für ihn – aber auch für seinen Noch-Arbeitgeber, der vermutlich einen ähnlich gearteten Leidensweg mit diesem Mitarbeiter hinter sich hatte wie wir. Hätte er – und das ist der Punkt, auf den ich hinauswill – nur einmal den Telefonhörer in die Hand genommen und mich gebeten, ihm zwei, drei Sätze zu diesem Mitarbeiter zu sagen: Ich wäre dieser Bitte gerne nachgekommen. Und der anderen Firma wäre einiges erspart geblieben.

Mittlerweile sind auch wir in unseren Unternehmen dazu übergegangen, diesen Schritt in das Bewerbungsprozedere einzubauen, und zwar ganz offensiv: Wir fragen direkt beim ersten Kontakt mit einem Bewerber, was seine früheren Chefs über ihn sagen werden. Nicht sagen »würden«, sondern tatsächlich sagen »werden«! Und zu einem späteren Zeitpunkt in diesem Verfahren bitten wir dann den Bewerber auch, für uns einen Gesprächstermin mit seinem früheren Vorgesetzten zu vereinbaren. Bei diesem Termin zitieren wir dann wörtlich, was der Bewerber über seinen früheren Chef oder genauer: die Zusammenarbeit mit seinem früheren Arbeitgeber gesagt hat.

Das kann sich mitunter dann so anhören: »Also, wir hatten den Herrn Gärtner, der ja früher für Sie gearbeitet hat, zu einem Vorstellungsgespräch bei uns. Er hat über die Arbeit bei Ihnen gesagt, dass er keine rechten Erfolge vorweisen konnte, weil er nie genügend Informationen bekommen hat.« Woraufhin der Gesprächspartner am anderen Ende vielleicht erst einmal schlucken muss und dann fragt: »Wirklich, das hat er zu Ihnen gesagt?« Und dann aber so richtig loslegt: »Jetzt sage ich Ihnen mal, was ich von der Sache halte…« Daraufhin können Sie sich dann entspannt zurücklehnen und den Dingen ihren Lauf lassen – in der Gewissheit, dass Sie garantiert nicht mehr jeden nehmen werden, der zwei Hände hat!

»Too quick to hire, too slow to fire«

Halten wir also noch einmal fest: Das, was viele Unternehmer und verantwortliche Führungskräfte angesichts der sich als C-Mitarbeiter entpuppenden Bewerber respektive Neueinsteiger in einer Art Schockstarre verharren lässt, ist ihre Haltung zum Thema Mitarbeiterrekrutierung und Einstellung. Und die sieht so aus: Eine Stellenanzeige zu formulieren und in die Zeitung zu setzen – das ist schon anstrengend genug. Eingehende Bewerbungen zu sichten und Termine für Vorstellungsgespräche zu vereinbaren erst recht. Das ist doch jede Menge Arbeit! Und sich dann auch noch hinzusetzen und sich zu überlegen, was ein Bewerber eigentlich alles können muss und welche Ziele er erreichen soll – nein danke!

Deshalb verlaufen die Bewerbungsgespräche genauso schwammig und wenig zielgerichtet, wie es die zuvor veröffentlichte Anzeige war. Und aus genau demselben Grund lassen sich die Unternehmer vom eleganten und geschliffenen Auftreten eines Bewerbers blenden. Sind so beeindruckt von Eloquenz und auf dem Silbertablett servierten Erfahrungen, dass sie vergessen, die harten Fakten abzufragen. Und weil es sowieso in den heutigen Zeiten so schwierig ist, passende Bewerber zu finden, schlagen sie zu. Geben dem Bewerber, der sich als ein A-Mitarbeiter verkauft, den Zuschlag: »Herzlich willkommen! Lassen Sie uns gemeinsam die Welt verändern!« Wenden sich ab und widmen sich wieder ihrem vermeintlich so viel wichtigeren Tagesgeschäft, das sie durch den Bewerbungszirkus ohnehin viel zu lange vernachlässigt zu haben glauben. Und das, wo dieser Zirkus noch nicht einmal Geld einbringt! Fazit: Dass eine konsequente und mit hoher Priorität betriebene Einstellungspolitik die größte Wertschöpfung im Unternehmen darstellt, sehen diese Führungskräfte nicht. Ein entscheidender Denkfehler.

Doch bei diesem einen Denkfehler bleibt es nicht, der nächste folgt gleich auf dem Fuße: Dass der allerwichtigste Teil des Einstellungsprozesses erst noch kommt, nämlich die Probezeit, hat eine solche Führungskraft auch nicht auf dem Schirm. Genauso wenig wie die Tatsache, dass diese Probezeit ganz bewusst und strukturiert gestaltet werden muss. Den Neueinsteiger gut zu beobachten, gehört ebenso dazu wie ihm Feedback zu geben, Meilensteine und Ziele für seine Arbeit zu vereinbaren. Das alles nimmt die Führungskraft nicht wahr. Sie wird erst wieder aufgeschreckt, wenn ein Anruf aus der Personalabteilung kommt: »Die Probezeit von Herrn Gärtner ist bald vorbei, Chef. Das geht jetzt wohl in ein normales Arbeitsverhältnis über, nehme ich an, oder?« »Oh«, sagt da der Chef. »Wie viel Zeit habe ich denn noch für die Entscheidung?« »Bis Ende der Woche!«

Am Ende der Woche sieht die Lage natürlich auch nicht viel anders aus. Der Chef musste sich zwischenzeitlich wieder um sein aufreibendes Tagesgeschäft kümmern, um den Neueinsteiger konnte er sich keine weiteren Gedanken machen. Als der nun höchstpersönlich vor seinem Schreibtisch steht und wissen will, wie es denn nun weitergeht mit ihm – da hat der Chef natürlich nicht viele andere Möglichkeiten als zu sagen: »Ja, dann machen wir das mal. Wir werden das schon hinbekommen.« Ein bisschen unwohl ist ihm dabei schon, schließlich war die Vorstellung des Herrn Gärtner nicht immer so überzeugend wie im Bewerbungsgespräch, aber – nun ja. Einen Ersatz für ihn aufzutreiben, wäre ja viel zu aufwändig. Allein schon wieder das Formulieren der Stellenanzeige … und so nimmt das Unheil weiter seinen Lauf.

Die Amerikaner sagen dazu übrigens: »You Germans are too quick to hire and too slow to fire.« – wir Deutschen sind zu schnell darin, jemanden anzustellen, und zu langsam, ihn zu kündigen. Ich hatte jahrelang auch ein Unternehmen in den USA und habe gelernt, dass die Amerikaner in der Tat an dieser Stelle konsequenter sind, nämlich so: »We are slow to hire and quick to fire.« – langsam, wenn es um die Frage der Einstellung geht, aber schnell mit der Kündigung zur Hand. Wer nicht die vereinbarten Ergebnisse liefert, muss gehen. Und zwar schnell.

Übrigens: Nicht nur in kleinen und mittelständischen Unternehmen wird dem Rekrutierungsprozess zu wenig Bedeutung beigemessen. Auch in Großunternehmen geht es diesbezüglich mitunter zu, als sei Personalrekrutierung mal ebenso nebenher zu bewerkstelligen wie ein Wochenendeinkauf im Supermarkt.

Ein Beispiel aus der Automobilbranche, die es ja in den letzten Jahren nicht leicht gehabt hat: Vor einiger Zeit war ich als Redner zu einem großen Händlertag eingeladen. Bei Mercedes arbeitet man schwer am Image der Marke. Sie erinnern sich: Noch vor fünfzehn Jahren konnte es einem passieren, dass man zwar kauflustig bei einem Mercedes-Händler vorsprach, der einen jedoch von oben bis unten musterte und dann abschlägig beschied: »Ihnen verkaufen wir kein Auto!« Heute sieht das auf den ersten Blick ganz anders aus. Aber dennoch – C-Mitarbeiter lauern überall! Vor einiger Zeit hat eine große deutsche Automobilzeitschrift acht Mercedes-Vertragswerkstätten getestet und einen Bericht darüber veröffentlicht. Dieser Bericht war voll des Lobes über Servicequalität, Arbeitsleistung und Kosten. Mercedes scheint seine Lektion also gelernt zu haben, könnte man daraus folgern. Wenn da nicht diese eine Werkstatt gewesen wäre, die die Tester alles Positive glatt vergessen ließ. Auf die Frage des Testers, wo denn nun sein frisch inspiziertes und abholbereites Auto stünde, bekam er lapidar zu hören: »Wo der Wagen steht? Keine Ahnung, die stehen immer draußen.«

Und so schafft es ein einzelner C-Mitarbeiter, die Leistung seiner vielen Kollegen zu konterkarieren. Im vorliegenden Testbericht erreichten die getesteten Werkstätten immerhin eine Fehlerbehebungsquote von 87 Prozent. Ließe man den einen Ausreißer außen vor, läge die Fehlerbehebungsquote aber bei 95 Prozent. Eine Zahl mit einer ganz anderen Wirkung gegenüber den Kunden!

Sie sehen: Auch in einem Großunternehmen wird dem Personalrekrutierungsprozess mitunter nicht genügend Bedeutung beigemessen, sonst käme es wohl kaum zu solchen Totalausfällen. Und Jack Welch hat es ja vorgemacht, wie und vor allem dass es geht: Auch in einem Großunternehmen mit einer Vielzahl von Mitarbeitern kommt es darauf an, jeden einzelnen sorgfältig auszuwählen – und sich wieder von ihm zu trennen, wenn er partout in der Kategorie C bleiben will.

»Ich brauche nicht nur Häuptlinge, sondern auch Indianer!«

Auch wenn in den meisten Unternehmen die Kategorisierung von Mitarbeitern an der Tagesordnung ist, wehren sich viele Menschen immer noch dagegen. Das sehe ich an den Reaktionen, die wir auf unsere Seminare und Publikationen bekommen. »Also, Herr Professor Knoblauch«, heißt es da zum Beispiel, »ich lese wirklich gerne Ihren Newsletter, und von Ihren Seminaren bin ich auch ganz begeistert, aber diese A-, B- und C-Geschichte – damit kann ich mich nun wirklich nicht anfreunden. Wenn Sie das tatsächlich so leben, mit allen Konsequenzen, dann ist unsere Freundschaft beendet, und zwar auf der Stelle.« Wenn ich ein solches Feedback bekomme, dann reagiere ich eigentlich immer gleich: Ich biete ein Gespräch an. Die meisten meiner Kritiker nehmen dieses Angebot an, und dann geschieht etwas Erstaunliches: Es findet eine Annäherung statt. Wenn ich ihnen nämlich Beispiele schildere – wie ich sie Ihnen in diesem Kapitel auch erzählt habe –, ein paar Fakten dazu liefere und auch noch die Erfahrungen anderer Unternehmer einfließen lasse, dann geraten viele Menschen ins Nachdenken. Und geben mir irgendwann Recht.

Ich denke: Diese Kritiker wehren die Kategorisierung von Mitarbeitern zunächst deshalb so vehement und massiv ab, weil sie unbewusst genau wissen, dass sie richtig und nützlich ist – und weil sie ebenso genau wissen, dass sie in diesem Bereich eigentlich selbst Handlungsbedarf haben. Sei es, weil sie in ihren Unternehmen viele C-Mitarbeiter haben und nichts dagegen tun (und ich weiß, wie schwierig das im Einzelfall sein kann). Sei es, weil sie demnächst einen C-Mitarbeiter entlassen müssen und sich davor drücken wollen. Sei es, weil sie selbst vielleicht C-Mitarbeiter sind. Und vor dieser Erkenntnis und den daraus resultierenden Konsequenzen wollen sie sich schützen. Da bleibt ihnen nichts anderes übrig, als dieses Konzept erst einmal vehement abzulehnen.

In diesen Gesprächen argumentieren die Kritiker übrigens immer ganz ähnlich. Zuerst kommt der Hinweis, dass sie sich ja keine A-Mitarbeiter leisten können, weil die viel zu teuer seien. Vorausgesetzt, Sie haben das erste Kapitel dieses Buches gelesen, wissen Sie ja nun, dass dieses Argument völlig haltlos ist. Einen C-Mitarbeiter einzustellen und ihn zu behalten, kostet ein Unternehmen Summen, von denen es locker drei A-Mitarbeiter finanzieren könnte. Das zweite, oft vorgebrachte Argument: Man brauche ja nicht nur Häuptlinge, sondern auch noch ein paar Indianer. Habe man zu viele Häuptlinge, handele man sich nichts als Ärger ein, da die ja alle nur herrschen und siegen und sich selbst verwirklichen wollten. Aber auch dieses Argument kann ich schnell aus dem Weg räumen. Ein A-Mitarbeiter ist ja nicht zwangsläufig auf die Führungsrolle gebucht! Auch unter den Reinigungsfachkräften gibt es A-Mitarbeiter.

Ein A-Mitarbeiter ist nicht gleich Führungskraft, Herrscher oder Oberboss! Sondern einer, der zwei Hände hat und sie auch nutzt. Und Hirn, Herz und Hingabe noch dazu. Ganz egal, auf welchem Posten. Ganz egal, in welcher Rolle. Übrigens, eine zunehmend größere Zahl der Unternehmen erkennt, dass eine Führungskarriere (also eine Position mit Personalverantwortung) gleichwertig anzusehen ist wie eine Karriere als Fachspezialist ohne Führungsverantwortung.

Unterm Strich ist wichtig: A-Mitarbeiter gibt es auf jeder Ebene. Und: Kein Unternehmen der Welt ist darauf angewiesen, C-Mitarbeiter einzustellen und auf A-Mitarbeiter zu verzichten. A-Mitarbeiter sind für alle da.

Kapitel 3

Mythos Mitarbeiterbindung

Mein letztes Motivationsseminar liegt drei Monate zurück... was erwarten Sie?

Ein ganz normaler Tag in einem mittelständischen Unternehmen irgendwo in Deutschland. Mitarbeiter Müller klopft an die Tür seines Chefs. Der Chef ruft freundlich »Herein!«, bittet Herrn Müller, Platz zu nehmen, und fragt, was er für ihn tun kann. »Chef, ich komme gleich zum Punkt. Die letzte Lohnerhöhung liegt schon einige Zeit zurück, und deshalb finde ich, dass mal wieder eine Aufstockung fällig ist.« »Oh nein, nicht schon wieder«, denkt sich da der Chef. Weil er sich dann aber sagt, dass Müller sicherlich noch motivierter zur Tat schreiten wird, wenn er mehr Lohn bekommt – schließlich treibt Geld die Menschen ja an, oder? –, schlägt er ihm diesen Wunsch nicht gleich ab, sondern zieht erst einmal fragend seine Augenbrauen hoch. Daraufhin beeilt sich Müller, ihm zu versichern: »Ich kann Bäume ausreißen, Chef! Zahlen Sie mir 3 Euro mehr die Stunde, dann werden Sie das schon sehen!«

»Gut, Müller, dann bekommen Sie eine Lohnerhöhung«, sagt der Chef und seufzt innerlich ein bisschen. Er fragt sich, warum eigentlich immer seine B- und C-Mitarbeiter so laut nach mehr Geld schreien und warum von seinen A-Leuten nie einer mit derlei Begehrlichkeiten vor seinem Schreibtisch steht. Sei's drum. Er gibt die Anweisung, Müllers Lohn zu erhöhen, und geht wieder zum Tagesgeschäft über.

Nach einigen Wochen fällt ihm jedoch auf, dass Mitarbeiter Müller weit davon entfernt ist, Bäume auszureißen. Stattdessen schlurft er durch die Werkshallen wie eh und je. Der Chef stellt ihn zur Rede. Müllers lapidare Antwort: »Wissen Sie, Chef, die Lohnerhöhung war zwar gut und schön, aber sie reicht immer noch nicht! Zahlen Sie mir noch einmal 3 Euro mehr, und dann werden Sie wirklich sehen, wie ich Bäume ausreiße!«

Geld macht immer noch nicht glücklich

Seien Sie ehrlich: Wie bekannt kommt Ihnen diese Szene vor? Wie vertraut ist Ihnen die Denke des Chefs? Glauben Sie auch, dass mehr Geld die Mitarbeiter motiviert, mehr Leistung, mehr Engagement, mehr Begeisterung zu entwickeln und sich daraus folgend langfristig an das Unternehmen zu binden? Falls dies so sein sollte: Da sind Sie in bester Gesellschaft. Viele Unternehmer und Führungskräfte teilen diese Einschätzung und sind fest davon überzeugt, dass Geld nicht nur die Welt regiert, sondern auch Menschen zu Höchstleistungen antreibt. Das stimmt auch durchaus. Aber leider nur kurzfristig. Die Wirkung einer Gehaltserhöhung verpufft typischerweise schon nach zwei Wochen. Lotto-Gewinne wirken immerhin acht Wochen. Ein nachhaltiges Engagement erzielt man damit allerdings nicht.

Entscheidend ist noch etwas: Wer ständig nach mehr Gehalt schreit, ist definitiv ein B- oder sogar ein C-Mitarbeiter. Diese Mitarbeiter lieben das Geld. A-Mitarbeiter dagegen lieben ihre *Aufgabe*. Für sie ist das Geld nachrangig. Sie suchen Freiräume, um eigene Entscheidungen treffen zu können. Sie möchten in übergeordnete, unternehmensstrategische Entscheidungen mit einbezogen werden. Und nicht zuletzt wollen sie sich persönlich weiterentwickeln. Alle diese Dinge sind ihnen viel wichtiger als Geld.

»Ah, wunderbar, dann muss ich meinen A-Mitarbeitern ja überhaupt kein Gehalt mehr bezahlen, wenn ihnen die herausfordernde Tätigkeit schon Lohn genug ist!« – ist das die Schlussfolgerung, die Sie daraus ziehen? Schön wär's, aber ganz so einfach ist es natürlich nicht. Auch für A-Mitarbeiter ist das Gehalt wichtig. Oder sagen wir so: Es muss stimmen. Mein Unternehmerkollege

Klaus Kobjoll beeindruckt mich immer wieder mit dem Zitat von James Goldsmith: »If you pay peanuts, you get monkeys.« – Wer seine Mitarbeiter mit Erdnüssen abspeist, braucht sich nicht zu wundern, wenn er nur Affen beschäftigt – und die entsprechenden Arbeitsergebnisse bekommt. Der Psychologe und Managementtheoretiker Dr. Frederick Herzberg hat dazu seine Zwei-Faktoren-Theorie der menschlichen Bedürfnisse entwickelt. Demnach sind Arbeitszufriedenheit und -unzufriedenheit nicht zwei Seiten einer Medaille, sondern zwei voneinander unabhängige Eigenschaften, die von den »Hygienefaktoren« einerseits und den »Motivatoren« andererseits repräsentiert werden. Diese Zwei-Faktoren-Theorie besagt im Wesentlichen, dass Zufriedenheit sich nicht zwangsläufig einstellt, sobald keine Gründe mehr für Unzufriedenheit bestehen.

Für unseren Zusammenhang sind die Hygienefaktoren besonders interessant: Wenn sie vorhanden sind, verhindern sie laut Herzberg zwar, dass Unzufriedenheit entsteht. Sie tragen allerdings nicht zur Zufriedenheit eines Menschen bei. Diese Faktoren werden oft als selbstverständlich vorausgesetzt oder gar nicht weiter bemerkt. Fehlen sie jedoch, wird dies als Mangel empfunden. Hygienefaktoren sind beispielsweise angemessene Entlohnung, gerechte Personalpolitik, intakte Beziehungen zu Kollegen und Vorgesetzten, menschengerechte Arbeitsbedingungen, kooperativer Führungsstil sowie Sicherheit am Arbeitsplatz oder die Sicherheit der Arbeitsstelle.

Unzufriedenheit entsteht bei einem arbeitenden Menschen also dann, wenn beispielsweise das Gehalt nicht stimmt oder die Zusammenarbeit mit den Kollegen und Vorgesetzten nicht reibungslos funktioniert. Gibt es in diesem Bereich keine Probleme – stimmt also das Gehalt und läuft die Zusammenarbeit mit den Kollegen und Vorgesetzten in glatten Bahnen –, ist der arbeitende Mensch dadurch nicht automatisch zufrieden. Er erreicht lediglich einen »neutralen Erlebniszustand«, der noch am ehesten mit »Nicht-Unzufriedenheit« bezeichnet werden kann. Positiv ausgeprägte Hygienefaktoren machen also nicht *glücklich*, sondern lediglich *nicht unglücklich*. Sprich: Eine zu niedrige Entlohnung führt zwar dazu, dass ein Mensch unglücklich wird. Aber über ein stetig steigendes Gehalt kann man die eigene Motivation beziehungsweise die der Mitarbeiter nicht unbegrenzt steigern.

Deshalb gilt: Menschen, die sich vor dem Schreibtisch des Chefs aufbauen und nach mehr Gehalt verlangen, damit der Chef endlich mal sieht, wie motiviert sie sind und welche Bäume sie ausreißen können, dokumentieren damit kaum den hohen Grad ihrer Motivation, sondern offenbaren lediglich eins: dass sie über keinerlei echte, also innere Motivation verfügen.

Zeit zum Lesen? Hab' ich nicht!

Die Frage ist ja: Warum fallen Chefs immer wieder auf den Gedanken herein, dass Geld etwas mit Motivation zu tun hat? Aufgrund meiner eigenen Erfahrung und auf Basis vieler Gespräche mit anderen bin ich zu der Überzeugung gelangt: Gerade mittelständische Unternehmer und Führungskräfte sind zu sehr in ihrem Alltagsgeschäft verstrickt und haben darüber Wesentliches und Entscheidendes in Sachen Personalmanagement aus dem Blick verloren. Sie denken: »Jetzt kümmere ich mich schon um meine Mitarbeiter, zahle ihnen gute Gehälter, mehr noch: zahle ihnen das, was sie sich wünschen, kaufe neue Mitarbeiter immer teurer ein – und dennoch klappt es nicht! Meine Mitarbeiter denken überhaupt nicht daran, das zu tun, was sie mir versprochen haben. Immer noch stehen hier all diese Bäume herum, die sie eigentlich ausreißen wollten!«

Was nun dieses Wesentliche und Entscheidende beim Personalmanagement ist – dazu gleich mehr. Lassen Sie mich erst noch einige Gedanken dazu äußern, warum bei vielen Unternehmern und Führungskräften in Sachen Mitarbeitermotivation und Mitarbeiterbindung weitgehende Ahnungslosigkeit herrscht – und das, obwohl es Fach- und Sachliteratur zu diesem Thema in Hülle und Fülle gibt. Tatsache ist ja: Trotz *Mythos Motivation* von Managementvordenker und Philosoph Reinhard K. Sprenger, trotz der Bestseller von Tom Peters, Fredmund Malik und vielen anderen hat sich in der Breite immer noch kein verändertes Bewusstsein in Sachen Personalmanagement durchgesetzt. Es ist schon erstaunlich: Wenn Sie sich in einem Raum mit 100 mittelständischen Unternehmern befinden und diese fragen, wer von ihnen schon einmal, sagen wir, ein Buch von Tom Peters gelesen habe, dann heben vielleicht zwei oder drei die Hand. Dasselbe ernüchternde Ergebnis erhalten Sie, wenn Sie fragen, ob die Anwesenden denn wüssten, wer Fredmund Malik sei. Ich habe das immer wieder erlebt. Auch an den Hochschulen ist das übrigens nicht anders, im Gegenteil: die bekannten Managementtheoretiker und Businessdenker – große Unbekannte für den Wirtschaftsnachwuchs. Die meisten Studenten lesen ihre Lehrbücher und sonst nichts.

Ich kann mir das nur so erklären – zumindest bei den Unternehmern: Die Belastung durch das Tagesgeschäft ist so groß, dass für die eigene Weiterbildung keine Zeit mehr bleibt. Selbst wenn das Interesse an Weiterbildung besteht, kümmert man sich lieber um vermeintlich spannendere oder brennendere Themen als das Personalmanagement. Mitarbeiter – das sind schließlich die, die man irgendwo einsammelt, auf die Schiene setzt und dann mit einigen wohldosierten Gehaltserhöhungshäppchen irgendwie in der Spur hält. Das erinnert mich immer so ein bisschen an die Gepflogenheit des Militärs vor zweihundert Jahren: Da zog ein Trommler durch die Dörfer und sammelte die Bauernsöhne ein; die bekamen eine Uniform verpasst, der Vorgesetzte sorgte für Disziplin, zahlte regelmäßig den Sold und war ansonsten darauf bedacht, dass keiner desertierte. Beim Militär zu Zeiten Friedrichs des Großen mag das ja noch funktioniert haben. Aber schon für einen modernen Blauhelmeinsatz in einem Krisengebiet kämen Sie so nicht weiter. Vom zivilen Sektor ganz zu schweigen.

Noch einmal: Meine Erfahrung ist, dass sich Unternehmer und Führungskräfte generell keine Zeit für ihre Weiterbildung in Sachen Personalmanagement nehmen. Wenn sie neben dem Tagesgeschäft noch Zeit haben, dann kümmern sie sich um die Weiterentwicklung ihrer Produkte und Dienstleistungen. Denn schließlich stehen diese ja im Mittelpunkt. Und nicht etwa die Mitarbeiter oder die Kunden – das wäre ja noch schöner! Dass hinter den tollen Produkten und Dienstleistungen aber genau diese Mitarbeiter stehen, um die sich zu kümmern diese Führungskräfte als Zeitverschwendung ansehen, wird zu wenig erkannt.

Tom Peters hat ein entsprechendes Postulat schon vor beinahe 30 Jahren formuliert. Der amerikanische Unternehmensberater und mehrfacher Bestsellerautor – sein Buch *Auf der Suche nach Spitzenleistungen* überschritt als erstes Managementbuch überhaupt die Millionenauflage – sagt: Nur wer den Mitarbeiter in den Mittelpunkt seines Geschäfts stellt, wird langfristig erfolgreich sein. Denn erst dann kann auch der Kunde wirklich König sein. Natürlich geht es nicht vorrangig darum, seinen Mitarbeitern eine entspannte und weitgehend stressfreie Zeit am Arbeitsplatz zu bereiten. Sondern es geht darum, bei den Mitarbeitern anzusetzen, damit sich das Ergebnis dann später beim Kunden zeigt. Von wegen: Wer den Mitarbeiter in den Mittelpunkt stellt, muss befürchten, dass dieser dann auf einmal im Weg herumsteht!

Aber was bedeutet es nun, dieses »Ansetzen beim Mitarbeiter«? Darum geht es mir jetzt.

Suche Aufgabe, biete Tatkraft!

Beim bekannten amerikanischen Textilproduzenten W. L. Gore, den Sie sicher als Hersteller hochmoderner, atmungsaktiver Kleidung kennen, geht es anders zu als in den meisten Unternehmen dieser Welt: Hier herrschen Arbeitsbedingungen, die für A-Mitarbeiter wie geschaffen sind und deshalb natürlich auch A-Mitarbeiter anziehen. Wer bei Gore arbeitet, sucht sich beispielsweise seine

Aufgaben selbst. Teamleiter werden nicht von oben beordert, sondern demokratisch aus den eigenen Reihen gewählt. Wohlklingende Titel und Stellenbeschreibungen, die sich lesen, als könnte nur ein Universalgenie sie erfüllen – Fehlanzeige. Anweisungen eines Vorgesetzten – geschenkt.

Gore selbst vergleicht seine Organisationsstruktur mit einer Amöbe: winzig, einzellig, innen stabil, außen flexibel. Wächst eine kleine einzellige Amöbe heran, ist sie nämlich nicht einfach eine große einzellige Amöbe, sondern sie teilt sich. So läuft das bei Gore auch. Wird ein Bereich zu groß, teilt er sich. Keines der Gore-Werke in Deutschland umfasst mehr als 150 Mitarbeiter. Wächst die Mitarbeiterzahl zu stark, wird entweder die Arbeit auf andere Werke verteilt oder es wird ein neues Werk eingerichtet.

Der Vorteil daran: Diese relativ kleinen Werke arbeiten effizient. 150 Mitarbeiter schaffen es noch, schnell und direkt miteinander zu kommunizieren und in permanentem Kontakt zueinander zu stehen. Bei mehr Leuten wird das bald schwierig. Jedes Werk bildet zudem eine eigenständige Einheit mit allen notwendigen Bereichen wie Produktion, Entwicklung, Vertrieb, Einkauf und Administration. So finden die Mitarbeiter viele Möglichkeiten vor, sich zu betätigen, sich weiterzuentwickeln, auch in für sie ganz neue Bereiche hineinzuwachsen – und zu lernen, denn das kontinuierliche Lernen gehört bei Gore wesentlich zum Konzept. Steigt ein Mitarbeiter in das Unternehmen ein, bekommt er zwei Mentoren zur Seite gestellt. Der eine ist für die Einarbeitung des neuen Kollegen zuständig, der andere für dessen Weiterentwicklung. Wer sich in internen oder externen Seminaren weiterbildet, darf mehr Verantwortung übernehmen – Teamleiter wird allerdings nur der, der von allen als am besten dazu geeignet empfunden wird.

Auch Gehälter werden nicht irgendwo da oben und von abgeschotteten Entscheidern festgelegt, sondern in einem breit angelegten Prozess ermittelt. Die Gehälter sollen sowohl intern fair als auch extern wettbewerbsfähig sein. Alle Mitarbeiter sind am Unternehmen beteiligt – sie erhalten gut 10 Prozent ihres Bruttogehalts in Unternehmensaktien. Fast hätte ich es vergessen: Mitarbeiter sind hier keine Mitarbeiter, sondern Associates. Zu Deutsch: Partner. A-Mitarbeiter eben.

All diese Arbeitsbedingungen – ungewöhnlich und in dieser speziellen Ausprägung in keinem Managementlehrbuch zu finden – sorgen nicht nur dafür, dass die Gore-Mitarbeiter engagiert und motiviert sind und sich ihrem Unternehmen langfristig verbunden fühlen. Sie sind letztendlich auch dafür verantwortlich, dass das Unternehmen regelmäßig zu den besten Arbeitgebern gewählt wird, und das weltweit: Gore war 2006 Deutschlands beliebtester Arbeitgeber (so das Magazin *Capital*), in Großbritannien siegte Gore dreimal in Folge beim Wettbewerb »100 Best Places to Work in the U.K.«. Auch in den USA rangiert Gore regelmäßig auf hohen Plätzen des Rankings »100 Best Companies to Work for«.

Ledersitze? Mir doch egal!

Halten wir noch einmal fest: Mitarbeiter, die extrinsisch motiviert sind, sprich: ihre motivierte Aktivität auf ein externes Objekt wie Geld oder materielle Anreize richten, sind per se B- oder C-Mitarbeiter. Die natürlich überwiegend dort anzutreffen sind, wo sie materielle Anreize vorfinden beziehungsweise solche geboten bekommen. Wer dagegen wie Gore ein Arbeitsumfeld schafft, das Menschen Freiraum, Eigenverantwortlichkeit und Mitbestimmung erlaubt, zieht automatisch intrinsisch motivierte Menschen an – also solche, die unabhängig von externen Belohnungen oder Bestrafungen agieren. Und solche intrinsisch motivierte Menschen sind fast zwangsläufig A-Mitarbeiter. Diese Mitarbeiter sind über Geld, mehr Urlaubstage oder einen noch größeren Dienstwagen nicht zu begeistern. Sie wollen wissen, was im Unternehmen vor sich geht. Sie wollen mitdenken und sich weiterentwickeln. Sie wollen Verantwortung tragen und gemeinsam mit anderen ihre Erfolge feiern. Sie wollen am Gewinn beteiligt werden. Sprich: Sie wollen ihre Arbeit als *sinnstiftend* erleben. *Weitere Informationen zu diesem Thema finden Sie kostenlos im Artikel »Geld ist nicht alles« auf der Website www.die-personalfalle.de.*

Gerade in Großunternehmen ist dies übrigens ein oft anzutreffendes Problem: Dort finden A-Mitarbeiter aufgrund der Strukturen und ausgeprägten Hierarchien häufig weder die angestrebte Beteiligung noch die gewünschten Freiräume und schon gar nicht die dafür notwendigen Informationen vor. Denn in Großunternehmen ist die Frage – anders als im Mittelstand – nicht, ob ein Mitarbeiter seine Leistung bringen *will* oder *kann*, sondern ob er sie bringen *darf*. Und wenn sich ein A-Mitarbeiter ein ums andere Mal anhören muss, dass die Informationen, die er gerne hätte, um sein Projekt voranzubringen, nur für die nächste Hierarchieebene zugänglich sind, dann wird sich nach einer gewissen Zeit sein Begeisterungslevel um mindestens die Hälfte reduzieren. Und irgendwann wird er nach attraktiveren Optionen Ausschau halten. Ganz egal, wie viel Geld er geboten bekommt, und völlig ungeachtet dessen, ob der Dienstwagen nun Ledersitze hat oder nicht.

Im Mittelstand sieht das anders aus – Ausnahmen bestätigen dabei wie immer die Regel. Natürlich gibt es auch dort Chefs, die mit Informationen knausern, auf ihrem vermeintlichen Herrschaftswissen sitzen und ihren Managern noch nicht einmal mitteilen, ob der Betrieb Gewinn abwirft oder nicht. Das rufe doch nur Neid hervor und verleite die Mitarbeiter dazu, noch höhere Gehälter zu fordern, befinden solche Chefs. Transparenz, Abschaffung von Hierarchien – alles rote Tücher für sie. Dabei ist es genau diese Transparenz und Durchlässigkeit, die ihre A-Mitarbeiter nicht nur zu Höchstleistungen motiviert, sondern auch dazu, sich langfristig an das Unternehmen zu binden.

Etliche Unternehmen haben dies aber erkannt und leben diese Erkenntnis in ihrer täglichen Arbeit – so wie Gore. Auch dm-Drogeriemarkt beispielsweise hat sich schon lange von alten Führungsprinzipien verabschiedet und praktiziert seit etlichen Jahren Beyond Budgeting – ebenso Dell, Toyota, Aldi und Ikea. Jenseits klassischer Managementtechniken der Steuerung und Kontrolle setzt das Beyond-Budgeting-Modell auf zwölf Führungs- beziehungsweise Performance-Management-Prinzipien. Dazu gehört beispielsweise Verantwortung: Alle Mitarbeiter sollen eigenverantwortlich denken und unternehmerisch handeln. Einfach nur irgendwelche Pläne zu befolgen ist out. Aber auch die Selbstständigkeit gehört dazu: Teammitglieder sollen Handlungsfreiheit und Handlungsraum erhalten und nicht irgendwelche Anweisungen von oben. Die Mitarbeiter sollen sich zudem auf ihre Kunden ausrichten und nicht auf interne Hierarchie- und Machtbeziehungen fixiert sein. Starre Ziele, die ohne Rücksicht auf die Dynamik des Umfelds erfüllt werden müssen und deren Erfüllung in jedem Fall honoriert wird, gibt es nicht mehr. Stattdessen wird der Erfolg belohnt, den ein Team in gemeinsamer Arbeit erlangt hat. Transparenz ist ein weiteres wichtiges Führungsprinzip des Beyond Budgeting: Sämtliche Informationen sind offen zugänglich und nicht exklusiv für eine bestimmte Hierarchiestufe vorgesehen.

Das Beyond-Budgeting-Modell wurde vom Beyond Budgeting Round Table Ende des letzten Jahrtausends entwickelt und seither auch weiter betreut. Die im Frühjahr 2008 gegründete Organisation Beyond Budgeting Transformation Network (BBTN) unterstützt Unternehmen, die zum Beyond Budgeting übergehen wollen. Ich bin überzeugt: Diesem »Open-Book-Management« gehört die Zukunft. Nur durch Open-Book-Management entsteht echte Motivation. Wer A-Mitarbeiter finden und halten will, wird daran nicht vorbeikommen.

MAX – der MitarbeiterAktienindeX

Auch im Tagungshotel »Schindlerhof« in Nürnberg hat man verstanden, was A-Mitarbeiter anzieht. Der Hotelier und Managementtrainer Klaus Kobjoll beweist seit 1984, dass nur diejenigen Mitarbeiter echte Verantwortung übernehmen können, die erstens in ihrer Arbeit aufgehen – sprich: A-Mitarbeiter sind – und die zweitens alle Informationen bekommen, die sie dafür benötigen. Nur wer die Zahlen kennt, denkt unternehmerisch. Daraus entstehen gute Ideen in Hülle und Fülle.

Klaus Kobjoll ist außerdem der Überzeugung: Leistung macht Spaß! Und hat deswegen den »MAX« eingeführt – den »MitarbeiterAktienindeX« (Abbildung 2), ein Instrument zur Führung und Bewertung von Mitarbeitern. Der MAX erfasst und bewertet Stärken und Schwächen von Mitarbeitern, wobei die Mitarbeiter sich selbst mit ihrer Leistung auseinandersetzen. Der Knackpunkt daran: Mitarbeiter werden weder als Selbstverständlichkeit noch als lästiges, ständig mehr Gehalt forderndes Übel gesehen – wie in so vielen Unternehmen –, sondern als wertschöpfende und wertbestimmende Bestandteile Nummer eins eines jeden Unternehmens.

Abbildung 2: MitarbeiterAktienindeX: Eingabemaske für den Mitarbeiter

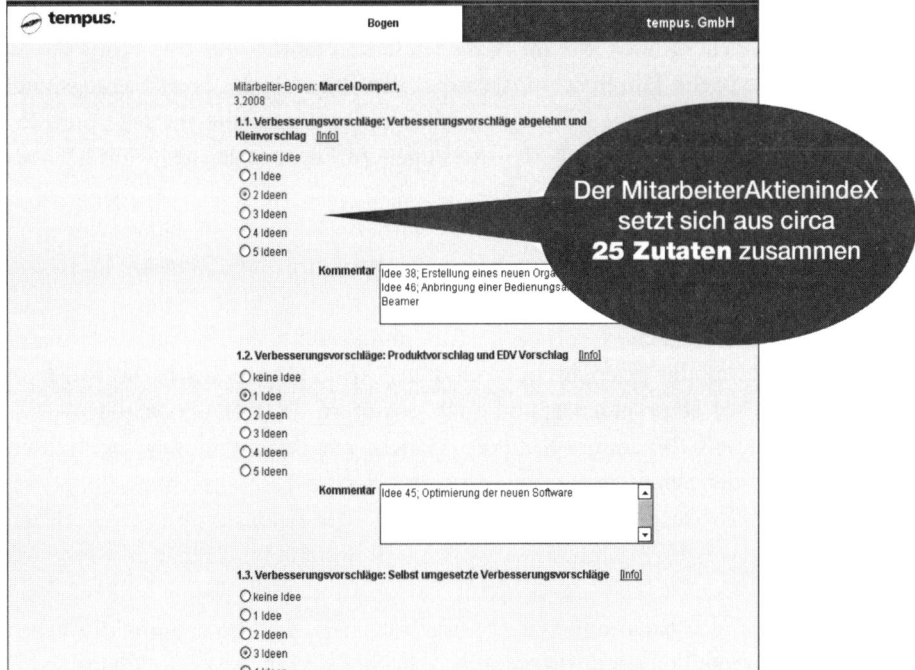

Und so funktioniert der MAX: Steigt ein neuer Mitarbeiter in das Unternehmen ein, erhält er 1 000 Pixel. Monat für Monat füllt er dann einen Bewertungsbogen aus, in dem die unterschiedlichen Kriterien des MAX erfasst sind. Anhand dieser Eigenbewertung steigt oder fällt sein Kurs. Die Teamleiter bekommen diese Eingaben natürlich auch zu Gesicht und schreiten nur ein, wenn sie zu der Einschätzung gelangen, dass diese zu stark von der Realität abweichen. Die Bewertungskriterien sind aus »harten« und »weichen« Faktoren zusammengesetzt und umfassen unter anderem aktive Beteiligung am kontinuierlichen Verbesserungsprozess (Vorschlagswesen), Weiterbildung (in der Freizeit), Fehlzeiten, freiwillige Mitarbeit an Projekten (in der Freizeit), Fehlerquote, Pünktlichkeit, aktive Arbeit mit einem Zeitplansystem, Pixelprämie bei Erreichen gesondert vereinbarter Ziele, Betriebszugehörigkeit, körperliche Fitness / Body Mass Index, Rauchen / Nichtrauchen im Dienst.

Zum MAX gehören auch ein Team-Index (für die Bereiche Tagung, Hotel, Restaurant, Bankett, Küche, Housekeeping) und der Community-Index, in den unter anderem die Umsätze und der Wareneinsatz mit einfließen. Am Ende steht ein Ranking, das für alle Mitarbeiter einsehbar ist. Das spornt an und beflügelt, Höchstleistung zu bringen – obwohl der MAX ein eher spielerisches Instrument ist und auch nicht an die Gehaltshöhe gekoppelt wird. Der Erfolg kann sich sehen lassen: Die Produktivität der Schindlerhof-Mitarbeiter lag 2008 doppelt so hoch wie im Branchendurchschnitt. Und: Das Hotel hat in den letzten zehn Jahren schon sechsmal den Preis für das beste Tagungshotel Deutschlands gewonnen. Das Great Place to Work Institute hat das Unternehmen zudem unter den 20 besten Arbeitgebern Europas gelistet – übrigens als einziges Hotel.

Und Klaus Kobjoll – dessen MAX mittlerweile über 100 Unternehmen in Europa erfolgreich einsetzen – hat noch etwas begriffen: Wer A-Mitarbeiter hat, die gerne Verantwortung übernehmen, muss sie ziehen lassen, wenn sie gehen wollen. Etliche von Kobjolls Auszubildenden haben sich nach der Lehrzeit selbstständig gemacht oder sind ins Ausland gegangen. Das wird im Schindlerhof gerne gesehen und auch gefördert. Zu den »Ehemaligen« hält Klaus Kobjoll aber immer Kontakt. Manche von ihnen kommen nach Jahren zurück in den Schindlerhof. Eine bessere Referenz kann es nicht geben, oder?

Übrigens: Auch Jack Welch hat seine A-Mitarbeiter immer gerne ziehen lassen. Er wusste: A-Mitarbeiter wollen sich weiterentwickeln, und wenn sich ihnen im Unternehmen dafür keine Perspektiven mehr bieten sollten, dann suchen sie sich einen anderen Arbeitgeber, lassen sich bereitwillig abwerben oder gründen ihr eigenes Unternehmen. Früher bin ich ständig geschäftlich ins

Ausland gereist, weil wir sehr viele internationale Kunden hatten. Sehr häufig traf ich dabei auf Führungspersönlichkeiten, die zuvor bei General Electric gearbeitet hatten – Menschen also, die von Jack Welch ausgebildet worden waren und nun irgendwo in der Welt ein großes Rad drehten. Das sprach Bände für mich.

Auch in meinen eigenen Unternehmen praktiziere ich diese Haltung – ich lasse gute Mitarbeiter gerne ziehen und halte dann den Kontakt. Vor kurzem rief mich ein ehemaliger Praktikant an, der vor ungefähr zwei Jahren bei uns eine Zeit lang gearbeitet hatte. Mittlerweile ist er Chef einer Container Company in Schanghai. Ein anderer ehemaliger Mitarbeiter schickt uns jedes Jahr eine Weihnachtskarte, in der er mittels eines Tortendiagramms dokumentiert, wie viel Zeit er im zurückliegenden Jahr in welchem Erdteil plus im Flugzeug verbracht hat. In der letzten Weihnachtskarte war zu lesen: 13 Prozent seiner Zeit habe er im Flugzeug gesessen. Als Krisenmanager eines global agierenden Unternehmens ist er ein wirklich gefragter Mann geworden, der gleichzeitig eine intakte Familie hat.

Ein weiterer Mitarbeiter, dem wir nicht mehr Verantwortung geben konnten (weil unsere Unternehmen zu klein sind), ist mittlerweile Geschäftsführer von einem 400-Mann-Unternehmen in unserer Region. Und so ist es mit vielen unserer Ehemaligen: Sie haben hochinteressante Jobs auf der ganzen Welt.

Für mich ist es kein Drama, wenn gute Mitarbeiter uns verlassen, sondern vielmehr eine ganz logische Konsequenz aus unserer Haltung ihnen gegenüber: Werden Mitarbeiter gefördert, ist es völlig klar, dass sie eines Tages über ihr Unternehmen hinauswachsen und gewissermaßen flügge werden. Sie wollen und brauchen einen größeren Verantwortungsbereich, den wir ihnen einfach nicht bieten können.

Ich bin Fischverkäufer und ich liebe meinen Job!

Wer sich mit dem Thema Mitarbeitermotivation und -bindung beschäftigt, wird aber nicht nur auf Jack Welch, Klaus Kobjoll und Beyond Budgeting treffen, sondern auch auf Fische. Fische? Ja, Sie haben richtig gelesen! Eines der Bücher, die mich in den letzten Jahren am meisten begeistert haben, heißt *Fish! Ein ungewöhnliches Motivationsbuch*. Die drei Führungskräfte John Christensen, Stephen C. Lundin und Harry Paul haben diesen Millionenbestseller geschrieben – der zum besten internationalen Wirtschaftsbuch des Jahres 2001 gekürt wurde. Und darum geht es in dieser kleinen Geschichte: Mary Jane ist zur Abteilungsleiterin befördert worden und ärgert sich seither mit unmotivierten Angestellten herum, die von ihrem öden Job gelangweilt sind. Ausgerechnet auf dem Fischmarkt von Seattle dämmert es ihr, worauf es im Job ankommt. Denn die Fischhändler dort haben sämtlichen widrigen Umständen zum Trotz – kalte, nasse Lagerhallen sowie gleichermaßen kalte, nasse und nicht ganz geruchsfreie Ware – beschlossen, dass sie den tollsten Job der Welt haben. Sie sind permanent gut drauf, bringen sich und ihre Kunden am Fischstand zum Lachen und verkaufen eine ganze Menge mehr Fische, als es ihnen vorher gelungen ist.

Innerhalb knapp eines Jahrzehnts ist aus dem *Fish!*-Konzept eine ganze Philosophie entstanden. Sie beruht auf vier Leitgedanken: Erstens Spielen und Spaß haben, dann anderen Freude bereiten, dazu jeden Moment präsent sein und schließlich seine eigene Einstellung wählen! Sicher: Man kann diesen Leitsätzen eine gewisse Schlichtheit unterstellen, die vielleicht auf einem Fischmarkt funktioniert, aber keinesfalls in einem börsennotierten, seriösen Großunternehmen mit seinen komplexen Strukturen und Anforderungen. Aber es ist wie so oft im Leben: Die entscheidenden, wirklich wesentlichen Dinge sind nun mal einfach. Diese vier Leitgedanken sind nämlich die essenziellen Stellschrauben der Mitarbeitermotivation.

Für mich ist allerdings die letztgenannte – die eigene Einstellung wählen! – die wichtigste. Ihr liegt die Überzeugung zugrunde, dass jeder Mensch selbst für seine Gemütsverfassung verantwortlich ist – und nicht das miese Wetter, der keifende Nachbar oder der rasante Sportwagenfahrer, der einem schon morgens auf dem Weg zur Arbeit die Vorfahrt genommen hat, oder eben der nasse, kalte Fisch, den man an einem nassen, kalten Tag unters Volk bringen soll. Kein Mensch ist ein Opfer der Umstände – und jeder Mensch kann sich jeden Tag aufs Neue dafür entscheiden, sich nicht von negativen Energien den Tag ruinieren zu lassen. Und das liegt einzig und allein in seiner Verantwortung.

Aus einer solchen Haltung heraus ergeben sich die anderen drei Leitgedanken fast von selbst. Wer sich entscheidet, gute Laune zu haben und mit Spaß an seine Arbeit zu gehen, der steckt nicht nur seine Kollegen an, sondern der Funke springt auch auf die Kunden über. Die merken nämlich am allerschnellsten, ob jemand mit dem Herzen bei der Sache ist oder nicht. Wer seinen Job nicht gerne macht, bei dem kauft man nicht gerne ein. Und: Wer Spaß an der Arbeit hat, dem fallen auch unangenehme Aufgaben leichter, die er sonst vielleicht eine halbe Ewigkeit vor sich herschieben würde. Aus dem Arbeitsfeld ein Spielfeld zu machen lohnt sich – in vielerlei Hinsicht.

Anderen eine Freude zu bereiten gelingt damit schon fast automatisch. Wer kann sich schon einem freudigen und gut gelaunten Menschen entziehen? Spaß wirkt ansteckend. Geteilte Freude ist doppelte Freude. Einer vergnüglichen Atmosphäre kann man sich schwer verweigern. Dahinter steckt auch der Ansporn, seinen Kunden stets etwas Besonderes bieten zu wollen. Das alles kann man allerdings nur, wenn man in jedem Moment präsent ist; sich ganz auf sein Gegenüber und dessen Bedürfnisse und Belange einlässt; ihm wirklich zuhört und nicht nur auf einen günstigen Moment wartet, den anderen zum Zuhörer für seinen eigenen Monolog zu machen.

Zu alledem gehört eine große Kompetenz – nämlich sich selbst zwar ernst, aber nicht so wichtig zu nehmen und die eigenen Belange denen des Gegenübers erst einmal unterzuordnen. Man könnte auch sagen: Jeden Moment präsent sein ist ein anderer Ausdruck für Kundenorientierung. Und die bekommt man eben nur dann hin, wenn man sich für die richtige Einstellung entschieden hat: nämlich Spaß an seiner Arbeit zu haben und mit Herz und Hirn zur Tat zu schreiten. Kurz: ein A-Mitarbeiter zu sein. Der Clou daran: Wer als Führungskraft ein A-Mitarbeiter ist, zieht automatisch andere A-Mitarbeiter an. So kann sich nach und nach eine Art A-DNA herausbilden, und so wächst ein Team, eine Abteilung oder ein Unternehmensbereich zu einer Zelle der Exzellenz heran. Das ist das Ziel.

Dieses Ziel erreichen Sie aber nur unter einer Voraussetzung: Wenden Sie sich von überholten und althergebrachten Denkweisen und Methoden ab. Sie motivieren Ihre Mitarbeiter nicht, indem Sie sie kontrollieren. Sie können Ihre Mitarbeiter nicht an sich binden, indem Sie ihnen in noch so regelmäßigen Abständen eine Gehaltserhöhung verpassen. Sie können Mitarbeiter nämlich überhaupt nicht an sich binden. Das sollte auch gar nicht das Ziel Ihres Sinnens und Trachtens sein. Fördern Sie stattdessen Ihre Mitarbeiter nach Kräften. Mehr als das: Fordern Sie sie heraus! Lassen Sie zu, dass sie sich entwickeln. Und entwickeln Sie sich selbst auch weiter. Stellen Sie nicht mehr länger die Produkte und Dienstleistungen in den Mittelpunkt, sondern die Menschen, die sie herstellen, vertreten oder verrichten. Stellen Sie sich den unangenehmen Situationen, die dadurch vielleicht entstehen – denn es ist eindeutig leichter, sich in ein stilles Produktentwicklungskämmerlein zurückzuziehen, als sich in Echtkontakt und Auseinandersetzungen mit seinen Mitarbeitern zu begeben. Am allerwichtigsten aber: Arbeiten Sie sich durch die Personalmanagementliteratur.

Eine Liste mit empfehlenswerter Personalmanagementliteratur finden Sie kostenlos auf der Website www.die-personalfalle.de. Beschäftigen Sie sich mit neuen Ideen, mit ungewöhnlichen Konzepten, mit verrückten Vorschlägen. Machen Sie sich mit den Managementvordenkern – und den Querdenkern wie zum Beispiel Anja Förster und Peter Kreuz – vertraut. Lesen Sie! Aber dieser letzte Satz ist eigentlich überflüssig. Schließlich haben Sie damit ja schon angefangen – in dem Moment, als Sie dieses Buch aufgeschlagen haben.

Kapitel 4

Abstieg ins Mittelmaß

Alle reden sie von Change-Management, aber keiner ist in der Lage, mal den Kaffeefilter zu wechseln.

Was fällt Ihnen spontan zu dem Begriff »Stadtwerke« ein? Lassen Sie mich einmal raten, was Ihnen da durch den Kopf gehen könnte. Denken Sie vielleicht an Dinge wie Gas, Wasser, Strom, Fernwärme, Busse, Straßenbahnen, Kanalisation? An Technologie, Pünktlichkeit und eine perfekt funktionierende Infrastruktur? Oder eher an Unerfreuliches wie Monopole, Tariferhöhungen, politischen Filz? Möglicherweise assoziieren Sie von alledem etwas. Nach meiner Beobachtung verbindet jedenfalls kaum ein Mensch Begriffe wie Innovationsführerschaft, Spitzenservice oder auch nur Kundenorientierung mit der Institution Stadtwerke. Und aus eigener leidvoller Erfahrung weiß ich: Selbst die Mitarbeiter von Stadtwerken können mit diesen Begriffen manchmal wenig anfangen. Mehr noch: Sie setzen sich gar nicht erst die entsprechenden Ziele.

Zugegeben: Das ist reichlich provokant formuliert. Und trifft so pauschal mit Sicherheit nicht auf alle der rund 180 Stadtwerke in Deutschland zu. Auf *ein* solches Unternehmen aber ganz bestimmt! Denn bei diesen Stadtwerken war ich als Unternehmensberater zum jährlichen Strategietag eingeladen. Die Veranstaltung fand in der abgeschiedenen Atmosphäre eines Waldhotels statt. Es war das erste schöne Frühlingswochenende in jenem Jahr. Die Führungskräfte saßen auf der Terrasse und diskutierten über ihre strategischen Ziele. Es ging um die bei solchen Anlässen üblichen Themen: Wo kommen wir her, wo wollen wir hin, und wie schaffen wir Letzteres?

Natürlich war irgendwann auch das Thema Personal an der Reihe – in einem Betrieb mit mehreren Hundert Mitarbeitern ist das ja keine zu vernachlässigende Größe. Es ging konkret um die Fahrer der Linienbusse im öffentlichen Nahverkehr. Einer der Geschäftsführer – ich nenne ihn hier einmal Herrn Pfeifer – sagte in der folgenden Diskussion zu mir:»Lieber Herr Professor Knoblauch, das mit dem Mitarbeiter-ABC ist ja alles gut und schön. Aber wissen Sie was: Ich brauche gar keine A-Mitarbeiter! Nein, ich will überhaupt keine A-Mitarbeiter. Ich bin mit den Leuten, die Sie B-Mitarbeiter nennen, vollkommen zufrieden.«

Da staunte ich nicht schlecht.»Warum wollen Sie denn keine A-Mitarbeiter?«, wollte ich von Herrn Pfeifer wissen.

»Meine Mitarbeiter sollen pünktlich kommen und pünktlich gehen und dazwischen einfach ihre Arbeit machen. Und genau das machen B-Mitarbeiter doch – zumindest haben Sie das gerade eben erzählt, oder?«, meinte Herr Pfeifer.

»Genau so ist es«, antwortete ich ihm.»Aber ein A-Mitarbeiter würde noch viel mehr machen, als nur ordentlich seinen Job erledigen. Er würde beispielsweise die Fahrgäste freundlich begrüßen. Und wenn er merkt, dass ein Gast das erste Mal mit seinem Bus fährt, dann würde er ihn ansprechen und sagen: ›Ich gebe Ihnen gerne Bescheid, wenn die Haltestelle kommt, an der Sie aussteigen müssen!‹ Und beim leidigen Thema ›Wechselgeld‹ würde er wirklich zeigen, was in ihm steckt. All das und noch viel mehr würde ein A-Mitarbeiter machen, denn er ist kunden- und serviceorientiert.«

Herrn Pfeifers Antwort lautete schlicht:»Nein, auch das will ich nicht.« Ich glaubte erst, ich hätte mich verhört. Aber offensichtlich meinte er das ganz ernst. Denn er fuhr buchstäblich mit diesem Satz fort:»Wenn die Busfahrer die ganze Zeit lächeln, dann kommen die Fahrgäste nur auf dumme Gedanken!«

Wir diskutierten zwar noch eine Weile hin und her, aber einig wurden wir uns in diesem Punkt nicht mehr, wie Sie sich sicher denken können.

Kundenorientierung – wozu das denn?

Worum es Herrn Pfeifer eigentlich ging, ist schnell zu umreißen: Der Mann wollte schlicht und ergreifend seine Ruhe haben! Er wollte als Geschäftsführer sein Tagesgeschäft routiniert und störungsfrei abwickeln können. Er wollte als Chef einen einfachen Job haben. Und dazu gehörten nun mal pflegeleichte, unkomplizierte, leicht zu steuernde und vor allem berechenbare Mitarbeiter. Das war sein Ideal. Nicht etwa Mitarbeiter, die permanent mit neuen Vorschlägen ankommen – die wären ihm nämlich viel zu anstrengend! Denn bei den Vorschlägen bliebe es ja nicht. Mitarbeiter, die Verbesserungsvorschläge zunächst für ihre Bereiche machen, wollen irgendwann die ganze Organisation auf den Kopf stellen, die wollen neue Strukturen, Kundenorientierung, Begeisterung – wo käme man denn da hin? Das wäre Stress pur für den armen Mann auf seinem kommunalen Chefsessel.

Viele B-Führungskräfte haben ja oft die Befürchtung, dass A-Mitarbeiter an den Chefstühlen sägen und stellen deshalb keine ein – aber das waren, so glaube ich, überhaupt nicht Herrn Pfeifers Bedenken. Dazu war er zu gut aufgestellt. Nein, Herr Pfeifer hatte keine Angst, dass ihm einer ans Leder wollte. Er war vielmehr ein typischer »Nine-to-five-Boss«: Morgens (nicht zu früh) kommen, spätnachmittags gehen, dazwischen bloß keinen Ärger, bitte schön! Ein einfacher, überschaubarer Tagesablauf ohne Turbulenzen, das war sein Ziel. Menschen, die Initiative entwickeln und Ideen haben, wären ihm einfach nur lästig gewesen. Henry Fords berühmt-berüchtigte Klage »Ich will nur ein paar Hände, aber immer bekomme ich auch einen Menschen dazu« – sie hätte glatt von Herrn Pfeifer sein können. Was bei seinen Stadtwerken noch erschwerend hinzukam: Monopolstellung und Beamtenmentalität. Innovationen – brauchen wir doch nicht! Servicequalität – neumodischer Kram! Kundenorientierung – wozu das denn? Schließlich waren die Kunden auf die Stadtwerke angewiesen und nicht umgekehrt! Und dafür reichten B-Mitarbeiter vollkommen aus. A-Mitarbeiter würden doch nur für Unruhe sorgen.

Eigentlich könnte man über dieses Denken ein bisschen amüsiert staunen oder auch den Kopf schütteln und sich dann wieder anderen Dingen zuwenden. Ganz so einfach sollten wir uns es in unserer Situation aber nicht machen. Denn: Dieses Denken führt unweigerlich in eine Abwärtsspirale. Und eine solche Abwärtsspirale können wir uns hierzulande heutzutage schlicht und einfach nicht leisten. Aber warum ist dieses Stadtwerke-Denken so gefährlich? Ein klarer Fall: weil ein Unternehmen, das von B-Mitarbeitern und -Führungskräften betrieben wird, Kunden verliert. Und die Kunden verliert ein solches

Unternehmen aus drei Gründen: Einmal nimmt die Macht der Konsumenten, der Verbraucher stetig zu. Es gibt Blogs, Twitter, Bewertungsportale, in denen Kunden ihre Meinung zu Produkten, Dienstleistungen und eben auch Stadtwerken austauschen und ihre Empfehlungen aussprechen. Verbraucher haben die Wahl zwischen vielen verschiedenen Anbietern, und sie nutzen diese Wahlmöglichkeit. Dort, wo sie das bessere Produkt, den besseren Service, das bessere Preis-Leistungs-Verhältnis bekommen, dort kaufen sie auch.

Und noch etwas: Kunden sind heute grundsätzlich besser informiert und breiter vernetzt als noch vor zehn, zwanzig Jahren. Sie sind beispielsweise nicht darauf angewiesen, mit dem Stadtwerkebus von A nach B zu kommen. Sie können auch Car-Sharing-Angebote nutzen oder Fahrgemeinschaften bilden. Selbst zu den Quasi-Monopolen der Stadtwerke gibt es Alternativen, die gut informierte Verbraucher ausfindig machen und auch nutzen. Fazit: Stellt ein Unternehmen B-Mitarbeiter ein, verabschiedet es sich im selben Moment von Servicegedanken und Kundenorientierung und im nächsten Moment zwangsläufig von den Kunden selbst – denn die kaufen lieber dort, wo ihre Bedürfnisse ernst genommen und nicht als Bedrohung empfunden werden. Und das können sich heutzutage nicht einmal mehr Stadtwerke leisten.

Wir sind dann mal im Urlaub!

Ein Phänomen in diesen Tagen ist der Verlust der Mitte. Produkte und Dienstleistungen, die sich »in der Mitte« angesiedelt haben, laufen jedes Jahr schlechter. Was stattdessen gekauft werden, sind Discount- oder Premiumprodukte, ganz egal in welcher Branche, seien es Lebensmittel, Möbel, Schuhe oder Autos – der ganze mittelmäßige Rest verliert seine Kunden in fast schon dramatischem Ausmaß. So wie Opel: ein ganz klassisches Beispiel für diese Entwicklung. Diese Autos haben kein Alleinstellungsmerkmal. Sie sind weder billig noch exklusiv, ein Me-too-Produkt ohne besondere Anziehungskraft – und das reicht eben nicht mehr, um genügend Kunden zu finden. Das bestätigt auch der Vorstandsvorsitzende der Daimler AG Dieter Zetsche: »Der Markt für günstige Autos wächst, und auch der Markt für Premiumautos wächst. Was entfällt, ist die Mitte.«

Oder nehmen Sie die Möbelindustrie: Ikea ist ein Möbel-Discounter mit unverwechselbarer Markenidentität und steht entsprechend gut da. Die kleine exklusive Möbelmanufaktur, die edle Maßanfertigungen verkauft, auch. Und der große Rest? Möbel von der Stange, beliebige Dutzendware, mittlerer Preis, vermeintliche Qualität an den Stellen, die man sieht, aber wehe, man wirft einen Blick dahinter oder darunter – nichts als Pressspan und mehr schlecht als recht festgetackerte Bezüge. Mit entsprechender Schlagseite dümpeln diese Anbieter vor sich hin.

Der dritte Grund – so oft genannt, dass er schon einer Binsenweisheit nahekommt, aber darum nicht weniger zutreffend ist: die Globalisierung. Lassen Sie mich Ihnen dazu eine Geschichte von Deutschland, Dubai und einem Taxifahrer erzählen: Ich kam nachts gegen ein Uhr in Dubai an. Es war Sommer, und die Luft vor dem Flughafen fühlte sich an, als würde mir jemand einen Föhn auf Stufe zwei vor das Gesicht halten. Ich stieg in ein Taxi, und der in eine schmucke Uniform gekleidete Taxifahrer fragte mich sofort, wie er denn die Klimaanlage für mich einstellen dürfe, ob ich etwas trinken wolle, wie er den Sitz für mich einstellen solle und ob ich es eilig hätte und er deswegen schnell fahren solle. Unglaublich, diese Taxifahrer dort! Kundenorientierung scheint generell ihr zweiter Vorname zu sein. Entspannt und freundlich sind sie obendrein auch noch. Das sind Dinge, die man hier bei uns wahrlich nicht erlebt.

Wir fuhren also los und der Taxifahrer sagte zu mir: »An Ihrem Akzent habe ich gleich gehört, dass Sie aus Deutschland kommen!« »Waren Sie denn schon einmal in Deutschland?«, fragte ich ihn. »Nein! Das kann ich mir nicht leisten«, antwortete er. »Aber ich weiß jede Menge über Deutschland!« Das machte mich natürlich neugierig, und ich fragte nach, was er denn über Deutschland wisse. »Deutschland ist das Land, in dem die Geschäfte um acht Uhr abends schließen.« Und dabei kicherte er ein bisschen. Diese Vorstellung schien ihn wirklich zu amüsieren. »Schauen Sie doch mal hier aus dem Fenster!«, forderte er mich auf. Und in der Tat: Es war zwar halb zwei Uhr morgens, aber die Geschäfte waren alle geöffnet, Menschen flanierten auf den Straßen im Stadtzentrum. »Das ist Boom, oder?«, lachte mein Taxifahrer.

So läuft das nun mal mit der globalen Wirtschaft: Während anderswo gearbeitet wird, verziehen sich die Deutschen erst einmal ins Wochenende. Während in China Geschäfte gemacht werden, tauchen die Deutschen für mindestens drei Wochen in die Sommerferien ab. Wenn mir meine chinesischen Geschäftspartner nachts eine E-Mail schicken und bis zum anderen Morgen um neun Uhr keine Antwort von mir vorfinden, dann fragen sie ganz besorgt, ob es unsere Firma noch gibt. Unser Partner in Schanghai rief mich neulich am Samstagabend um 20 Uhr im Büro an und sagte, dass er gerne am nächsten Morgen um 9 Uhr eine Telefonkonferenz mit meinen wichtigsten Mitarbeitern abhalten wolle. Als ich ihm antwortete: »Bist du des Wahnsinns, morgen ist Sonntag!«, erwiderte er: »Ja, klar, hier ist auch Sonntag. Ich dachte einfach, 9 Uhr ist eine gute Zeit, um die Leute zu erwischen!«

Mit anderen Worten: Es ist schlicht unmöglich, Menschen anderswo auf dieser Welt zu kommunizieren, warum man hierzulande sonntags morgens eben keine Telefonkonferenz einberufen kann, warum es so etwas wie ein Sommerloch gibt, weshalb die Republik zwischen Weihnachten und Neujahr fast vollständig zum Erliegen kommt – oder dass man sich bei zu vielen Überstunden Ärger mit dem Betriebsrat einhandelt. Letzteres scheitert gegenüber vielen Menschen auf dieser Welt allein schon am mangelnden Verständnis des Begriffs »Überstunden«.

Lothar Späth, ehemaliger Ministerpräsident Baden-Württembergs und Manager, sagte dazu einmal: »Wenn Ihnen die Globalisierung nicht passt, dann rufen Sie sie an!« Und so ist es: Neben besser informierten Kunden und dem wegbrechenden Mittelstand ist die Globalisierung der dritte große Faktor, der Umsätze einbrechen und Kunden das Weite suchen lässt – und dem Unternehmen hierzulande begegnen müssen.

Entscheidend ist, dass diese Veränderungen von außen kommen, vom Markt her. Unternehmer und Führungskräfte können sie nicht steuern, beeinflussen oder beherrschen. Die Welt verändert sich. Punkt. Aber eines könnten die Unternehmen tun: Sie könnten auf diese Faktoren reagieren. Sie könnten A-Mitarbeiter einstellen und den Karren aus dem Dreck ziehen. Stattdessen lassen sie den Karren einfach stehen, als hätte ihnen jemand ungefragt Bremsklötze untergeschoben. Und was soll ich sagen – diese Bremsklötze gibt es tatsächlich. Schließlich sind wir hier in Deutschland. Es gibt hier gesetzliche Bestimmungen, die sich schon zur Mentalität ausgewachsen haben und die das Verharren auf dem festgefahrenen Karren noch begünstigen.

Weg mit der Fleischration!

Ich komme noch einmal auf Lothar Späth zurück – er verglich unsere Situation in Deutschland einmal mit einem Zoo: Wenn jeden Morgen pünktlich um neun der Wärter zum Löwenkäfig komme und ein Stück Fleisch über den Zaun werfe und dasselbe um vier Uhr nachmittags noch einmal geschehe, dann sei es kein Wunder, dass die Löwen immer träger und fetter würden. Die Lösung des Problems: Weg mit dem Wärter, weg mit dem Zaun! Dann bliebe den Löwen nichts anderes übrig, als selbst auf die Pirsch zu gehen. Täten sie das nicht, knurrte ihnen halt der Magen. Dass das nicht sein muss, sähe man an den asiatischen Tigern, so Lothar Späth. Die seien nämlich hungrig, die kämpften und machten fette Beute – ganz im Gegensatz zu den abendländischen, die sich lieber füttern ließen.

Da stimme ich Lothar Späth uneingeschränkt zu – und bemühe gleich noch einmal meinen Taxifahrer aus Dubai. Denn ich habe Ihnen noch nicht alles erzählt, was wir auf dieser nächtlichen Taxifahrt durch das Emirat miteinander gesprochen haben. Er wusste nämlich noch etwas über Deutschland: »In Deutschland kann man auch gut leben, ohne zu arbeiten«, meinte er. Das musste ich natürlich kommentieren: »Na ja, sehr gut leben kann man dann vielleicht nicht, aber leben, ja, das geht. Finden Sie das denn gut?« »Nein!«, kam da sofort die Antwort. »Wer nicht arbeitet, soll auch nicht essen. Alles andere ist ungerecht!« Und dann erzählte er noch von seiner Familie in Indien und dass er hier in Dubai die Möglichkeit habe, mit seinem Taxi genug Geld zu verdienen, um auch noch regelmäßig seinen Verwandten etwas zu schicken.

Der Taxifahrer im nächtlichen Dubai hätte also sicherlich Lothar Späth zugestimmt – dass man das Problem mit den faulen und fetten Löwen nur so löst, indem man ihnen sowohl Fleischration als auch Zäune wegnimmt. Und sie freundlich dazu auffordert, wieder selbst die Verantwortung für sich zu übernehmen.

In Deutschland sind wir davon allerdings weit entfernt. Hier werden nach wie vor Reservate eingerichtet und Zäune hochgezogen. Aus meiner Sicht wird das nicht funktionieren. Mehr noch: Dass sich B- und C-Mitarbeiter ein gemütliches Leben machen können, wird sich bitter rächen. Diese Underperformer werden viel zu sehr gehegt und gepflegt, finden viel zu oft ein Umfeld vor, in dem sie sich nicht verändern müssen, treffen viel zu oft auf Chefs, die diese Verhaltensweise sogar noch unterstützen und überhaupt keine Leistung sehen wollen. Hinzu kommt: Auch dem öffentlichen Sektor geht es nicht darum, dass jemand das Maximum aus sich herausholt, sondern lediglich darum, dass jeder mit einem Arbeitsplatz versorgt ist. Arbeitsplatzerhaltung um jeden Preis, sei er auch noch so unproduktiv – das ist die Maxime: Denken Sie nur an Kohlesubvention, Abwrackprämie und dergleichen.

Wenn hier in Deutschland ein Unternehmen Zielvereinbarungen mit seinen Mitarbeitern treffen will, wirft sich in vielen Fällen der Betriebsrat heroisch dazwischen. Dasselbe gilt für die Einführung von bewertbaren Größen, an denen die Mitarbeiter gemessen werden sollen. 40 Prozent aller Arbeitszeugnisse in Deutschland sind eingeklagt, sprich: Der Arbeitnehmer hat zwar eine Beurteilung von seinem Arbeitgeber erhalten, diese jedoch nicht für gut genug befunden und dagegen geklagt. Denn in Deutschland dürfen nur wohlwollend und höflich formulierte Zeugnisse ausgestellt werden – damit der jeweilige Underperformer noch möglichst lange in möglichst vielen Unternehmen sein

Unwesen treiben kann. Über die deutsche Zeugnispraxis witzelt man anderswo auf der Welt schon lange…

Solche Dinge werden also in Deutschland nicht ausgeräumt, sondern hochgehalten – als ob sie uns irgendetwas nützen würden. Dabei zementieren sie genau diese kranke Situation, die wir haben. Und führen in der Konsequenz dazu, dass die Besten das Land verlassen. Weil sie einfach die Nase voll haben.

Technologie, Talent, Toleranz

Schon im ersten Kapitel habe ich dieses Thema angeschnitten: Mehr als 160 000 Menschen verlassen jedes Jahr unser Land. Es findet ein regelrechter Braindrain statt. Die Fähigsten und Tüchtigsten gehen. Die drei begehrtesten Auswanderungsziele sind die Schweiz, die USA, und zum ersten Mal war Polen 2008 die Nummer drei der Hitliste. Toptalente gehen dahin, wo ihnen echte Chancen und Entwicklungsmöglichkeiten geboten werden. Wo sie nicht von zum Teil absurden Regularien an der Entfaltung ihrer Träume gehindert werden. Wo nicht der Staat den größten Teil des Gehalts der meist gutverdienenden A-Mitarbeiter einbehält – von Politikern angezettelt, die sich damit die breite Masse des Wahlvolks bei Laune halten, indem sie Arbeitslosigkeit begünstigen und keine Anreize schaffen, dass Menschen ihr volles Potenzial entfalten. Die Krux daran: Gut gemeinte Regelungen zum Schutz der Schwachen führen in der Regel dazu, dass letztlich Schwäche regiert. Und das wirkt nun mal nicht besonders attraktiv auf A-Mitarbeiter. Deshalb gehen sie. Für mich ist dieser Braindrain der beste Beweis dafür, dass wir uns in einer Abwärtsspirale befinden. Ginge es mit uns aufwärts, kämen die A-Mitarbeiter aus der übrigen Welt nämlich zu uns!

Übrigens, wenn ich von »Schwachen« rede, dann geht es dabei nicht um Behinderte, Schutzbedürftige oder Personen, die keine Leistung erbringen können. Dies ist eine andere Kategorie. Ich habe mich in meinen Firmen immer für die Einstellung behinderter Mitarbeiter starkgemacht. Mein Referentenkollege Boris Grundl ist zu 90 Prozent gelähmt und hat als Motto gewählt: »Lieber Querschnitt als Durchschnitt!« Mit dieser Einstellung gibt er vielen Menschen Hoffnung.

Der amerikanische Professor Richard Florida mit Lehrstuhl an der Carnegie Mellon University in Pittsburgh hat zu A-Mitarbeitern seine Theorie der kreativen Klasse entwickelt. Sie besagt, dass die kreativen Köpfe einer Gesellschaft und die Innovationen, die sie entwickeln, maßgeblicher Faktor für ökonomisches Wachstum einer Region sind. Kreative Köpfe sind für Florida Menschen aus allen Bereichen der Arbeitswelt, deren Arbeit einen kreativen Prozess in sich trägt. Die kreative Klasse unterteilt er in zwei Gruppen: Dem »Supercreative Core« gehört an, wer etwas erschafft oder Neues produziert, beispielsweise neue Produkte oder neues Gedankengut entwickelt und Prozesse optimiert – also etwa Wissenschaftler, Professoren, Designer, Künstler. Die zweite Gruppe sind die »Creative Professionals«, die in der Regel wissensintensive Arbeit verrichten und dazu eigenständiges Denken und kreative Problemlösungen benötigen. Richard Florida versteht darunter zum Beispiel Anwälte, Manager, Facharbeiter, Ärzte und so weiter. Ich würde diese Definition in meinem Sinne gern etwas erweitern: Wer sein Hirn einsetzt und eigenverantwortlich an Problemlösungen arbeitet, gehört dazu – und ist ein A-Mitarbeiter.

Das allein ist aber noch nicht einmal der spannendste Teil an Richard Floridas Theorie. Der besteht vielmehr darin, dass sich Florida ausführlich Gedanken darüber macht, warum die kreative Klasse so mobil ist und wo es sie hinzieht, sprich: warum sich der Braindrain ereignet und aufgrund welcher Faktoren sich Angehörige der kreativen Klasse wo niederlassen. Florida kam zu dem Ergebnis, dass sich die kreative Klasse besonders gerne da ansiedelt, wo die drei Ts stimmen. Die drei Ts stehen für Technologie (Konzentration der Hochtechnologie und Wissensbranche in einer Region, also die bereits dort vorzufindende wissensintensive Wirtschaft), Talent (kreatives Potenzial einer Region, manifestiert in der Anzahl der kreativen Köpfe in einer Region) und Toleranz (Offenheit einer Gesellschaft, durch die viele verschiedene Persönlichkeiten angezogen werden, was wiederum zu einem hohen Austausch an neuen Ideen führt). Regionen, die diese drei Ts bieten, sind also hochattraktiv für A-Mitarbeiter und entwickeln sich damit unaufhaltsam weiter – es sind weltoffene, zukunftsträchtige, bildungsstarke Regionen mit enormer Strahlkraft. Von diesen Regionen gehen entscheidende Innovationen aus, die wiederum weitere A-Mitarbeiter anziehen: So funktioniert eine Aufwärtsspirale. Für Richard Florida spielt sich der globale Wettstreit um die besten Talente übrigens nicht zwischen Nationen ab, sondern zwischen Städten beziehungsweise Regionen. Als Beleg dafür führt er an, dass die Volkswirtschaft der Region New York so groß sei wie die von Brasilien.

Für mich bedeuten die Forschungsergebnisse Floridas vor allem eins: Deutsche Standorte beziehungsweise deutsche Unternehmen können nur dann erfolgreich sein, wenn sie A-Mitarbeiter anziehen. Und das schaffen sie nur, wenn sie ihnen ein attraktives Umfeld bieten, in dem A-Mitarbeiter ihre Kompetenzen voll ausleben und weiterentwickeln können. Das sieht Richard Florida übrigens genauso. Aus seiner Sicht ist Deutschland eine der alten Industrienationen, die zwar über einen großen Markt und hervorragende Unternehmen verfüge, der es aber an der Bereitschaft fehle, Einwanderer aufzunehmen und sie »in einem risikofreudigen Klima werkeln zu lassen«.

Da haben wir sie wieder: die Bremsklötze, die verhindern, dass der Karren aus dem Dreck gezogen werden kann. Aber es ist klar: Wenn ein Land es sich leistet, beispielsweise hoch qualifizierte Ärzte aus Afghanistan, bestens ausgebildete Ingenieure aus dem Iran, pfiffige Handwerker aus Marokko von der Arbeit hier abzuhalten – mit dem selbstgefälligen Hinweis, dass sein jahrelang unter Beweis gestelltes Wissen nur anbringen dürfe, wer diese und jene Formalie erfülle – und außerdem ausländische Studierende gleich nach dem Examen wieder ausweist und stattdessen lieber unfähige Underperformer mit gerichtlich frisierten Zeugnissen einstellt und deren Müßiggang finanziert: Dann muss sich dieses Land nicht wundern, wenn die kreative Klasse das Weite sucht. Und lieber andere Standorte voranbringt. Eins ist klar: Dieser Weg führt nur nach unten. Unaufhaltsam.

Unsere Wirtschaft als sensibles Ökosystem

Wie sieht die Vertreibung der A-Mitarbeiter nun konkret in den Unternehmen aus? Was passiert da jeden Tag? Ein Beispiel dazu habe ich Ihnen schon im ersten Kapitel geschildert – Sie erinnern sich an den A-Mitarbeiter, der über die Kollegen eines anderen Unternehmens sagte: »Das sind Adler, Chef! Die fliegen!« – und dann seinem Chef offenbarte, dass er einen Arbeitsvertrag in genau diesem anderen Unternehmen unterschrieben habe, weil dort die Kollegen eben auch so arbeiten wie er. Und wo er nicht permanent die Fehler seiner B- und C-Kollegen ausgleichen muss und obendrein noch als »karriereversessen« gebrandmarkt und isoliert wird.

A-Mitarbeiter müssen jedoch nicht nur den Kopf hinhalten für das, was die B- und C-Mitarbeiter anrichten – was ja immerhin bedeutet, dass das Unternehmen noch eine Chance hat, den Schaden für den Kunden gering zu halten. Sie müssen auch noch kompensieren, dass durch die fehlende Loyalität vieler B- und C-Mitarbeiter die Moral der gesamten Truppe nach unten geht. Diese fehlende Loyalität kann sich auf ganz unterschiedliche Art zeigen. Wenn in einer Bäckerei der Geselle morgens anmarschiert kommt und als erstes die Laugenbrezeln aus dem Discounter von nebenan auf den Tisch packt und verkündet, dass er die viel lieber esse als das, was er da jeden Tag herstellen müsse – wie soll so jemand mit dazu beitragen, dass das Unternehmen in der Außendarstellung glänzt? Wie soll so jemand gemeinsam mit seinen Kollegen dafür sorgen, dass Prozesse und Produkte verbessert werden? Wie die engagierte Arbeit eines A-Mitarbeiters unterstützen? Wie seinen Anteil am Teamzusammenhalt einbringen? Eben. Das geht schlicht und ergreifend nicht.

Und so wird der A-Mitarbeiter es irgendwann satt haben, ständig das ausbügeln zu müssen, was seine B- und C-Kollegen dem gesamten Team einbrocken, und frustriert sein Heil in der Flucht suchen. Oder fast noch schlimmer: Er wird resignieren. Innerlich kündigen. Nur noch Dienst nach Vorschrift machen. Sprich: Er mutiert zum B-Mitarbeiter, vielleicht sogar irgendwann zu einem C-Mitarbeiter. Was übrig bleibt, ist ein unmotivierter Haufen B- und C-Mitarbeiter, die sich und damit das Unternehmen nur noch tiefer hinein in die Abwärtsspirale treiben.

Der Punkt ist: Wenn man als Unternehmer oder Führungskraft diese Entwicklung zulässt, wird das Unternehmen irgendwann vor dem Aus stehen – und das nützt niemandem etwas, auch nicht den B- und C-Mitarbeitern. Man tut also B- und C-Mitarbeitern keinen Gefallen, wenn man sie in Ruhe und unbehelligt ihr zerstörerisches Werk verrichten lässt. Deshalb: Weg mit den Zäunen, weg mit den Reservaten, weg mit der täglich ungefragt verabreichten Fleischration!

Unsere Welt endet doch nicht an Deutschlands Grenzen! Unsere Realität, unsere Situation, unsere Wirtschaft, unser Leben wird von Dingen und Entwicklungen beeinflusst, die sich weltweit zutragen und die wir überhaupt nicht steuern können. Und auf diese Herausforderungen reagiert man nicht, indem man einen Zaun um sich herum errichtet, darin einen Zoo betreibt und sich die Fleischbrocken in wohlgefälligen Abständen reichen lässt. In einer Welt, die das lebendige ökonomische System will, das auf unzähligen Ebenen miteinander vernetzt ist, mutet das deutsche Versorgungsmodell nahezu vorsintflutlich an. Auf unserem Globus hat sich eine Art organische Wirtschaft im Sinne eines sich selbst steuernden Ökosystems herausgebildet – und genau so sollte Wirtschaft auch organisiert werden: wie ein ökologisches System. In einem solchen System nützt es nun mal überhaupt nichts, den Status quo durch ständige Eingriffe zu zementieren. Stattdessen sollten evolutionäre Potenziale genutzt, sollten Selbststeuerungsmechanismen unterstützt werden. Auf Unternehmen bezogen heißt das: Der Arbeitnehmer ist *out* – der Mit-Unternehmer ist *in*! Einer, der den Geschäftsprozess aktiv mitgestaltet. Einer, der Verantwortung übernimmt. Der die Dinge von sich aus steuert und selbstständig Entscheidungen trifft. Solange es nicht überall mehr davon gibt, ist der Abstieg ins Mittelmaß kaum aufzuhalten.

Kapitel 5

Personaler, das fünfte Rad am Wagen

Fünf vor zwölf?...
dann könnten wir jetzt doch erstmal zu Tisch!!!

Verfehlte Einstellungsprozesse, weiterbildungsunwillige Führungskräfte, zu wenig Leistungsorientierung, fragwürdige Motivation – darauf lassen sich die Probleme der meisten unserer heimischen Unternehmen zurückführen. Eins ist klar: Unternehmer und Spitzenmanager, die daran etwas ändern wollen, brauchen ein herausragendes Personalmanagement. Und dazu gehört eine schlagkräftige Personalabteilung! Der HR-Bereich muss mehr können als Urlaubszeiten zu koordinieren. Aber halt: Hatte ich nicht gesagt, dass Personal Chefsache sein muss? Jack Welch widmete die meiste Zeit seiner Arbeit dem Thema Mitarbeiter, wie Sie gelesen haben. Warum reicht es nicht, wenn das Topmanagement sich Gedanken macht? Schließlich sind Chefs ja da, um zu sagen, wo es langgeht...

Eben! Das Topmanagement weist die Richtung, aber sämtliche Personaler müssen dann auch das Rüstzeug haben, um in diese Richtung zu marschieren. Denn wer, wenn nicht die Personalabteilung, sollte das Recruiting von A-Mitarbeitern organisieren? Wer, wenn nicht Personaler, kann dafür sorgen, dass einem Unternehmen immer genügend qualifizierte Bewerber zur Verfügung stehen? Wer, wenn nicht die Personalabteilung, ist dafür zuständig, äußere Anreize abzuschaffen? Wer, wenn nicht das Personalmanagement, ist dazu aufgefordert, das Wissen sämtlicher Mitarbeiter – auch das der Führungskräfte – auf dem neusten Stand zu halten? Und wer, wenn nicht Personaler, kann verhindern, dass Deutschland ins Mittelmaß absteigt? Personaler müssen heute eine Schlüsselstellung in jedem Unternehmen einnehmen. Zwingend. Sie leisten Entscheidendes. Oder sagen wir besser: Sie *sollten* Entscheidendes leisten. Denn das, was sie in Wirklichkeit tun, ist oft weit davon entfernt, dem Unternehmen Chancen für die Zukunft zu eröffnen.

Schauen wir sie uns doch einmal an, so eine ganz normale Personalabteilung im deutschen Mittelstand. Sehr zahlreich sind sie nicht vertreten, die Mitarbeiter dort. Sie sind vielleicht zu sechst oder acht, und da, wo Lohn- und Gehaltsabrechnung schon outgesourct wurden, sind es vielleicht noch zwei oder drei – und ihr Job ist es, die Personalakten der anderen 2 000 Mitarbeiter des Unternehmens zu verwalten. Zumindest ist ihr Aufgabenfeld in den meisten Firmen so definiert. Und dieser Aufgabe kommen sie auch nach, ganz ehrlich und fleißig. Ab und an steckt einer der Verwalteten den Kopf durch die Tür und will wissen, wie er seine Reisekosten korrekt abrechnet. Mit schöner Regelmäßigkeit beschweren sich Kollegen, dass der Herr Meier ja zur Fortbildung nach Berlin durfte, und das auch noch mitten in der Woche, aber sie selbst nicht – wie das denn sein könne? Ansonsten beschäftigen sich die Mitarbeiter der Personalabteilung mit der Lohn- und Gehaltsabrechnung, mit den Sonderzahlungen, mit Urlaubsansprüchen, mit Arbeitszeitkonten und legen hübsche Tabellen an, in denen eingehende Bewerbungen erfasst werden. Ach ja: Sie hegen und pflegen außerdem eine ebenso hübsche Liste mit den Mitarbeitergeburtstagen und Firmenjubiläen. Wie man die besten Mitarbeiter findet, spielt keine so große Rolle. Die Mitarbeiter, die sowieso schon da sind, machen doch schon genug Arbeit. Neue Mitarbeiter? Das wollen doch sowieso die Chefs entscheiden. Employer Branding – was war das gleich noch mal? Eine Firmenkultur etablieren – ist das nicht Sache der Kommunikationsabteilung? Und wer auch immer für die Weiterentwicklung der Mitarbeiter zuständig ist – die Personaler sind es jedenfalls nicht.

Ein sich selbst entsorgendes System

Die Lücke, die zwischen dem klafft, was Personaler sein könnten, und dem, was sie oft aus ihrem Job machen, ist ungefähr so breit wie der Oberrheingraben.

Da könnte man glatt auf die Idee kommen, Personalabteilungen seien überflüssig, oder? Das dachten sich in den letzten Jahren jedenfalls die Controller in so mancher Firma. Für sie war klar: Eine Personalabteilung kostet viel Geld – und keiner weiß so recht, was er dafür bekommt. Reisekostenabrechnungen kann man auch von einem externen Dienstleister machen lassen. Und der muss nicht in Pforzheim sein, sondern kann auch in Prag sitzen. So lässt sich richtig Geld sparen! Deshalb gliederte so manches Unternehmen seine Personalabteilung aus oder löste sie gleich ganz auf. Was nur administrative Tätigkeiten verrichtete und sich in keiner Weise an der Wertschöpfung beteiligte, sollte nicht länger zum Unternehmen gehören. Oft genug wurden auch webbasierte Plattformen eingerichtet, auf denen Mitarbeiter ihre Urlaubstageverwaltung gleich selbst erledigten. Shared Services nannte sich das dann ganz zeitgemäß und schick.

Das Personalmanagement wurde also entsorgt. Oder entsorgte sich selbst, je nach Betrachtungsweise. Schließlich stand ja nirgendwo geschrieben, dass sich die Personaler nicht wertschöpfend einbringen durften. Sie hätten ja durchaus auf die Idee kommen können, dass man als Personaler ein bisschen mehr tun kann als Eingänge von Bewerbungen zu dokumentieren und eine Geburtstagsliste führen.

Es gibt aber auch einen externen Faktor, der das Outsourcen der Personalabteilungen noch begünstigte, und das sind die vielen gesetzlichen Regularien, die ich Ihnen zum Teil schon im letzten Kapitel beschrieben habe – als Bremsklötze unter dem in den Dreck gefahrenen Karren. Denken Sie nur an das AGG, das Allgemeine Gleichbehandlungsgesetz. Es trat 2006 in Kraft und sorgte für einige Unruhe in den Unternehmen. Das Ziel des AGG: Jegliche Benachteiligung aus Gründen der Rasse oder der ethnischen Herkunft, des Geschlechts, der Religion oder Weltanschauung, einer Behinderung, des Alters oder der sexuellen Identität zu verhindern oder zu beseitigen. Alles ehrenvolle und sinnvolle Ziele, keine Frage.

Dieses Gesetz hatte und hat aber nach wie vor massive Auswirkungen auf die tägliche Arbeit in der Personalabteilung: So sollten beispielsweise in Stellenanzeigen Wörter wie »jung«, »mobil« und »Muttersprache« vermieden werden; auch geschlechtsspezifische Ausschreibungen von Stellen waren nicht mehr erlaubt. Hinzu kam: Durch die Umkehrung der Beweislast musste von nun an der Arbeitgeber beweisen, dass er einen Bewerber *nicht* diskriminiert hatte. Die dadurch entstandene Unsicherheit und der erhöhte bürokratische Aufwand brachten nicht wenig Unternehmen dazu, ihre Personalabteilung auszugliedern. Immer nach dem Motto: Wenn wir es auslagern, dann sparen wir uns einen internen Spezialisten für das AGG und sind auch nicht dafür verantwortlich, wenn etwas schiefgeht. Wenn zum Beispiel eine Anzeige das AGG verletzt: Dazu reicht ein falsches Wort, und eine Klage endet in der Regel mit der Zahlung von drei Monatsgehältern.

Was durch die Marginalisierung der Personalarbeit aber noch geschah: Die Personaler wurden selbst Teil der Abwärtsspirale, die ich Ihnen im vorangegangenen Kapitel erläutert habe. Dadurch dass immer weniger Wert auf eine Personalarbeit gelegt wurde, die über rein administrative Vorgänge hinausging, schwand auch die Chance, A-Mitarbeiter auf Dauer an das Unternehmen zu binden. Da, wo Personalarbeit nicht die Priorität Nummer eins bekommt, werden keine A-Mitarbeiter angezogen und können demzufolge auch keine eingestellt werden. Und da, wo keine A-Mitarbeiter eingestellt werden, können neue Entwicklungen und Herangehensweisen – beispielsweise ein innovativer Ansatz in der Personalarbeit – niemals die Priorität Nummer eins erlangen. Dort wird dann alles so gemacht, wie es schon immer gemacht wurde. Um es auf den Punkt zu bringen: Personalabteilungen verwalten statt zu gestalten. Ausgerechnet diejenigen, die den einzigen Schlüssel zu Spitzenleistungen der Zukunft besitzen, führen in den meisten Unternehmen ein Schattendasein.

Mehrwert her, oder es kracht!

Kennen Sie Dave Ulrich? Nein? Da geht es Ihnen wie vielen Menschen. Nicht einmal die deutsche Version des mittlerweile gigantischen Online-Lexikons Wikipedia hat einen Eintrag über den Amerikaner – dabei ist Dave Ulrich einer der wichtigsten Managementvordenker unserer Zeit: Die Zeitschrift *Business Week* zählte den Mann 2001 zu den zehn wichtigsten Managementvordenkern weltweit, das Magazin *Forbes* reihte ihn ein unter die fünf wichtigsten Management-Coaches, und das britische *HR Magazine* kürte ihn gar zum international einflussreichsten Managementvordenker überhaupt!

Dave Ulrich ist Professor für Betriebswirtschaftslehre an der University of Michigan Business School und nicht mehr und nicht weniger als international der »Number One Human Resources Thinker« (*Human Resources Most Influential 2008*). Schon vor beinahe fünfzehn Jahren forderte er, dass das Personalmanagement zum Business Partner der Geschäftsführung und des Vorstands werden und in dieser Funktion immer auch einen Beitrag zur Wertschöpfung im Unternehmen leisten müsse. Diese Erkenntnis war damals sehr unpopulär. Keiner wollte sie akzeptieren. Dann drang sie nach und nach in die Unternehmen vor. Heute haben etliche Großunternehmen das HR-Business-Partner-Modell in ihren Geschäftsalltag integriert.

Im Mittelstand ist diese Erkenntnis allerdings noch nicht so richtig angekommen. Meist gibt es dort eine Geschäftsführung, bestehend aus dem Technischen Leiter, dem Kaufmännischen Leiter und dem Vertriebsleiter und so weiter. Nur in den seltensten Fällen ist ein Personalverantwortlicher Mitglied der Geschäftsleitung. Als Anhängsel des Kaufmännischen Leiters führt er ein Mauerblümchendasein.

Dave Ulrichs zentrales Postulat ist also: Die Personalabteilung muss Mehrwert generieren, sonst gehört sie abgeschafft. Und Mehrwert generiert sie nur, wenn sie die traditionellen Aufgaben hinter sich lässt – Aktenverwaltung, Reisekosten- und Urlaubstageabrechnung, Geburtstagslisten, Sie wissen schon. Was das Personalmanagement in Ulrichs Augen dagegen bringen muss: die Geschäftsführung darin unterstützen, die Unternehmensstrategie umzusetzen, indem es beispielsweise seine Prozesse und Strukturen an die Unternehmensziele anpasst – eine Balanced Scorecard für den Personalbereich einführt oder Organisationsaudits durchführt, beispielsweise. Nur dann leistet es einen strategischen Wertbeitrag.

Das Personalmanagement hat laut Ulrich neben der gerade genannten Rolle, strategischer Partner zu sein, noch drei weitere Rollen: Es ist administrativer Experte, indem es beispielsweise seine eigenen Prozesse unter die Lupe nimmt und sie kosteneffektiv gestaltet, ohne dass deren Qualität darunter leidet. Das Personalmanagement begreift sich aber auch als »Anwalt der Beschäftigten« und erhält und erhöht das Engagement der Mitarbeiter. Es sorgt dafür, dass das Wissen der Mitarbeiter vernetzt wird, und berät die Unternehmensführung bei der Weiterentwicklung der Mitarbeiter. Gleichzeitig ist das Personalmanagement aber auch Veränderungsmanager: Es gestaltet die Unternehmenskultur und sorgt mit einem konsequenten Change Management dafür, dass das Unternehmen Veränderungen schnell meistern kann. Als Kernaufgaben des Personalmanagements sieht Ulrich: Führungskräfte entwickeln, eine gemeinsame (Unternehmens-)Kultur schaffen, unternehmensweite Zusammenarbeit fördern, das Lernen und das Wissensmanagement organisieren, Disziplin und Verantwortlichkeit fördern und Veränderung aktiv managen.

Kundenorientierung in der Personalabteilung? Das geht!

Schön und gut, mag da manch einer sagen, das sind alles nette Forderungen – eines praxisfernen Professors. Wie man all dies im Geschäftsalltag in die Tat umsetzt, ist deshalb noch lange nicht klar. Schöne Worte und ausgetüftelte Forderungen helfen da ja überhaupt nicht weiter. Das war Dave Ulrich durchaus klar. Und deshalb beließ er es nicht bei der grauen Theorie. Er entwickelte ganz konkrete Handlungsempfehlungen. Ich denke sogar: Seine große Stärke liegt gerade darin, theoretische Konzepte in die Praxis zu übertragen. Er denkt nicht nur visionär, sondern gibt auch handfeste und praxiserprobte Anweisungen, Beispiele, Checklisten. Genau aus diesem Grund ist er übrigens ein gefragter Unternehmensberater, dessen Kundenliste lang und zudem hochkarätig bestückt ist.

Zusammen mit seinem Kollegen Wayne Brockbank hat Dave Ulrich also Aktionspläne für Unternehmen entwickelt, die ihre Personalabteilung zu einem strategisch wertvollen Teil des Unternehmens machen und nicht etwa ausgliedern wollen. Dazu führten die beiden Forscher Gespräche mit annähernd 30 000 Führungskräften in einem Zeitraum von 18 Jahren. Sie identifizierten 14 Kriterien, die effektives von ineffektivem Personalmanagement unterscheiden, und definierten fünf Ziele, die sich das Personalmanagement setzen sollte. Dazu gehört unter anderem: Auch die Personalabteilung muss über den eigenen Tellerrand hinausschauen und aus Sicht des Kunden, der Mitarbeiter oder anderer Stakeholder denken und handeln. Wenn sie dies tut und sich eine andere Sicht auf ihre Abläufe und ihr Tätigkeitsgebiet zu eigen macht, dann erkennt sie nämlich: Ein Kapitalgeber beispielsweise möchte, dass das Unternehmen, das er finanziert, die besten Mitarbeiter hat, die es auf dem Markt gibt – denn nur mit diesen Mitarbeitern kann das Unternehmen erfolgreich wirtschaften, seinen Wert steigern und dem Kapitalgeber zu einem späteren Zeitpunkt einen guten *Return on Investment* bescheren. Also ist dem Kapitalgeber wichtig, dass Mitarbeiter und Führungskräfte konsequent weiterentwickelt werden, und deshalb nimmt sich das Personalmanagement dieser Aufgabe an. Für Mitarbeiter wiederum ist es wichtig, dass sie ihre persönlichen Qualifikationen und Fähigkeiten erweitern und verbessern können – was für das Personalmanagement bedeutet, dass es sich auch darum kümmert.

Ziel des Personalmanagements sollte es generell sein, seine Praktiken und Prozesse mit den Unternehmenszielen zu verknüpfen. Wenn also ein Mitarbeiter weiterentwickelt wird, dann sollte diese Weiterentwicklung auch gleichzeitig den Unternehmenszielen dienen. Ebenfalls wichtig: Das Personalmanagement muss sich permanent selbst hinterfragen – diese Aufgabe dürfen nicht andere Unternehmensbereiche übernehmen, schon gar nicht das Controlling. Leistet das Personalmanagement das Optimum und damit einen wertschöpfenden Beitrag zum Erfolg des Unternehmens? Wo kann es sich noch verbessern? Das sind die Fragen, um die es hier geht.

Für Dave Ulrich ist klar – und da gebe ich ihm uneingeschränkt Recht: Die

Personalabteilung darf sich nicht abschotten, sei es gegenüber anderen Unternehmensbereichen oder gegenüber den Stakeholdern. Dabei darf das Personalmanagement auch beherzt Grenzen überschreiten und beispielsweise Erfahrungen und Erwartungen von Kunden in seine Arbeit mit einbeziehen.

Was ich Dave Ulrich am allerhöchsten anrechne: Er hat Personalmanagern ihre Ehre zurückgegeben. Das hört sich vielleicht pathetisch an, ist es aber nicht. Es entspricht einfach nur den Tatsachen. Ulrich sieht Personalmanager nämlich genau dort, wo sie auch meines Erachtens hingehören: auf Augenhöhe mit der Geschäftsleitung. Personalmanager sind selbstverständlich viel mehr als Verwalter. Sie sind echte Gestalter. Sie schlagen der Geschäftsleitung vor, welche Weiterbildungsmaßnahmen für die Führungskräfte nützlich und sinnvoll sein können. Sie erarbeiten neue innovative Arbeitszeitmodelle und schlagen sie der Geschäftsleitung vor. Sie sind proaktiv. Und sie lassen keinen Bereich des Unternehmens aus, sie sind für alles zuständig – auch wenn sich das zunächst radikal anhört. Denken Sie mal in Ruhe darüber nach! Und lesen Sie Dave Ulrichs Buch *HR Value Proposition* – ich kann es Ihnen nur nachdrücklich empfehlen.

Was Dave Ulrich allerdings vernachlässigt, ist das Thema Recruiting. Es nimmt vielleicht 10 bis 15 Prozent seiner Überlegungen, Theorien und Aktionspläne ein – in meinen Augen sehr bedauerlich. Denn die Mitarbeitergewinnung – Stichwort A-, B- und C-Mitarbeiter – ist ein derart wichtiges Thema, dass man – wenn man auf diesem Gebiet ordentlich und erfolgreich handelt – automatisch zu einer geachteten Person im Betrieb und auch in den Augen der Geschäftsleitung ein Partner auf Augenhöhe wird. Ich denke: Das Personalmanagement muss nicht unbedingt in allen Bereichen des Unternehmens aktiv werden – solange es die besten und fähigsten Mitarbeiter aussucht, wird ihm der Vorstand so oder so zu Füßen liegen. Weil er genau weiß, dass er ohne A-Mitarbeiter sein Unternehmen nicht führen könnte, weil es nämlich gar kein Unternehmen gäbe. Fazit: Auch Personal-Guru Dave Ulrich hat es nicht geschafft, diesen wichtigen Akzent zu setzen.

Nichts geht mehr: Recruiting-Roulette

Kehren wir also noch einmal zurück in die deutsche Unternehmensrealität. Hier sind die Personaler in den meisten mittelständischen Unternehmen das fünfte Rad am Wagen. Sie machen brav, ordentlich und fleißig ihre Verwaltungsarbeit, gehören aber nicht der Geschäftsleitung an. Und sie überlegen erst recht nicht gemeinsam mit der Geschäftsleitung, was sie tun können, um die besten Mitarbeiter anzuziehen und zu halten. Dabei wäre genau das ihre Aufgabe: herauszufinden, wie sie das Recruiting optimieren und A-Mitarbeiter gewinnen können; vor allem, wie sie in der Probezeit dafür sorgen können, dass sich die Spreu vom Weizen trennt. Das ist die zentrale Rolle, die das Personalmanagement zu spielen hat. Und die es nicht spielen kann, weil es selbst die A-Perspektive gar nicht einnimmt. Unterm Strich: Personaler machen alles Mögliche, nur nicht das Richtige.

Dreh- und Angelpunkt dabei: Das Personalmanagement weiß in der Regel überhaupt nicht, wie es den Recruiting-Prozess gestalten soll. Zu diesem Thema steht vielleicht noch einige Fachliteratur im Regal, die aber auch nicht mehr zu bieten hat als ein paar Standardfragen für das Vorstellungsgespräch. Und selbst wenn, hat keiner einen Blick reingeworfen, geschweige denn die Anregungen aufgegriffen und praktiziert. Auch der Chef ist nicht viel schlauer. In der Schule oder an der Uni hat ihm dies niemand beigebracht – er hat mit keinem Menschen je über Einstellungsverfahren diskutiert oder entsprechende Situationen in einem Rollenspiel geübt. Und diese Konstellation führt dann zu einer Art Recruiting-Roulette. Da gibt es unterschiedliche Glaubenssätze, auf die die Personalchefs gemeinhin setzen, und dann hoffen sie, dass sie damit den Hauptgewinn für sich verbuchen können.

Glaubenssatz 1: *Der Kandidat ist, was er mir zeigt.* Von Henry Ford wird folgende Geschichte berichtet: Mit den vier Kandidaten, die am Ende eines Auswahlverfahrens noch im Rennen waren, ging er in ein Restaurant zum Mittagessen und bestellte Steaks für alle. Das Essen schmeckte köstlich, man unterhielt sich gut und angenehm und am Ende sagte Henry Ford zu einem Bewerber. »Sie haben den Job!« Die anderen schickte er nach Hause. Der glückliche Bewerber fragte viele Monate später einmal nach, warum ausgerechnet er ausgewählt wurde. Henry Ford antwortete ihm: »Als die Steaks kamen, haben die anderen drei Kandidaten sofort und ganz automatisch zu Salz und Pfeffer gegriffen und ihr Steak nachgewürzt. Sie aber haben zuerst einen Bissen probiert und dann noch mit etwas Pfeffer gewürzt. Damit haben Sie bewiesen, das Sie nicht gedankenlos einfach irgendwas tun, sondern dass Sie umsichtig und abwägend handeln.«

Wenn Sie nicht zu den Personalchefs gehören, die mit ihren Kandidaten zum Mittagessen gehen, können Sie wahlweise auch einen Stift fallen lassen oder schon mal ein Glas Wasser umwerfen. Lehnen Sie sich zurück, schauen Sie zu, was der Kandidat dann macht, und ziehen Sie Ihre Schlüsse daraus! Aber reicht das?

Glaubenssatz 2: *Die äußere Erscheinung zeigt, wie sehr jemand auf sich achtet.* Der Personalverantwortliche selbst achtet dementsprechend in erster Linie auf das Auftreten des Bewerbers und das äußere Erscheinungsbild. Schlips gerade? Fingernägel sauber? Glatt rasiert? Keine schief gelaufenen Absätze? Lebenslauf ordentlich in der Mappe? Prima. Wer sich jetzt noch halbwegs unauffällig benimmt, für den ist der Bewerbungsprozess erst einmal gut gelaufen. Urteil: »Alles in Ordnung, nehmen wir!«

Glaubenssatz 3: *Ich kann mich auf mein Bauchgefühl immer verlassen.* Wer als Personalverantwortlicher diesem Glaubenssatz anhängt, der sagt: Da muss man mit Intuition ran. So wie beim Kochen. Da brauche ich auch keinen Messbecher und keine Waage. Schließlich bin ich Profi, da hat man das im Gefühl. Im Übrigen ist bei Bewerbern der erste Eindruck doch der wichtigste. Langatmige Interviews bringen sowieso nichts. Der Bewerber kennt eh schon alle Fragen, schließlich hat er sich gründlich vorbereitet. Außerdem hat er Übung und Routine. Ganz egal, wie raffiniert die Fragen auch sein mögen: Er wird sie sowieso mit Bravour beantworten. Also versuche ich es erst gar nicht. Ich verlasse mich einfach auf mein Bauchgefühl. Das trügt mich nämlich nie. Und wer seiner Intuition folgt, kann gar nicht falschliegen. Oder doch?

Glaubenssatz 4: *Ein sympathisches Bewerbungsbild lässt auf einen kompetenten Bewerber schließen.* Motto wie schon bei Glaubenssatz 3: Der erste Eindruck zählt und kann nicht täuschen. Erst einmal beeindruckt von dem Bild und der Persönlichkeit des Bewerbers, wird alles andere selektiv durch die rosarote Brille wahrgenommen. Sehr oft unbewusst erinnert ein Bewerber an einen guten Mitarbeiter, der im Unternehmen beschäftigt ist. Die guten Erfahrungen werden jetzt auf den Bewerber projiziert.

Glaubenssatz 5: *Hauptsache ist doch, wir können miteinander.* Der Personalverantwortliche sucht Themen, mit denen er und der Bewerber sehr schnell auf einen gemeinsamen Nenner kommen. Ob das der VfB Stuttgart ist oder die Vorliebe für Urlaub in Florida, ist da vollkommen egal. »Wow! Sie kommen aus Heidelberg? Da wohnen meine Schwiegereltern, und jedes Jahr bin ich mindestens einmal dort. Was für eine nette Stadt!« Unter dem Strich eine sehr unterhaltsame Methode. Ob man damit aber am Ende den richtigen Mitarbeiter findet, darf bezweifelt werden. Außer man hat ein Unternehmen, das Stadtführungen in Heidelberg anbietet.

Ich könnte hier noch eine ganze Reihe weiterer Glaubenssätze anführen – »Hauptsache, der Bewerber ist beeindruckt!«, »Einstellungstests können nicht irren!«, »Psychologische Fragen werden es ans Licht bringen!«, »Man muss den Bewerber nur fragen, was für ein Tier…« – aber halt, dieser Glaubenssatz ist so schön, den möchte ich Ihnen gerne ausführlicher präsentieren.

Glaubenssatz 6: *Man muss den Bewerber nur fragen, was für ein Tier er gerne wäre.* Das fragen in der Tat manche Personaler die Jobkandidaten. Die zugrundeliegende Annahme ist, dass die gefühlte Nähe zu einem bestimmten Tier sehr viel über den Bewerber aussagt. Wenn sich der Bewerber mit einem Wolf vergleicht, dann ist er offensichtlich stark in Sachen Teamwork, denn der Wolf ist ja bekanntlich ein Rudeltier. Vergleicht sich der Bewerber dagegen mit einer Ratte, dann hat er offensichtlich Chefqualitäten. Identifiziert er sich allerdings mit einer Eidechse, ist er der ideale Außendienstler – wobei da auch »aalglatt« gut passen würde. Aber Vorsicht: So mancher, der als Eichhörnchen eingestellt wurde, hat sich dann hinterher ganz flott in ein Faultier verwandelt. Stellen Sie sich nur mal vor, Sie wären dieser Personaler und müssten nun Ihren Freunden erklären, warum Sie sich von einem solchen Mitarbeiter wieder getrennt haben – das Gelächter würde ich gerne hören.

Auf in den Kampf!

Sie merken: Diese Glaubenssätze führen zwar durchaus zu unterhaltsamen Situationen – ich halte sie dennoch allesamt für küchenpsychologischen Humbug. In vielen Unternehmen werden sie dennoch als Basis für die Mitarbeiterauswahl herangezogen. So wird aus einem in seiner Bedeutung überhaupt nicht hoch genug einzuschätzenden Recruiting-Prozess ein Glücksspiel gemacht. Der Unternehmensberater Geoff Smart beschreibt in seinem Buch *Who: The A Method for Hiring* solche und ähnliche Glaubenssätze als »Voodoo Hiring« – das Tausende Unternehmen praktizieren, wenn sie Mitarbeiter einstellen. Wirklich ein fauler Zauber!

Was also nottut, ist ein solider Einstellungsprozess. Einer, bei dem es dem Bewerber schwer gemacht wird zu täuschen. Aber auch einer, bei dem der Bewerber nicht anhand zweifelhafter Fragen genötigt wird, ein völlig oberflächliches und unstimmiges Bild seiner selbst abzugeben. An dieser Stelle hier nur so viel dazu: Schnelle Entscheidungen kann es in einem soliden Einstellungsprozess nicht geben. Ein solcher Prozess ist eine anstrengende, anspruchsvolle und zuweilen auch mühsame Arbeit. Hat man diese Arbeit allerdings ordentlich erledigt, wird sie reichlich belohnt. Auch im Personalmanagement gilt: Man erntet, was man sät. Mehr erfahren Sie in Kapitel 12: »Der ideale Einstellungsprozess«.

Wer das »Voodoo-Hiring« besonders ausführlich praktiziert, ist leider der deutsche Mittelstand. Dort stellt meist der Chef höchstselbst und alleinig ein. Er hat sich im Lauf seiner Tätigkeit im Unternehmen ein Set an Fragen für solche Situationen zurechtgelegt, und diese Fragen geht er dann von Mal zu Mal durch. Auf die Idee, dass sich Bewerber auf derlei Situationen vorbereiten und maßgeschneiderte und perfekt ausformulierte Phrasen aus Bewerbungsratgebern abspulen, kommt so ein Chef meist nicht. Stattdessen hält er sich für besonders gewieft, wenn er zur Ergänzung seines Fragenkatalogs noch ein paar Spielchen macht. Solchen Chefs kann ich nur immer wieder sagen: Hätten Sie sich vor dem Gespräch zwei Stunden Zeit genommen und sich überlegt, welche Fähigkeiten der Bewerber *wirklich* mitbringen muss, hätte zumindest eine Chance bestanden, dass dieses Gespräch beiden Seiten etwas nützt und dass Sie den passenden Mitarbeiter finden – und nicht den, der die beste Vorstellung gibt.

Ich frage mich oft, warum das Personalmanagement in Deutschland keine Kultur hat – warum es so an den Rand gedrängt wurde. Warum stehen die Marketingabteilungen so viel mehr im Fokus als die Personalabteilungen? Warum gibt es keine Vorbilder, keine Leitfiguren, keine Business-Gurus zu diesem Thema in Deutschland? Ich sage es Ihnen gleich: Eine Antwort auf diese Fragen habe ich noch nicht gefunden. Ich sehe immer nur, dass dies in anderen Ländern so ganz anders gehandhabt wird als hier. Am 20. März 2009 las ich im *Manager Magazin* ein Porträt über zwei Harvard-Absolventen. Diese beiden jungen Männer hatten sich nach Ende ihres Studiums einen ganz konkreten Schlachtplan überlegt: »Wir kommen beide aus Harvard, wir haben die beste Ausbildung, die hier überhaupt möglich ist, und uns liegen auch schon viele Angebote vor, als Investmentbanker oder als Unternehmensberater irgendwo einzusteigen. Aber – das ist uns zu wenig. Wir wollen wissen: Wo wird die Zukunft stattfinden? Wo ist das meiste Geld zu verdienen?«

Können Sie sich vorstellen, was die beiden herausgefunden haben? Sie ahnen es vielleicht: Die Zukunft liegt im Bereich Personal, so der Befund. Das war vor sechs Jahren. Damals mussten sich die beiden glorreichen Absolventen noch viele Spöttereien von ihren Kommilitonen anhören – »Was? Wo geht ihr hin? In den Personalbereich? Das habt ihr doch gar nicht nötig!« –, aber sie ließen sich nicht beirren. Sie bauten ihre Karriere ganz systematisch und gezielt auf – und hatten Erfolg. Jetzt, sechs Jahre später, sagen sie: Der Personalbereich sei der attraktivste »Kriegsschauplatz« der Wirtschaft. Es sei der Platz, an dem die Unternehmen ihre Truppen im Kampf um die wertvollste aller Ressourcen aufmarschieren ließen – gut qualifizierte Arbeitskräfte. Mitten drin im Kampfgetümmel: die Personalmanager. Für die beiden Harvard-Absolventen steht fest: Die Tatsache, dass die Kosten für das Anheuern und Entwickeln von Talenten Jahr für Jahr steigen beziehungsweise dass hier jedes Jahr mehr Geld investiert wird, ist der beste Beweis dafür, dass sie mit ihrer Prognose und ihrer Berufswahl richtig gelegen haben. Mich mussten sie davon nicht überzeugen – bei mir rannten sie damit offene Türen ein. Aber wie gesagt: Eine Antwort darauf, warum ein solches Denken sich hier in Deutschland noch nicht durchgesetzt hat, warum hier so wenig Unternehmen und Führungskräfte einen Blick für die Wichtigkeit des Talentmanagements haben, kann ich Ihnen nicht bieten.

Also noch einmal: Personaler werden in Zukunft immer mehr gestalten statt verwalten. Das schaffen sie aber nur, wenn Unternehmer, wenn das Topmanagement die Bedeutung des Personalmanagements erkennt und es in den Mittelpunkt seiner Bestrebungen rückt. Dazu müssen Unternehmen gar nicht so weit gehen und Dave Ulrichs Agenda Punkt für Punkt abarbeiten. Es reicht in meinen Augen völlig aus, wenn der Grundsatz moderner und ganzheitlicher Unternehmensführung verstanden wird: »How to find them, how to keep them« – die besten Mitarbeiter auswählen und wirklich gewinnen. Und sie in den ersten sechs Monaten im Unternehmen nicht aus den Augen lassen. Denn erst dann entscheidet sich, ob der A-Mitarbeiter, der eingekauft wurde, auch wirklich einer ist. Und nicht vielleicht doch ein Faultier. Oder eine Ratte.

Kapitel 6

Warum exzellente Mitarbeiter wichtiger sind als die beste Strategie

Eine sogenannte »Führungskraft« – was tut die eigentlich den ganzen Tag? Vielleicht haben Sie sich diese Frage noch nie gestellt, aber manchmal ist es hilfreich, das scheinbar Selbstverständliche zu hinterfragen. Eines ist auf den ersten Blick sichtbar: Eine Führungskraft hetzt von einem Meeting zum nächsten, ist häufig auf Flughäfen anzutreffen und tippt alle paar Minuten wichtige Dinge in ihren Blackberry. Und dazwischen? Womit beschäftigt sie sich da? Mit den richtigen »Chefsachen« natürlich! Und zu den Chefsachen zählt – neben dem Grübeln über Quartalszahlen und dem Basteln an Organigrammen – die Zielsetzung, die Ausrichtung, die Weiterentwicklung des Geschäftsmodells, der Erfolg des Ganzen, kurz: strategisches Denken! Wo soll es hingehen mit dem Unternehmen? Womit wollen wir die Marktführerschaft erringen oder sie auch in Zukunft verteidigen? Oder: Welche Ziele soll meine Division im nächsten Jahr erreichen?

Chefs sind also dazu da, sich Gedanken über die Zukunft zu machen. Idealerweise. Wie sieht das aber in der Realität aus? Oft ganz anders. Da delegiert der Chef irgendeine operative Aufgabe an einen seiner Mitarbeiter – sagen wir, eine PowerPoint-Präsentation für einen potenziellen Investor. Weil der Mitarbeiter aber nicht der Allerhellste ist, kommt er nicht weit, denn er weiß nicht einmal, wo er die Dateien mit den nötigen Informationen selbst auf dem Server abgelegt hat, geschweige denn, dass er sie wenigstens mit einer Festplattensuche wiederfände. Außerdem verdaddelt er beim Zusammenklicken all der bunten PowerPoint-Animationen immer so viel Zeit, dass dem Chef regelmäßig der Kragen platzt und er die Sachen dann doch lieber selbst in die Hand nimmt, damit er in angemessener Zeit zu einem brauchbaren Ergebnis kommt. Das Ende vom Lied: Der Chef macht das, was eigentlich seine Mitarbeiter tun sollten. Und für das strategische Denken bleibt ihm – außer vielleicht noch samstags auf dem Tennisplatz – keine Zeit mehr.

Auch Unternehmer und Coach Stefan Merath macht diese Erfahrung. »F, M und U« – diese drei Buchstaben stehen seit einiger Zeit im Fokus seiner Arbeit. Merath fragt seine Seminarteilnehmer und Klienten – überwiegend Unternehmer – nämlich gerne: »Wie viel Prozent F sind Sie, wie viel Prozent M und wie viel Prozent U?« F steht für Fachkraft, M steht für Manager und U für Unternehmer. Die Fachkraft erledigt die Aufgaben, die im Tagesgeschäft anfallen, der Manager arbeitet *im* Unternehmen – er stellt sicher, dass die Ergebnisse stimmen, sprich: dass Dinge, die Kunden versprochen wurden, auch geschehen und den nötigen Ertrag abwerfen –, und der Unternehmer schließlich arbeitet *am* Unternehmen. Der Unternehmer steht am offenen Fenster, lässt seinen Blick über die Hügel und in die Zukunft schweifen und denkt darüber nach, was die Kernkompetenzen des Unternehmens sind, was die Zeit bringen soll und womit das Unternehmen in Zukunft sein Geld verdienen will.

Die Antworten, die Merath immer wieder auf seine Frage bekommt, ähneln sich frappierend: Die meisten Unternehmer geben an, dass sie 20 Prozent ihrer

Zeit mit F-Tätigkeiten zubringen, 70 Prozent mit M- und 10 Prozent mit U-Aufgaben. *Eine IBM-Studie und weitere Informationen zu diesem Thema finden Sie kostenlos auf der Website www.die-personalfalle.de.*

»Macht Sie das denn glücklich«, will Stefan Merath dann stets von seinen Klienten wissen, »dass Sie nur 10 Prozent Ihrer Zeit mit Tätigkeiten zubringen, die Ihre eigentliche Aufgabe als Unternehmer sind, beziehungsweise 90 Prozent Ihrer Zeit mit Dingen, für die Sie Mitarbeiter eingestellt haben?«

»Nein, ganz und gar nicht – es macht mich sogar verrückt!«, bekommt er dann mit schöner Regelmäßigkeit zu hören. »Ich weiß, dass ich eigentlich nachdenken müsste, aber dann kommen meine Mitarbeiter und wollen ständig, dass ich ihnen hier helfe und sie dort unterstütze, sprich: Ich spiele permanent Feuerwehr.«

Und genau das ist der Punkt: Selbst wenn eine Führungskraft, wenn ein Unternehmer die bahnbrechende Idee für die beste Strategie aller Zeiten hat – ohne A-Mitarbeiter nützt sie ihm genau null Komma nichts. Denn er kommt weder dazu, diese Idee zu durchdenken noch sie umzusetzen. Dumm gelaufen. Wer dagegen A-Mitarbeiter hat oder einstellt, erhält im Gegenzug genau diese Zeit, die er zum Nachdenken braucht. Das können sie nämlich, die A-Mitarbeiter: Ihre Chefs wirkungsvoll entlasten. Statt ihnen noch mehr Arbeit zu machen.

Entmaterialisierte Bücherkisten

Glauben Sie mir: Ich weiß aus eigener Erfahrung nur zu gut, wie schnell man als Unternehmer in die Niederungen des Tagesgeschäfts hineingezogen wird. Hier nur eine Geschichte als Beispiel, die schon lange her ist, mich aber heute noch aufregt: Es stand einmal eine Sitzung unseres Beirates an, der aus drei Personen besteht. Ich überlegte im Vorfeld, was ich den Beiräten anlässlich des Treffens als Geschenk überreichen könnte – als ein Zeichen meiner Aufmerksamkeit und Wertschätzung. Mir fiel ein Buch eines Managementvordenkers ein, das mich sehr fasziniert hatte, und ich bat einen meiner damaligen Mitarbeiter, es zu bestellen. Innerlich machte ich dann einen Haken an diese Sache, schließlich hatte ich die Idee gehabt – um die Ausführung sollten sich andere kümmern. Netter Plan, mehr aber auch nicht ... Ein paar Stunden später erhielt ich einen Anruf von der Buchhandlung, bei der wir immer unsere Fachliteratur bestellen. Die freundliche Buchhändlerin wollte wissen – von *mir* wissen –, ob wir lieber eine Express-Bestellung machen wollten, damit die Bücher auch wirklich zum gewünschten Termin bei uns seien. Ich sagte ihr, nein, wollen wir nicht. Wieso rief sie ausgerechnet mich an deswegen? Das hätte sie auch mit einem meiner Mitarbeiter klären können!

Die Kiste mit den Büchern – ich hatte gleich zehn bestellt, damit wir noch weitere Exemplare parat hätten, die wir verschenken könnten – traf pünktlich ein, verschwand aber aus unerfindlichen Gründen sofort wieder. Keiner konnte sagen, wo sie war. Dann tauchte sie aus genauso unerfindlichen Gründen wieder auf – ich wurde selbstverständlich über jede Kistenbewegung genauestens informiert, fragen Sie mich bitte nicht, warum! Wissen wollte ich es nämlich nicht.

Ein Mitarbeiter packte die Bücher dann aus und nahm sie – er dachte anscheinend nach – schon mal in den Konferenzraum mit, der in einem anderen Gebäude liegt. Allerdings nahm er alle zehn Bücher mit, dabei brauchte ich im Konferenzraum doch nur drei. Die anderen sieben hätte ich gerne im Haupthaus behalten. Aber nun gut. Weil dieser Mitarbeiter jedoch niemanden darüber informierte, dass er die Bücher schon einmal an den dafür vorgesehenen Ort gebracht hatte, suchten derweil wieder alle verfügbaren Mitarbeiter im Haupthaus danach – inklusive mir, schließlich hatte einer der Mitarbeiter bei mir in der Tür gestanden und einigermaßen aufgeregt von der unerklärlichen wiederholten Entmaterialisierung der Bücher berichtet, sodass ich mich dem Suchtrupp kaum verweigern konnte. Irgendwann kam der Mitarbeiter aus dem Nebengebäude zurück und berichtete, dass er die Bücher schon längst an Ort und Stelle platziert hatte. Woraufhin ich ihn wieder zurückschickte, damit er die dort überflüssigen sieben Exemplare holte. So kann eine harmlose Kiste Bücher einen Unternehmer auf Trab halten … Wie gesagt, es ist lange her, regt mich aber heute noch auf. Wenn Sie selbst Unternehmer sind, können Sie das vielleicht verstehen.

Den krassesten Fall von unfreiwilligem Mikromanagement erlebte ich allerdings einmal bei einem Weiterbildungsanbieter. Dessen Seminare finden auf Mallorca statt, der Chef ist gleichzeitig der Cheftrainer und kommt aus Deutschland eingeflogen. So weit, so gut. Normalerweise weiß der Chef: Ich muss am fraglichen Tag morgens um zehn Uhr im Seminarraum eines bestimmten Hotels auf der sonnigen Insel sein und mit dem Seminar beginnen. Das war's. Um alles andere muss ich mich nicht kümmern, dazu habe ich schließlich meine Mitarbeiter. Normalerweise. Regelmäßig lief jedoch alles schief, was nur irgendwie schieflaufen konnte. Es gab Verwirrung bei den Teilnehmeranmeldungen und bei der Hotelreservierung, Buchungsbestätigungen wurden geschickt, die dann doch keine waren, das Hotel hatte angeblich keinen Seminarraum frei, dann doch wieder – das Ganze war ein einziges Hin und Her.

Alles gipfelte darin, dass der Chef einmal am Seminartag eine halbe Stunde vor Seminarbeginn an der Strandpromenade entlanghechelte, in jedes Hotel am Wegesrand hineinstürmte und fragte, ob vielleicht ein Seminarraum frei sei: »Ja, richtig, für heute! In einer halben Stunde!«

Ich wage mal die Behauptung: Gar nicht so viel anders geht es in vielen kleinen und mittelständischen Unternehmen zu. Den ganzen Tag lang. Und am Abend muss sich der Unternehmer regelmäßig eingestehen, dass er seine wertvolle Zeit sinnlos vertan hat – mit Dingen, die ihn nichts angehen, mit denen er sich überhaupt nicht beschäftigen sollte, für die er eigentlich Mitarbeiter hat. Da kann man sich wirklich die Frage stellen, was einem solchen Unternehmer die beste Strategie noch nützt – solange er unfähige Mitarbeiter hat, die nicht in der Lage sind, ihren Chef zu entlasten! Fehlende exzellente – oder auch nur wirklich gute – Mitarbeiter können die beste Strategie in Luft auflösen. Dies hat gravierende Folgen: Wenn ein Unternehmer keine Zeit mehr hat, sich um Innovationen, um die Unternehmenskultur oder um wichtige Kunden und Partner zu kümmern – dann fehlen dem Unternehmen entscheidende Erfolgsfaktoren, um im Wettbewerb bestehen zu können. Mikromanagement verhindert Marktführerschaft. So einfach ist das.

»Ja, Herr Präsident, wird gemacht!«

Lassen Sie mich Ihnen dazu die Geschichte von Rowan und General Garcia erzählen. Der US-amerikanische Schriftsteller und Verleger Elbert Hubbard veröffentlichte sie als Essay 1899 im *Philistine Magazine*. Der Essay wurde sehr schnell populär – über 40 Millionen Mal wurde er als Buch gedruckt und verkauft, in viele Sprachen übersetzt, 1916 und 1936 sogar als Western verfilmt. Die Geschichte geht so: 1899, während des kubanisch-amerikanischen Krieges, wurde auf Kuba einer der US-amerikanischen Generäle umzingelt. Sein Name: Garcia. Er musste im Dschungel untertauchen. Niemand wusste, wo er war. Garcia hatte keinerlei Kontakt zur Außenwelt mehr. Briefe, Telegramme, Botschaften – nichts kam mehr bei ihm an. Nun musste aber der US-amerikanische Präsident McKinley seinen General unter allen Umständen erreichen. Und zwar schnell. Was nun? Einer seiner Mitarbeiter sagte: »Ich kenne einen Mann, er heißt Rowan. Er wird Garcia finden.« McKinley ließ Rowan kommen und überreichte ihm die Botschaft an General Garcia mit den Worten: »Übergeben Sie dieses Schreiben an General Garcia, und bringen Sie mir seine Antwort zurück.« Rowan antwortete: »Ja, Herr Präsident, wird gemacht!«

Rowan schweißte das Schreiben in Ölseide ein, band es sich auf die Brust und machte sich auf den Weg. Nach vier Tagen landete er mit einem offenen Boot an der kubanischen Küste und verschwand im Dschungel. Er musste drei Wochen durch Feindesland marschieren, bevor er seine Botschaft überbringen konnte.

Das alles ist aber zweitrangig. Wichtig ist, was Rowan zu seinem Präsidenten sagte: »Ja, Herr Präsident, wird gemacht!« Er sagte nur diesen einen Satz. Er fragte nicht, wo Garcia denn bloß sei. Oder wie um alles in der Welt er auf die Insel kommen könnte – ob er lieber ein Boot mieten oder eins kaufen solle. Wer ihm die Spesen ersetzen würde. Wie er sich durch die feindlichen Linien schlagen könnte. McKinley stellte ihm einfach eine Aufgabe, und Rowan kümmerte sich um deren Umsetzung. Er fand eine Antwort auf all die auftauchenden Fragen und beendete seinen Auftrag erfolgreich. Das ist die Geschichte der Botschaft an Garcia.

Der Essay von Elbert Hubbard geht noch weiter. Hubbard zieht darin Parallelen zu der Situation, wie sie Unternehmer jeden Tag erleben – wohlgemerkt im Jahr 1899! »Sträfliche Gleichgültigkeit, Schlamperei, Unachtsamkeit und halbe Arbeit sind an der Tagesordnung«, schreibt Hubbard, »und das Unternehmen ist zum Scheitern verurteilt, wenn nicht der Patron (Unternehmer) seine Angestellten mit List und Gewalt, mit Drohung und Bestechung dazu bringt, etwas zu leisten, es sei denn, die Götter hätten freundlicherweise ein Wunder vollbracht und ihm einen Engel zu Hilfe geschickt.«

Und dann entwirft Hubbard ein Szenario, das sich so wahrscheinlich auch heute noch in Tausenden von Unternehmen abspielt, Tag für Tag. Er bittet nämlich den Leser, sich vorzustellen, was passiert, wenn er als Chef einem seiner Bürogehilfen die Aufgabe gäbe, doch bitte schön in einem Lexikon nachzusehen, was denn im Leben Correggios alles Bedeutsames passiert sei. Würde dann der Bürogehilfe einfach erwidern »Jawohl, Chef, wird erledigt!«? Wohl nicht. Er würde eher fragen: »Wer ist das, Correggio? Wo ist das Lexikon? Hat man mich dazu angestellt? Meinen Sie nicht etwa Bismarck? Warum kann das nicht Charlie tun? Ist die Sache eilig? Soll ich Ihnen nicht lieber das Lexikon bringen, damit Sie gleich selbst nachsehen können?« Hubbard ist sich sicher: Selbst wenn man alle Fragen des Bürogehilfen geduldig beantwortet und ihm genau erklärt, wie er die Aufgabe am besten anpackt und ihm auch noch erklärt, warum man etwas über Correggio wissen will, wird der Gehilfe geradewegs zum nächsten Kollegen laufen und ihn um Hilfe bitten. Und anschließend zurückkommen und erklären, dass es einen Herrn Correggio gar nicht gäbe!

Solcherlei Klagen kann sich sparen, wer auf die Auswahl seiner Mitarbeiter achtet. Wer die Rowans dieser Welt einstellt, muss weder drohen noch bestechen. Der kann sich nämlich einfach zurücklehnen und sich in aller Ruhe Gedanken um die Zukunft machen.

Aber nicht nur die beste Strategie verpufft, wenn die Mitarbeiter zur Kategorie B oder C gehören. Auch andere Steuerungsinstrumente, die Führungskräfte gerne einsetzen, versagen dann den Dienst. Der Einsatz von modernen Produktionsmethoden etwa. Oder Prozessoptimierung. Verschlankung, wo es nur geht. Cost Cutting. All diese tollen Instrumente nützen nicht viel, wenn die Mitarbeiter nicht über Exzellenz verfügen. Vor allem am Beispiel Cost Cutting wird dies deutlich. Wer überlegt, wo er Kosten sparen kann, entdeckt auf der Suche nach Sparpotenzial vielleicht: Aha, hier nehmen drei Mitarbeiter hintereinander dieses eine Werkstück, Schriftstück oder was auch immer in die Hand. Der erste liest den Text durch, dann geht er damit zum nächsten, um es zu besprechen oder sich noch eine Idee zu holen, dann gehen beide gemeinsam zum dritten Kollegen, um zu klagen und zu konstatieren, dass die Welt ja auch immer komplexer würde. Die meisten Führungskräfte denken nun, dass mit dem Prozess etwas nicht stimmt, und beginnen, diesen zu optimieren, damit sie irgendwann Kosten an dieser Stelle sparen können. Dabei ist eines klar: Hier geht es nicht um Prozesse. Hier geht es um die Mitarbeiter. Würden nämlich die drei B- und C-Mitarbeiter, die hier offensichtlich nicht in der Lage sind, ihre Aufgabe angemessen zu lösen, durch einen A-Mitarbeiter ersetzt, könnte das Unternehmen viel eher Kosten sparen, als wenn es am Prozess herumschraubt.

Halten wir also fest: Viele Führungskräfte, viele Unternehmer spüren und sehen, dass die Dinge nicht rund laufen. Um Abhilfe zu schaffen, setzen sie allerdings an den falschen Stellen an. Sie kümmern sich um Prozesse, um das Geschäftsmodell, um das Controlling, um das Marketing – sprich: um recht abstrakte Ebenen –, statt sich ganz konkret mit der Auswahl der besten Mitarbeiter zu befassen.

Die Freude der Werkanschauung

Genug geklagt. Richten wir einmal den Blick auf das, was A-Mitarbeiter jeden Tag leisten. Schauen wir uns an, welch wirkungsvollen Hebel sie darstellen – und zwar zum Beispiel bei Toyota. Das Unternehmen hatte während der Wirtschaftskrise Ende 2008 seinen Konkurrenten General Motors überholt und ist seither der weltweit größte Autobauer. Bei GM fand man das nicht allzu komisch und erklärte sich diese Tatsache damit, dass die japanischen Arbeiter so viel loyaler seien als die amerikanischen, jeden Morgen an der Fahne vor dem Werkstor stünden und das Firmenlied sängen und überhaupt nur für ihr Unternehmen lebten.

Der Clou aber ist: Schon viel früher, nämlich 1984, hatte Toyota bewiesen, dass nicht das Singen des Werksliedes für seinen Erfolg am Markt verantwortlich war, sondern die Tatsache, dass dort A-Mitarbeiter arbeiteten. Damals hatte Toyota nämlich in einem Joint Venture mit General Motors ein heruntergewirtschaftetes GM-Werk in Kalifornien übernommen – die New United Motor Manufacturing, Inc., besser bekannt unter NUMMI. GM und Toyota bauten dort in einem damals einmaligen Kooperationsprojekt gemeinsam Autos, die sie unter den beiden verschiedenen Labels verkauften. Die Amerikaner bekamen dabei Nachhilfe in Sachen Produktionsoptimierung, die Japaner lernten im Gegenzug amerikanische Managementmethoden.

Als das Joint Venture begann, existierte das GM-Werk eigentlich gar nicht mehr. Es war heruntergewirtschaftet und hatte die Produktion praktisch schon eingestellt. Mit dem Joint Venture kam die Wende. Genauer gesagt: mit der ganz anderen Führungskultur, die die Japaner pflegten, und mit dem ganz anderen Menschenbild, das sie hatten. Das nämlich A-Mitarbeiter erstens aus den eigenen Reihen hervorbrachte und zweitens von außen anzog. Das neue Management pflegte zudem einen wertschätzenden Umgang mit seinen Mitarbeitern. Die wurden nicht als Nummer gesehen. Die Belegschaft wurde vielmehr als eine große Familie betrachtet, in der man füreinander sorgt und in der man ein Leben lang bleiben kann.

Dies gab den Mitarbeitern Sicherheit. Die Weiterbildungsbereitschaft stieg. Die Mitarbeiter machten Verbesserungsvorschläge und entwickelten eigene Ideen. Sie taten dies nach Feierabend. Sie hatten keine Angst, durch die Vorschläge, die sie unterbreiteten, ihren eigenen Arbeitsplatz wegzurationalisieren, weil sie wussten: »Wenn ich eine gute Idee habe, wie man die Arbeitsabläufe weiter verbessern kann, dann wird mir das nicht zum Nachteil ausgelegt, sondern im Gegenteil: Wenn ich hier, an meiner alten Position nicht mehr gebraucht werde, dann werde ich eben woanders eingesetzt.« Welch ein Unterschied zu GM: Dort war man um jeden froh, den man irgendwie loswerden konnte. Bei Toyota gab man sich die Hand, schaute sich in die Augen und versprach sich, gemeinsam nach exzellenten Lösungen zu suchen. Und genau dieses Klima ist es, das A-Mitarbeiter anzieht – denn nur A-Mitarbeiter arbeiten so, und da, wo viele A-Mitarbeiter sind, wollen auch andere A-Mitarbeiter hin.

Auch die deutschen Autobauer schauten damals intensiv nach Japan, um herauszufinden, warum die japanischen Automobilhersteller so viel erfolgreicher waren als sie selbst. Man machte sich Gedanken darüber, warum man in Deutschland Lager hatte, in denen das Produktionsmaterial für sechs Wochen auf Vorrat gehalten werden musste, wohingegen man in Japan mit Lagern für sechs Stunden auskam. Und man überlegte, warum in Japan ein ganz normaler Fließbandarbeiter das Band anhalten durfte – das kostete doch Unsummen pro Minute! In Deutschland durfte das noch nicht einmal ein Oberingenieur! Viele deutsche Manager aus der Automobilindustrie reisten damals nach Japan, um das Geheimnis des Erfolgs der Autobauer dort zu ergründen. Auch Porsche-Miteigentümer Ferdinand Piëch gehörte zu ihnen. Er war so beeindruckt von dem, was er in Japan gesehen und erlebt hatte, dass er daheim im Ländle eine Betriebsversammlung abhalten ließ und allen Mitarbeitern in den Werkshallen ein Buch schenkte, in dem genau darüber berichtet wurde, was die Japaner so erfolgreich machte: *Die zweite Revolution in der Automobilindustrie* von James P. Womack. »Wenn wir es nicht schaffen, uns diese Arbeitsweise in fünf bis sechs Wochen anzueignen, dann sitzen auf unseren Stühlen bald nur noch Japaner« – so damals Piëchs Einschätzung der bedrohlichen Lage.

In wenigen Worten: Der Erfolg von Toyota beruhte gar nicht oder zumindest nur zum geringeren Teil auf einer schlanken Produktion oder auf optimierten Prozessen, sondern darauf, dass die Mitarbeiter ihre Freiräume hatten, diese nutzten und eigene Entscheidungen fällten. Es waren eben A-Mitarbeiter, fähig zur Freiheit und bereit zur Höchstleistung. Das Management dort hatte erkannt, wie wichtig die A-Mitarbeiter für den Erfolg sind, und gewährte ihnen jede erdenkliche Freiheit, die sie brauchten – anders als deutsche Großunternehmen, in denen Freiräume gleichbedeutend sind mit: Extrawurst, Fürstentum, Insel.

Mitte der siebziger Jahre hatte übrigens Volvo versucht, mit den Japanern Schritt zu halten, und ein nagelneues Werk in Südschweden von der – angeblich – stumpfsinnigen Fließbandmontage auf »Gruppenarbeit« umgestellt. Dort sollte eine schöne neue Arbeitswelt geschaffen werden, in der einzelne Gruppen ein ganzes Auto montierten, vom Stoßdämpfer bis zur letzten Zierleiste. Die Mitarbeiter sollten sich ihren Produkten nicht entfremdet fühlen, sondern die Freude der Werkanschauung erleben dürfen. Leider klappte das nicht so recht mit dem ambitionierten Plan. In diesem Werk, das auf 60 000 montierte Autos pro Jahr ausgelegt war, setzten die Arbeiter in der hoch gepriesenen Gruppenarbeit am Ende nicht einmal 20 000 Fahrzeuge zusammen. Die Folge: explodierende Kosten. Der Schuldenberg des Unternehmens stieg damals gewaltig, allerdings auch wegen anderer Fehlentscheidungen. Bekanntlich verlor Volvo irgendwann seine Unabhängigkeit und wurde von Ford geschluckt.

Merke: Gruppenarbeit ist nicht gleich Gruppenarbeit. Und Toyota versteht unter Gruppenarbeit etwas ganz anderes als die westlichen Autobauer. Bei Toyota steht immer der Kunde im Fokus der Zielvision, selbst wenn alle in Gruppen arbeiten. Dort kommt man nicht zusammen, um sich ein bisschen wohlzufühlen und die Gemeinschaft zu pflegen, sondern um den größten Wert für den Kunden zu schaffen. Wenn westliche Unternehmen die Losung »Gruppenarbeit« ausgeben, dann habe ich oft den Eindruck, dass es nicht das Ziel ist, die Kunden zufriedener zu machen, sondern lediglich die Gruppenmitglieder selbst ein bisschen zu hätscheln, zumindest machte das damals bei Volvo so den Eindruck. In diesem Punkt hatten die Schweden tatsächlich den Bogen überspannt.

Abfall = Erfolg

Noch einmal: A-Mitarbeiter, das sind die, die wie Unternehmer denken und handeln. Sie arbeiten nicht nur einfach irgendeinen Job ab. Sie erledigen nicht nur das, was von irgendwoher auf ihren Schreibtisch oder Werktisch plumpst. Nein, sie suchen sich ihre eigenen Wege. Sie suchen sich manchmal sogar ihre eigenen Projekte! Sie *reden* mit ihren Kunden – und verkaufen ihnen nicht nur irgendwelche Produkte, sondern finden heraus, was die Kunden wirklich wollen und brauchen, um ihre jeweiligen Ziele zu erreichen. Daraus entwickeln sie vielleicht am Ende sogar neue Geschäftsideen.

Der Amerikaner Kasey Jarvis beispielsweise ist solch ein A-Mitarbeiter: Er arbeitet als Designer für den Sportartikelhersteller Nike. Eines Tages reiste Jarvis dienstlich nach Asien zu den dortigen Nike-Produktionsstätten. In Vietnam entdeckte er hinter der Nike-Fabrik Berge aus Leder- und Kunststoffteilen: Produktionsreste. Müll. »Trash« auf Englisch. Kasey war entsetzt. So eine Verschwendung! Und unökologisch dazu! Damit müsste man doch etwas anfangen können! Er brauchte nicht lange, um zu einem Ergebnis zu kommen. Man könnte doch die Lederreste wieder aneinandernähen und daraus einen neuen Schuh fertigen. Genial! Leider fanden Kaseys Vorgesetzte diesen Plan alles andere als genial. Ein Schuh aus Abfällen? Mit dem Nike-Logo? Das grenzte ja fast schon an Sabotage der Marke.

Kasey aber ließ sich nicht beirren. Er trieb einfach sein Projekt weiter voran. Designte einen Schuh und ließ ihn aus den Lederabfällen herstellen. Der Schuh sah so super aus, dass Kasey den bekannten Basketball-Profi Steve Nash überzeugen konnte, ihn zu tragen. Der Erfolg des Nike »Trash-Talk«-Schuhs – denn so hatte Kasey das neue Modell genannt – ließ nicht lange auf sich warten. Alle Welt wollte diesen coolen Öko-Schuh aus Lederabfällen haben, den der Basketballer so wirkungsvoll in Szene setzte. Nike stampfte eine Serienproduktion aus dem Boden. Und auf einmal waren natürlich auch Kaseys Chefs von dieser Idee überzeugt und begeistert und hatten an diesen Erfolg sowieso schon von Anfang an geglaubt. Sie sehen: Wer A-Mitarbeiter hat, braucht sich als Unternehmer gar nicht den ganzen Tag den Kopf über neue Strategien, neue Produkte oder neue Geschäftsfelder zu zerbrechen. Seine Leute können genauso gut denken wie er. Und schreiten immer, wenn ihnen etwas richtig Gutes einfällt, einfach zur Tat. Stellen Sie sich vor, liebe Unternehmer, Ihre Firma würde einfach wie von selbst laufen, ohne dass Sie sich ständig um alles kümmern müssen. Ein schöner Traum? Nun, wenn Sie Mitarbeiter wie Kasey Jarvis haben, geht er in Erfüllung.

Wie wichtig mir selbst als Unternehmer das ist, was ich Ihnen hier nahebringen möchte, können Sie an einer kleinen Geschichte aus meiner Firma erkennen: Eine meiner A-Mitarbeiterinnen, ich nenne sie einmal Frau Goldbach, hatte beschlossen, uns zu verlassen. Ich litt wie ein Hund, das können Sie mir glauben, denn diese Mitarbeiterin hatte Fantastisches geleistet in den zweieinhalb Jahren, die sie bei uns war. Ich hätte wer weiß was getan, um sie zu halten. Aber es half alles nichts, ihr Entschluss stand fest. Sie wollte größere Herausforderungen als die, die wir ihr bieten konnten. Sie beherrschte fünf Sprachen und träumte davon, ihre Sprachkenntnisse in ihren Job einbringen zu können – nun hatte sie ein Unternehmen ausfindig gemacht, das ihr diese Chance bot. Also blieb uns nicht viel anderes übrig, als ihr ein schönes Abschiedsfest auszurichten.

Es war herzzerreißend. Gedichte wurden aufgesagt, Geschenke überreicht, wir ließen unsere Kollegin hochleben, ein paar Tränen flossen auch – und ganz zum Schluss überreichten wir ihr das Geschenk der Geschäftsleitung. Frau Goldbach packte es aus und freute sich über die wunderschöne Schreibmappe aus feinem Leder, die wir für sie ausgesucht hatten. »Machen Sie die Mappe mal auf, Frau Goldbach, da ist noch etwas drin!«, sagte ich zu ihr. Das tat sie dann und fand in der Mappe einen Arbeitsvertrag. Über ihrem Kopf sah man fast die Fragezeichen schweben. Ich erklärte ihr, was es mit diesem Arbeitsvertrag auf sich hatte: »Liebe Frau Goldbach, es gibt Studien, die besagen, dass 30 Prozent aller neuen Arbeitsverhältnisse innerhalb der Probezeit wieder aufgelöst werden – weil die neuen Mitarbeiter doch nicht zum neuen Chef passen oder zur Unternehmenskultur oder zum Produkt. Falls das Ihnen an Ihrem neuen Arbeitsplatz auch passieren sollte und Sie sich zurückerinnern an uns: Wir werden Ihren Stuhl, auf dem Sie die letzten zweieinhalb Jahre saßen, in den nächsten zwölf Wochen nicht besetzen. Er bleibt Ihnen so lange vorbehalten. Wenn Sie das Gefühl haben, dass irgendetwas an Ihrem neuen Arbeitsplatz nicht stimmt, dann kommen Sie bitte zurück! Sie brauchen dann nur noch in diesen Arbeitsvertrag, den wir Ihnen hier überreicht haben, einzutragen, als was Sie arbeiten wollen und wie viel Sie verdienen wollen. Unterschrieben ist er schon.«

Verstehen Sie, was ich Ihnen damit verdeutlichen will? Topmitarbeitern, die kündigen, sollten Sie keine Vorwürfe machen, sondern ihnen den roten Teppich ausrollen für eine Rückkehr. Denn A-Mitarbeiter haben das verdient. Weil sie der Schlüssel zum Erfolg sind. Ihre Wertschätzung der A-Mitarbeiter sollte so hoch sein, dass sie ihn als freien Menschen ziehen lassen, aber dennoch signalisieren: Du kannst auch zurückkommen! Sie könnten sich schließlich auch sagen: »Okay, dann ist sie eben weg, die Frau Goldbach. Jetzt holen wir uns erst einmal einen Berater ins Haus, der wird uns schon sagen, wie wir das ganz schnell wieder auffangen.« Aber genau das tun Sie nicht. Sondern Sie kämpfen um Ihre A-Mitarbeiter. *Einen Artikel mit weiteren Informationen zum Thema Probezeit finden Sie kostenlos auf der Website www.die-personalfalle.de.*

Dieser Kampf zeigt auch immer wieder Erfolge! Diese Erfahrung habe ich schon sehr oft gemacht. Und eines kann ich Ihnen versprechen: Wenn solche Mitarbeiter dann wiederkommen, sind sie *noch* motivierter und leisten *noch* mehr. Weil sie erlebt haben, was es bedeutet, in einem Unternehmen zu arbeiten, in dem sie vielleicht nicht klargekommen sind und in dem sie nicht so geschätzt wurden wie bei ihrem vorherigen Arbeitgeber.

A-Mitarbeiter können auch Strategie

Dass die A-Mitarbeiter eine viel wichtigere Rolle für den Unternehmenserfolg spielen als jede Strategie, hat sich zwar noch nicht in allen deutschen Unternehmen herumgesprochen, aber immerhin das Bundesarbeitsministerium hat dies erkannt und den »Human Potential Index« (HPI) aus der Taufe gehoben. Das ist ein neues Rating-Instrument. Mit ihm werden via Managementbefragung Indikatoren gemessen, die Rückschlüsse darauf zulassen, wie stark das Personalmanagement zum wirtschaftlichen Erfolg des Unternehmens beiträgt. Der HPI kann so als strategisches Steuerungsinstrument im Personalmanagement eingesetzt werden, ermöglicht aber auch das Benchmarking mit anderen Unternehmen. Außerdem sollen Unternehmen damit Solidität gegenüber Kapitalgebern nachweisen können.

Gerade dieser Punkt ist bemerkenswert! Die Personalpolitik wird also ein Kreditkriterium – hier denkt das Bundesarbeitsministerium wirklich weit voraus. Als »Werttreiber« klassifiziert der HPI beispielsweise Personalplanung und -auswahl, Personalentwicklung, Change Management, Kommunikation und Information, aber auch Work-Life-Balance, Mitarbeiterbindung, Gesundheitsförderung und Diversity Management. Ein erster Test des HPI in mittleren und großen Unternehmen ergab übrigens: 41 Prozent des Unternehmenserfolgs lassen sich mit den Indikatoren des HPI vorhersagen. Sprich: 41 Prozent des Unternehmenserfolgs sind auf Personalentwicklung und -pflege zurückzuführen. Ich bin überzeugt: Wenn der HPI erst einmal zur Marktreife gelangt ist, wird sich herausstellen, dass sich in den wirklich erfolgreichen Unternehmen noch viel mehr als nur 41 Prozent des Unternehmenserfolgs auf das Personalmanagement zurückführen lassen – es werden 90 Prozent sein!

Das Bewusstsein dafür, dass der »Wert« der Mitarbeiter den Wert des Unternehmens bestimmt und ausmacht, scheint also tatsächlich in den letzten Jahren zu wachsen. Dazu passt eine Episode, die ich beim Verkauf einer Firma aus meiner Unternehmensgruppe erlebte. Diese Firma stellte Computergehäuse und Aufbewahrungsboxen für Spiralbohrer her und hatte damals 120 Mitarbeiter. Einer der Unternehmer, die sich für den Kauf dieser Firma interessierten, war ein sehr kluger Mann. Er sagte zu mir: »Herr Knoblauch, mich beschäftigt gar nicht so sehr, wie viele dieser Kisten Sie produziert haben, wer alles zu Ihrer Kundschaft zählt oder in welche Länder Sie liefern. Sie haben da eine tolle Marke aufgebaut, Sie sind damit Weltmarktführer – aber all das interessiert mich nicht vorrangig. Wir werden uns auch schnell darüber einig werden, wer das Lagergebäude abreißt und wer den neuen Boden hier in der Halle finanziert. Was mich jedoch brennend interessiert, sind Ihre besten Mitarbeiter. Mit denen möchte ich gerne in den nächsten zwei bis drei Stunden sprechen. Wenn ich das getan habe, dann kann ich Ihnen einen Preis für Ihr Unternehmen nennen.«

Dieser Interessent brachte es in meinen Augen auf den Punkt: Der Wert eines Unternehmens wird sich bald nicht mehr an dessen gegenwärtiger Marktposition bemessen, am Innovationsgrad der aktuellen Produkte und Dienstleistung oder am Markenwert – sondern am Grad der Entwicklung und der Entwicklungsfähigkeit der Mitarbeiter! Das ist jetzt schon der Trend. Und das ist die – durchaus nahe – Zukunft. Die etwas fernere Zukunft könnte so aussehen: Die A-Mitarbeiter entwickeln ihre eigene Strategie – sie denken so sehr in großen Zusammenhängen und als Mit-Unternehmer, dass sie für strategische Überlegungen den Chef als den Vorgesetzten gar nicht mehr brauchen.

Das können sie nämlich allein. Ihr »Chef« ist eher ihr Vorbild, das ist derjenige, der die Gründungsidee verkörpert, der den *Spirit* lebt und dem Unternehmen seinen Geist einhaucht. Und dieser Geist ist ein ganz besonderer, und genau deswegen ist der Chef auch Chef. Ist er das nicht mehr, dann gibt es auch keinen Grund, dass er noch Chef ist. Denn alles andere können seine A-Mitarbeiter selbst leisten. Und das ist es, woran man zukünftig die Qualität eines Chefs erkennt: Der Laden läuft entweder von allein – oder gar nicht.

Kapitel 7

Warum es fair ist, von Mitarbeitern Leistung zu fordern

»Leistung ist verpönt, Faulsein ist cool« – laut einem Bericht des Magazins *Focus* fürchten sich zwei Drittel aller Einserschüler in Deutschland davor, aufgrund ihrer Leistung als Streber abgestempelt zu werden. Zu diesem Ergebnis kam eine Studie des Soziologen Klaus Boehnke von der Jacobs University Bremen. Die Angst vor sozialer Isolation veranlasse gute Schüler dazu, ihr Leistungspotenzial bewusst nicht auszuschöpfen. Um nicht ausgegrenzt zu werden, nähmen sie schlechte Noten in Kauf. Denn dann würden sie wenigstens von ihren Mitschülern gemocht. Dieses Phänomen gebe es nur in Deutschland, sagt

Boehnke. In den USA, Kanada oder den skandinavischen Ländern jedenfalls ist guten Schülern neben Anerkennung in Form von Preisen und Urkunden auch die Bewunderung ihrer Mitschüler sicher.

Und – sieht es in deutschen Unternehmen viel besser aus als in deutschen Schulen? Im Heimatland von Karl Marx und Friedrich Engels sitzt die Abneigung gegen Leistung und Wettbewerb besonders tief. Machen wir deshalb doch einmal eine kleine Gedankenreise ins 19. Jahrhundert, in die Arbeitswelt der »alten« Industriegesellschaft. Hier vermute ich die Wurzeln der Abscheu vor Leistung, die unsere Kinder schon in der Schule spüren. Massenfabrikation hatte damals die handwerkliche Einzelanfertigung ersetzt, daraus resultierte große Not und Arbeitslosigkeit unter den Handwerkern. Auch die Landarbeiter und Kleinbauern litten unter den neuen Verhältnissen, die ihnen die Existenzgrundlage entzogen hatten. Zusammen mit den Handwerkern bildeten sie das Industrieproletariat, das in den neu errichteten Fabriken zu niedrigen Löhnen jeden Tag 12 bis 14 Stunden schuftete.

Die Rollen standen damals fest: Der Fabrikant mit Zylinder und Zigarre hatte das Geld und die Macht, der Arbeiter – arm, schmutzig und mit offenem Hemdkragen – das Nachsehen. Der Fabrikant forderte unbarmherzig Leistung von seinen Arbeitern. Schließlich hatte er nach Recht und Gesetz – über das nie ein Arbeiter mit abgestimmt hatte – einen Vertrag mit ihnen. Er zahlte ihnen Geld und sorgte so dafür, dass sie überleben konnten. Dafür mussten seine Untergebenen dann aber auch bis zur Erschöpfung schuften, ohne Rücksicht auf Verluste. Der Fabrikant fand das in Ordnung – er kümmerte sich ja um seine Arbeiter –, die Arbeiter beklagten allerdings die Ausbeutung durch ihn, den Kapitalisten. Kirchliche Organisationen, Arbeitervereine (aus denen die Arbeiterbewegung hervorging) und später die Gewerkschaften sorgten dafür, dass dieser vermeintlich »fairen« und angeblich auf Freiwilligkeit beruhenden Beziehung mehr Gerechtigkeit widerfuhr.

Dies alles liegt weit zurück, ist lange her. Dennoch ertönt heute noch immer Protest, sobald man irgendwo verlauten lässt: »Klar verlange ich Leistung von meinen Mitarbeitern, das ist nur fair, schließlich haben wir einen Vertrag miteinander geschlossen!« Dieser Protest kommt ebenso automatisch wie reflexhaft. Leistung? Ist für viele immer noch ein anderes Wort für Ausbeutung. Und das soll auch noch fair sein? Leistung und fair? Das schließt sich doch von vornherein aus!

Ich sage: Machen wir uns endlich klar, dass wir nicht mehr im 19. Jahrhundert leben. Wir haben eine Demokratie, und die Gesetze können jederzeit geändert werden, wenn die Mehrheit der Bevölkerung das nur wirklich will und entsprechende Politiker ins Parlament schickt. Menschen heutzutage sind frei! Sie haben die Wahl, ob sie einen bestimmten Arbeitsvertrag zu bestimmten Bedingungen abschließen oder nicht, und vor allem können sie wählen, mit wem sie diesen Vertrag abschließen. Sie werden nicht mehr von den Verhältnissen zu irgendetwas gezwungen. Wer gar nicht arbeitet, bekommt vom Staat nicht selten mehr als diejenigen, die angestellt sind.

Mitarbeiter suchen sich heute ihre Arbeitgeber aus, denn sie kennen ihren Marktwert. Und Arbeitgeber buhlen um die besten Kandidaten. Wenn hier überhaupt jemand abhängig ist, dann sind es eher die Unternehmer, die auf ihre Mitarbeiter angewiesen sind. Die einseitig dominierte Machtstruktur in den Unternehmen ist Vergangenheit. Wir leben definitiv in anderen Zeiten. Mitarbeiter und ihre Chefs begegnen sich auf Augenhöhe. Doch ziehen wir die Konsequenzen daraus?

Die Amerikaner leben schon länger als wir in einer Demokratie und sind deshalb auch manchmal weiter in ihrem Denken. Neulich las ich ein Interview mit einem Topmanager von Google, der berichtete, dass er einmal etwas verspätet zu einer Diskussionsrunde stieß, in der die beiden Google-Gründer, Larry Page und Sergei Brin, zusammen mit einigen Führungskräften und Teilhabern des Unternehmens über ein strategisches Thema sprachen. Der Manager berichtete, dass ihm, während er zunächst ungefähr eine halbe Stunde lang zuhörte, um einen Einstieg in die Diskussion zu finden, auf einmal bewusst wurde, dass aus dieser Diskussion überhaupt nicht ersichtlich gewesen sei, wer denn jetzt eigentlich der Chef ist. Alle diskutierten miteinander, alle Vorschläge wurden gehört, jedes Argument geprüft, keiner der Gründer sagte: »He, ich bin der Chef von dem Laden hier, und deshalb machen wir das jetzt genau so und nicht anders!« Und warum sollte er auch? Wir leben, wie gesagt, nicht mehr im 19. Jahrhundert.

Was in der Szene aus dem Silicon Valley zum Ausdruck kommt, ist genau der Punkt: In der heutigen Zeit geht es um die besten Lösungen, nicht um irgendwelche Privilegien, die sich aus Eigentumsrechten oder sonst woher ableiten lassen. Das ließen A-Mitarbeiter auch gar nicht mehr mit sich machen. Schließlich sind sie wohl informiert und gut vernetzt. Sie sind es gewohnt, dass Informationen offenliegen und zugänglich sind, sei es via Internet, Blogs, Twitter oder soziale Netzwerke oder in den Intranets der Unternehmen selbst. Sie können sich zu allem eine eigene Meinung bilden, wenn sie es wollen – und auch deshalb wird ihre Abhängigkeit von den Chefs, den Unternehmern und Führungskräften geringer und geringer.

Übrigens: Auch an diesem Thema kann man sehr schön festmachen, wer ein A-Mitarbeiter ist und wer ein B- oder C-Mitarbeiter. Bei uns im Haus herrscht eine sehr offene Informationspolitik. Wir teilen alle Informationen mit unseren Mitarbeitern. Ein Beratungsunternehmen bewertete diesen Umgang mit den Informationen einmal als »Zumutung« für unsere Mitarbeiter: Es sei viel zu viel, was wir ihnen da aufbürdeten. Was ich jedoch beobachtete, ist Folgendes: A-Mitarbeiter saugen diese Informationen auf wie ein Schwamm. Die B-Mitarbeiter sagen: »Ist ja nett, dass man hier alles bekommt!«, und die C-Mitarbeiter stufen diese Informationen tatsächlich als lästig ein.

Jetzt bin ich mal der Chef!

Also noch einmal: Wir haben heute ganz andere Zeiten als noch vor 150, 100, ja sogar als vor 50 oder 30 Jahren. Dieser *Gap*, diese unüberwindbare Distanz zwischen Kapital und Arbeit, zwischen Arbeitgeber und Arbeitnehmer, verschwindet. Der Unterschied wird immer unwichtiger. Alle sitzen um einen Tisch und suchen nach den besten Lösungen. Die Arbeitnehmer kennen genauso ihren Marktwert, wie der Unternehmer um seinen weiß. Auch ihre Möglichkeiten und Chancen kennen die Arbeitnehmer sehr gut. Und noch etwas ist ganz anders als im 19. Jahrhundert: Ein Rollenwechsel ist jederzeit möglich. Wer nach seiner Ausbildung erst einmal abhängig beschäftigt war, gründet ein paar Jahre später vielleicht sein eigenes Unternehmen, um es mit 50 zu verkaufen und irgendwo als Manager anzuheuern, mit 65 dann junge Führungskräfte zu coachen und sich danach vielleicht als Business Angel noch einmal in eine junge Firma einzukaufen und beim Aufbau zu helfen.

Der größte Unterschied aber ist: In vielen Fällen wurde der Spieß umgedreht. Da ist es nämlich nicht mehr der Arbeitnehmer, der um seinen Arbeitsplatz fürchtet, sondern da ist es der Unternehmer, der fast schon zittert und bibbert vor lauter Furcht, dass seine A-Mitarbeiter auf dumme Gedanken kommen und woanders anheuern. Kürzlich hat der Norddeutsche Rundfunk bei mir angerufen und wollte ein Interview zum Thema »Halteprämien«. In einer Pressemeldung war berichtet worden, dass ein amerikanisches Unternehmen einer Küchenhilfe eine »Bleibeprämie« in Höhe von 7 000 US-Dollar bezahlt hat. Die simple Frage des NDR-Redakteurs: »Herr Knoblauch, was sagen Sie zu diesem Unsinn?« Nun, wenn Sie meiner Argumentation bis hierher gefolgt sind, wissen Sie, dass dies kein Unsinn ist. Sie wissen, dass gute Mitarbeiter rar sind. Das betreffende Unternehmen befand sich offensichtlich in einer Krisensituation, was dazu führt, dass gute Mitarbeiter sich anderweitig orientieren, wenn massenhaft Entlassungen durchgeführt werden. Auf ein Jahr umgerechnet beträgt die »Bleibeprämie« knapp 600 US-Dollar zusätzlich pro Monat. Eine erstklassige Kraft, die Überstunden nicht scheut, alle Geräte sowie die Wünsche der Mitarbeiter kennt, möglicherweise sogar ein paar Ruheständler für Aushilfsdienste begeistert... Ist eine solche Spezialkraft in einer Krisensituation 600 US-Dollar im Monat zusätzlich wert? Allemal!

Gute Mitarbeiter sind ein knappes Gut. Und der Unternehmer weiß: Der Erfolg des Unternehmens ist nicht sein Erfolg, sondern der Erfolg seiner Mitarbeiter. Zugespitzt heißt das: Vor 100 Jahren bangten die Menschen um ihre Arbeitsplätze, weil sie fürchteten, sonst in die Armut abzurutschen. Heute ist es so, dass die Unternehmer um jeden A-Mitarbeiter bangen, weil sie sonst geradewegs in die Pleite schlittern. Das sieht man unter anderem daran, dass A-Mitarbeiter selbst in Krisenzeiten genügend gute Angebote auf den Tisch bekommen. Die besten Leute haben die größte Auswahl.

Verträge, die heutzutage zwischen Arbeitgebern und Arbeitnehmern geschlossen werden, haben einen ganz anderen Charakter als die undemokratischen, noch an der Feudalherrschaft orientierten »Verträge«, die zu Zeiten der Industrialisierung üblich waren. Unter den veränderten wirtschaftlichen und sozialen Bedingungen können wir nun aber auch Themen wie Leistung, Gegenleistung und Fairness ganz anders betrachten und bewerten. Das »Spiel« läuft heute auf Augenhöhe. Es ist ein Geben und Nehmen auf freiwilliger Basis. Jeder, der etwas einbringt, kann sich jederzeit anders orientieren, er hat jede Menge Möglichkeiten. Und genau deshalb ist es fair, das freiwillig Vereinbarte auch einzufordern. Daran ist nichts Verwerfliches oder gar Unmoralisches – und wer als Unternehmer, als Führungskraft seiner Verantwortung gerecht werden will, der tut genau das: Er fordert Leistung.

Wo Leistung verpönt ist, trifft es auch Unschuldige

Lässt ein Unternehmer die Zügel locker und kümmert sich nicht um die Erfüllung des Vereinbarten, dann droht Ungemach. Wer seine B- und C-Mitarbeiter munter vor sich hin werkeln beziehungsweise faulenzen lässt, ohne die vereinbarte Leistung einzufordern, verteilt die Lasten im Unternehmen ungleich. Denn den Schaden ausbügeln muss der A-Mitarbeiter. Er gleicht das aus, was die anderen versäumen. Irgendwann ist er so frustriert, dass er bei nächstbester Gelegenheit sein Heil in der Flucht sucht. C-Mitarbeiter sind nun mal die Bremsklötze eines Unternehmens: Wer sie hegt und pflegt, kann Misserfolge von vornherein einkalkulieren. Was sage ich – Misserfolge? Katastrophen! Genau die ereignen sich nämlich mit schöner Regelmäßigkeit, wenn man von seinen Mitarbeitern nicht die Leistung fordert, zu der sie sich freiwillig verpflichtet haben!

Im Frühjahr 2009 ging eine Meldung durch die Medien: Ein Fahrer und ein Zivildienstleistender des Malteser Hilfsdienstes hatten bei ihrer täglichen Runde vergessen, eines der ihnen anvertrauten Kinder am Abend zu Hause bei den Eltern abzuliefern. Sie stellten den Kleinbus nach Feierabend in die Garage des Hilfsdienstes. Das stille Mädchen im Passagierraum fiel ihnen nicht weiter auf. Aufgrund seiner Behinderung konnte es auch nicht auf sich aufmerksam machen. Die Polizei startete noch am Abend eine groß angelegte Suchaktion nach dem Kind, das dann aber erst am anderen Morgen in dem Kleinbus entdeckt wurde – immer noch angeschnallt und zum Glück einigermaßen guter Dinge.

Der Malteser Hilfsdienst zeigte sich entsetzt – und wusste keine Erklärung für den Vorfall, schließlich achte man auf die Ausbildung der Mitarbeiter und habe auch seine Vorschriften. Da kann man sich schon fragen, worin denn diese Mitarbeiter ausgebildet wurden – im Autofahren? Dieser Vorfall legt den Schluss nahe, dass die Mitarbeiter überhaupt nicht verstanden haben, was ihre vornehmlichste Aufgabe ist: sich um die ihnen anvertrauten behinderten Kinder zu kümmern. Aber so ist das mit den C-Mitarbeitern – und solche waren es, die für die Übernachtung des kleinen Mädchens in der Tiefgarage verantwortlich waren, da bin ich ganz sicher.

Da solche Mitarbeiter innerlich gekündigt haben und die Werte des Unternehmens mit Füßen treten, nützt auch eine gute Ausbildung nichts mehr. Ausbildung ist etwas, das diese Mitarbeiter über sich ergehen lassen, und fertig. Und genau deshalb ist es zulässig, Leistung zu fordern: weil sonst noch viel größere Katastrophen passieren. Oder anders herum gesagt: Wer es unfair findet, Leistung von Mitarbeitern einzufordern, hält es dann für ganz in Ordnung, wenn behinderte Mädchen in Kleinbussen in Tiefgaragen übernachten – das darf ja wohl nicht wahr sein, oder? Von anderen Katastrophen ganz zu schweigen: Flugzeugabstürze, Zugunglücke, Verkehrsunfälle mit vielen, vielen Toten jedes Jahr, nur weil irgendwelche C-Mitarbeiter die einfachsten Routineabläufe nicht in den Griff bekommen. Gerade die Luftfahrt ist ein gutes Beispiel. Wenn ein Flugzeug zum Start vorbereitet wird, gibt es praktisch keinen Platz für menschliches Versagen. Die Prozesse, die Sicherheitsvorkehrungen sind so ausgeklügelt, dass es kaum noch zu steigern ist. Was sich nach Flugzeugabstürzen oder Notlandungen immer wieder herausstellt: Häufig hat es ein C-Mitarbeiter schlicht versäumt, elementare Dinge zu beachten. Dutzende Tote wegen vergessener Klebestreifen oder herausgeschraubter Sicherungen – alles schon vorgekommen.

Sie hatten eine schwere Kindheit? Erzählen Sie mal!

Die traurige Wahrheit: In vielen Unternehmen wird Leistung nicht konsequent eingefordert. Dort überlegt man sich lieber, was man denn den stets versagenden C-Mitarbeitern Gutes tun könne. Ja, Sie haben richtig gelesen: Wenn einer die vereinbarte Leistung nicht bringt, dann wird sich verstärkt um ihn gekümmert. Ein Beispiel: Irgendwann in den letzten Jahren wartete ich an einem der Flughäfen von New York auf meinen Weiterflug nach Chicago. Schräg gegenüber vom Gate war eine Buchhandlung, und ich hatte noch genügend Zeit, also ging ich einer meiner Lieblingsbeschäftigungen nach und stöberte dort nach interessanter Lektüre. Bei den Bestsellern fand ich den Titel *The Disgruntled Employee* von Peter Morris – aha, es ging also um verärgerte Mitarbeiter, mit anderen Worten: um C-Mitarbeiter. Das interessierte mich! Ich blätterte darin herum, und schon auf Seite 13 stand: »Kümmern Sie sich um diese Mitarbeiter! Nehmen Sie bitte nicht an, dass der unzufriedene Mitarbeiter derjenige ist, der geheilt werden muss oder gar das Unternehmen verlassen muss. Nein! Sie als Führungskraft sind hier gefordert! Beschäftigen Sie sich mit der Jugend dieses Mitarbeiters. Ergründen Sie seine Probleme. Schützen Sie ihn!«

Als ich das las, wurde ich beinahe wütend. Verkehrte Welt? C-Mitarbeiter genießen doch wahrlich genug Schutz von allen Seiten. Der Staat schützt sie, der Betriebsrat schützt sie – nur den A-Mitarbeiter schützt kein Mensch! Der muss all das ausbaden, was der C-Mitarbeiter ihm eingebrockt hat. Und überhaupt: Ist man als Chef nun auch noch Therapeut? In diesem Buch, das ich da in der Flughafenbuchhandlung las, war ja noch nicht einmal die Rede davon, dass man sich um seine C-Mitarbeiter kümmern solle, indem man sie aus- und weiterbildet und ihnen eine Perspektive aufzeigt. Da wäre ich ja sofort mit im Boot gewesen – nein, es ging um so etwas wie Seelsorge. Es ging darum, sich mit der multiplen Problemlage des Mitarbeiters zu beschäftigen. Damit erreicht man in meinen Augen aber nur eins: dass der Mitarbeiter sich in seiner Leistungsverweigerung auch noch bestätigt sieht. Schließlich bekommt er ja die Aufmerksamkeit des Chefs höchstpersönlich. »Wie toll«, denkt sich der C-Mitarbeiter dann. »Ich lasse mich hängen – und alle sind lieb zu mir!« Und der A-Mitarbeiter steht daneben und findet kaum Beachtung. Das ist nicht nur unfair, das ist schon eine verdrehte Welt.

Verstehen Sie mich bitte nicht falsch! Ich bin ein absoluter Fan davon, C-Mitarbeiter zu fördern, zu entwickeln und alles dafür zu tun, dass sie mindestens zu B-Mitarbeitern, wenn nicht gar zu A-Mitarbeitern werden. Aber Achtung! Wenn diese Bemühungen in den therapeutischen Bereich hineingehen, sollten Sie als Führungskraft oder Unternehmer die Finger davon lassen. Dafür sind Sie nicht ausgebildet, und dafür haben Sie weder die Zeit noch die Kraft. Solche Vorhaben gehören in andere Hände. Sie sind kein Therapeut! Deshalb: Seien Sie konsequent, und seien Sie fair. Fordern Sie Leistung von Ihren B- und C-Mitarbeitern. Und schenken Sie denen Ihre Aufmerksamkeit, die sie auch verdient haben.

Fordern: Nicht nur fair, sondern ethisch

Leistung – dieses Wort wirkt auf manche Menschen wie ein rotes Tuch auf einen angestachelten Stier. Man darf »Coaching« sagen, man darf »Weiterentwicklung« sagen, aber »Leistung fordern«? Die Leistung, die ein Mitarbeiter bringt, muss intrinsisch motiviert sein, muss quasi aus dem Mitarbeiter von ganz allein herausströmen, man darf sie ihm doch nicht abverlangen! »Fordern« ist angeblich von gestern!

Ich sehe das anders: Fordern ist fair und angemessen. Auch für denjenigen, von dem etwas gefordert wird. Und das meine ich jenseits aller vertraglicher Aspekte, von denen ich vorhin sprach. Mir geht es jetzt um die menschliche Perspektive. Also: Warum ist es menschlich fair, von seinen Mitarbeitern Leistung zu fordern? Eigentlich ist die Antwort ganz einfach: Wenn man von seinem Gegenüber etwas fordert, tut man ihm etwas Gutes. Wer nicht gefordert wird, leidet irgendwann unter Unterforderung und unter Langeweile und fühlt sich schließlich nicht mehr wertgeschätzt. Erinnern Sie sich noch an den Fall des Daimler-Mitarbeiters, der vor Gericht zog, weil er Aufgaben bekommen wollte, die seiner Funktion und seiner Qualifikation angemessen sind? Das ist zwar ein sehr außergewöhnlicher Fall, aber er belegt eindrucksvoll, was passiert, wenn Menschen unterfordert sind: Sie fühlen sich dann schlecht behandelt und abgewertet.

Deshalb plädiere ich auch dafür, Leistung messbar zu machen: Es erfüllt denjenigen, der die Leistung bringt, mit Stolz und Genugtuung, wenn er sieht, was er erreicht hat. Bei uns im Unternehmen planen wir beispielsweise jedes Jahr im Sommer das, was im darauffolgenden Jahr erreicht werden soll. Über diese Ziele diskutieren wir lange, und zwar mit jedem einzelnen Mitarbeiter – da können durchaus Stunden und Tage ins Land gehen. Irgendwann später, im November oder Dezember eines jeden Jahres, stehen diese Ziele dann glasklar fest und werden unternehmensintern auch veröffentlicht.

Was ich immer wieder beobachte: Unsere Mitarbeiter sind damit hoch zufrieden. Für sie bedeutet es eine immense Sicherheit, zu wissen, was von ihnen im darauffolgenden Jahr verlangt wird. Sie freuen sich dann auf den Startschuss am 1. Januar: Endlich geht es los! Die entsprechenden Zahlen werden monatlich erfasst, wir machen den Mitarbeitern Monat für Monat transparent, wie der Stand der Dinge derzeit ist. Es gibt regelmäßig Mitarbeitergespräche dazu. Und zwei- bis dreimal im Jahr geht die Geschäftsleitung von Schreibtisch zu Schreibtisch und redet ebenfalls mit den Mitarbeitern über die Entwicklung. Was dadurch entsteht, ist Stolz: Die Mitarbeiter sind stolz auf das, was sie erreicht haben, und begierig darauf, noch mehr zu leisten und zu erreichen. Darauf zu verzichten, wäre schädlich für das Unternehmen. Und unfair gegenüber dem Mitarbeiter. Man tut dem Einzelnen nichts Gutes, wenn man ihn nicht fordert, weil man das Potenzial, das er hat, gar nicht abruft. Man ermutigt ihn nicht, über sich hinauszuwachsen.

Ich bin ein sehr christlich orientierter und gläubiger Mensch, und ich sage es Ihnen ganz offen: Mit dieser Maxime – »Fordern ist fair!« – habe ich mich zunächst sehr schwergetan. Sie stand für mich ganz konträr zu den sonst in der Bibel propagierten Prinzipien von Nachsicht, Nächstenliebe und Verzeihen. Aber dann machte ich eine überraschende Entdeckung, eigentlich sogar zwei. Die erste Entdeckung ist das Gleichnis vom Feigenbaum in Lukas 13, 6–9: Ein Mann hatte in seinem Weinberg einen Feigenbaum, der nach drei Jahren immer noch keine Früchte trug. Er beauftragte seinen Gärtner, den Baum abzuholzen, weil er dem Boden unnütz Nährstoffe entziehe. Der jedoch antwortete: »Herr, lass ihn noch dieses Jahr, bis ich um ihn grabe und ihn dünge; vielleicht bringt er doch noch Frucht; wenn aber nicht, so lasse ihn abhauen.«

Dieses Gleichnis lässt sich wunderbar auf die Mitarbeiterproblematik übertragen – das dachte ich damals sofort, als ich das erste Mal auf diesen Text stieß. Denn auch hier geht es darum, dass ein Glied die gewünschte Leistung nicht bringt und deshalb entfernt werden soll – weil es dem restlichen Organismus die Kraft entzieht. Genauso ist es mit den C- und A-Mitarbeitern ja auch. Das Problem ist nicht nur, dass der C-Mitarbeiter die Leistung nicht bringt, für die er eigentlich eingestellt wurde. Problematisch ist vielmehr, dass der A-Mitarbeiter die fehlende Leistung des C-Mitarbeiters noch ausgleichen muss. Der Schaden entsteht also zweimal. Und genau deshalb ist es mehr als fair, Leistung einzufordern, sei es nun von einem Feigenbaum oder von einem Mitarbeiter.

Die zweite Entdeckung ist das Gleichnis von den anvertrauten Zentnern aus Matthäus 25, 14–30, das von einem Chef berichtet, der auf eine Reise geht und seinen drei Mitarbeitern sein Vermögen anvertraut. Nach einigen Jahren kommt er zurück und fordert Rechenschaft. Die ersten beiden Mitarbeiter haben das ihnen übertragene Vermögen jeweils verdoppelt. Der dritte Mitarbeiter jedoch hat das Geld vergraben mit der Begründung: »Herr, ich wusste, dass du ein harter Mann bist; du erntest, wo du nicht gesät hast, und sammelst ein, wo du nicht ausgestreut hast.« Die Konsequenz: Der Chef nahm ihm das überlassene Geld ab, der Mann wurde nicht nur fristlos gekündigt, sondern hart bestraft. Diese Geschichte und die in ihr ausgedrückte Geradlinigkeit – sie öffnete mir tatsächlich die Augen. Nicht nur mir: Sie ist schon oft und sehr unterschiedlich interpretiert worden. Die »Zentner« wurden dabei auch als Talente gewertet, die ein Mensch hat. Diese Geschichte sagt mir, dass man sich selbst nicht gerecht wird, wenn man seine Talente einfach so verkümmern lässt und nichts aus ihnen macht. Menschen haben Talente, um sie zu entfalten. Das wusste nicht nur die Bibel, sondern das entdeckten auch die griechischen Philosophen, und die moderne Psychologie weiß es erst recht: Wir kommen nicht als fertige Wesen oder entwickelte Persönlichkeiten auf die Welt. Jeder Mensch muss sich entfalten, und wer das nicht tut, fällt zurück. Von Menschen etwas zu fordern, ist also ethisch, denn es wird dem tiefsten Inneren des Menschen gerecht. Menschen wollen und sollen sich entwickeln, und dazu brauchen sie manchmal Ansporn und Ermutigung. Wem es egal ist, ob sein Mitmensch etwas aus sich macht oder nicht, macht sich schuldig an ihm.

Leistung, Leistung, Leistung!

Eine der Herausforderungen, denen man dann als Führungskraft oder als Unternehmer begegnet, ist die, herauszufinden, wem man denn nun was abverlangen kann. Ein A-Mitarbeiter braucht andere Herausforderungen als ein B- oder ein C-Mitarbeiter, so viel ist klar. Deshalb ist es zuallererst einmal nötig, die Leistungen der Mitarbeiter generell zu bewerten, um herauszufinden, in welche Kategorie der jeweilige Mitarbeiter nun gehört: A, B oder C. Dazu gibt es ein spezielles Formular, einen Leistungsbeurteilungsbogen, der schätzungsweise in 25 bis 30 Prozent der deutschen Betriebe eingesetzt wird.

Dieser Bogen ist denkbar einfach aufgebaut. Auf der Vorderseite geben die Mitarbeiter eine eigene Einschätzung ihrer Leistungsfähigkeit ab. Diese ist in 14 verschiedene Kriterien unterteilt, unter anderem

- Fachkenntnis,
- Einsatzbereitschaft,
- Zusammenarbeit,
- Arbeitstempo,
- Arbeitsqualität,

- Selbstständigkeit,
- Kundenbezug und
- Einstellung zu Zielen.

Die Bewertung selbst erfolgt anhand von Noten, wobei die Kriterien für die Noten ganz genau beschrieben sind. Für den Bereich »Selbstständigkeit« sehen sie beispielsweise so aus:

- Braucht wiederholte Erläuterungen und Berichtigungen (Note 5),
- versteht seine Arbeit und erfüllt sie zweckmäßig (Note 4),
- versteht weitgesteckte neue Pläne und erledigt sie zielstrebig (Note 3),
- erkennt selbst neue Ziele und setzt sie unter Anleitung um (Note 2),
- erkennt selbst neue Ziele, stellt realistischen Plan auf und verwirklicht ihn (Note 1).

Der Vorgesetzte des jeweiligen Mitarbeiters füllt diesen Bogen auch aus und bewertet damit die Leistung seines Mitarbeiters. Anschließend setzen sich beide zusammen und besprechen ganz gezielt, worin nun die nächste Herausforderung für den Mitarbeiter besteht. *Den Leistungsbeurteilungsbogen mit 14 Kriterien finden Sie kostenlos auf der Website www.die-personalfalle.de.*

Diese Vorgehensweise halte ich für wunderbar geeignet, um gemeinsam ein Stück in Richtung »mehr Leistung« weiterzukommen. Hier stürmt nämlich kein Chef durch die Flure und brüllt »Leistung! Leistung! Leistung!« – wie Puma-Chef Jochen Zeitz einst »Umsatz! Umsatz! Umsatz!« in die Büros gerufen haben soll –, nein, hier wird die Leistung nicht einfach verlangt oder von oben angeordnet, sondern sie wird gemeinsam definiert und festgelegt. Es wird gemeinsam überlegt: Wie werden wir besser, jeden Tag, Stück für Stück? Und die Ergebnisse werden ganz verbindlich festgelegt. Es ist klar, was bis wann erreicht sein muss. Und das ist essenziell! Denn gerade C- und B-Mitarbeiter nicken gerne Vereinbarungen einfach ab, und hinterher geschieht dann doch wieder nichts.

Deshalb müssen solche Mitarbeiter schon *vor* einem solchen Gespräch über den Bewertungsbogen gebeten werden, sich zu überlegen, wie sie ihre Leistung einstufen und wo aus ihrer Sicht Ansatzpunkte für eine Leistungsverbesserung liegen. Es lohnt sich, die Mitarbeiter schriftlich zu einem solchen Gespräch einzuladen und sie zu bitten, sich in der genannten Weise darauf vorzubereiten.

Wenn der Termin für das Gespräch dann gekommen ist, sind unsere A-Mitarbeiter meist glänzend vorbereitet. Sie haben die Unterlagen dabei und wissen genau, welche vier oder fünf Ziele sie sich stecken wollen, die auch alle messbar und machbar sind. Diese Mitarbeiter müssen nahezu gebremst werden. Die B-Mitarbeiter treten da schon ganz anders auf. Sie haben vielleicht noch ihren Bewertungsbogen ausgefüllt – aber Ziele? Verbesserungsvorschläge? Fehlanzeige. »Ja, wissen Sie, Chef, das ist echt ein schwieriges Thema. Mir ist gar nicht viel dazu eingefallen. Was meinen Sie denn dazu?« Der C-Mitarbeiter hat derweil schon den Betriebsrat verständigt und sich erkundigt, ob es überhaupt rechtens ist, dass man ihm so etwas abverlangt …

Anhand eines Leistungsbeurteilungsbogens wird also ganz schnell deutlich, wer sich fördern und fordern lässt und wer sich ganz einfach verweigert. Und wer sich verweigert, sollte gehen. Es ist nicht fair, wenn es sich manche Mitarbeiter auf Kosten der anderen gutgehen lassen und weder zu ihrer eigenen Entwicklung noch zu der des Unternehmens etwas beitragen. Wohin das führt, habe ich Ihnen schon mehrmals beschrieben: Die A-Mitarbeiter werden sich das eine Zeit lang anschauen und ihre Mehrlast tragen, aber irgendwann werden sie sich benutzt und ausgebeutet fühlen und das Weite suchen. Und das ist das Schlimmste, was einem Unternehmen passieren kann.

Biete Sinn, fordere Leistung

Entscheidend in Sachen Leistung ist: Das Unternehmen oder eine Führungskraft kann nicht einseitig Leistung fordern. Es muss dafür auch etwas bieten. Und damit meine ich nicht allein Bezahlung, Urlaubstage oder ein Job-Ticket, sondern etwas viel Bedeutsameres: Ein Unternehmen muss seinen Mitarbeitern Sinn bieten. Erst dann kann es auch Leistung fordern. Erst dann ist es *fair*, dass es Leistung fordert.

Sinn findet ein Mitarbeiter in seiner Tätigkeit dann, wenn seine Werte mit denen des Unternehmens übereinstimmen. Die müssen nämlich zueinander passen, die müssen kongruent sein. Sonst schlägt ein Mitarbeiter nicht dauerhaft Wurzeln in »seinem« Unternehmen. Nur die interessante Aufgabe allein reicht nicht aus, ihn bei der Stange zu halten. Unternehmen, die das begriffen haben, erarbeiten sich deshalb ein Leitbild, eine Vision, die auch von den Mitarbeitern getragen wird. Bei uns im Haus gibt es diese Werte auch. Sie sind in zwei Bereiche eingeteilt, einmal in die Business-Werte und zum anderen in die persönlichen Werte. Zu den Business-Werten gehört beispielsweise: »Wir entfalten unsere Stärken durch Offenheit und gegenseitigen Respekt«, »Wir sind proaktiv und übernehmen jeden Tag begeistert Verantwortung« oder auch »Wir liefern Produkte, die uns überzeugen«. Zu den persönlichen Werten zählen unter anderem: »Seien Sie zu anderen ehrlich – ohne Kompromisse«, »Vertrauen Sie Ihren Kollegen/Partnern«, »Seien Sie ein uneigennütziger Mentor«, »Vertreten Sie unpopuläre Entscheidungen, wenn es der Organisation hilft« oder »Stellen Sie die Interessen anderer über Ihre eigenen«.

Wir bieten unseren Mitarbeitern Workshops zu diesen Werten an. Denn auch wenn man ganz spontan denken mag: »Diese Werte sind doch selbstverständlich, da muss man doch gar nicht groß nachdenken« – ganz so einfach ist es nicht. Der erste Wert beispielsweise – »Seien Sie zu anderen ehrlich – ohne Kompromisse« – wie setzt man ihn konkret um? Wie lebt man ihn im Alltag? In den Workshops üben wir mit Rollenspielen, wie man auf einen Kollegen zugeht und ihn um ein Gespräch zu einem Thema bittet, was für diesen möglicherweise nicht ganz angenehm ist. Wir trainieren, dem anderen auch dann Wertschätzung entgegenzubringen, wenn Kritik geäußert wird, und darauf zu achten, dass er mit den Inhalten dieser Kritik nicht allein fertig werden muss. Wir sprechen in diesen Workshops aber auch darüber, wie ehrlich jeder Einzelne von uns mit sich selbst, mit seinem Vorgesetzten und mit dem Unternehmen überhaupt ist. Diese Diskussionsrunden bewegen sich auf einem sehr hohen Niveau der Selbstreflexion und gehen mitunter ans Eingemachte – der Zusammenarbeit sind sie aber immer dienlich und damit auch dem Unternehmen.

Ich bin überzeugt: Das Thema Unternehmenswerte wird in den nächsten Jahren dramatisch an Bedeutung gewinnen – gerade vor dem Hintergrund des Kampfes um die Talente, und einen solchen wird es noch viel stärker geben als bislang. Wer Leistung fordert, muss Sinn bieten. Und wer Talente halten will, muss ihnen ein klares Sinnangebot machen. Denn wir leben im 21. Jahrhundert.

Kapitel 8

Warum das Vermeiden harter Entscheidungen eine zu harte Entscheidung ist

Eine ganz üble Geschichte:
Mit burn-out-Syndrom angereist und jetzt
auch noch Sonnenbrand...

Der vermeintlich harte, aber letztlich nur faire und konsequente Umgang mit C-Mitarbeitern fällt keinem Unternehmer, keiner Führungskraft in den Schoß. Den meisten Managern, die ich kenne, fällt er auch alles andere als leicht. Er ist das Ergebnis eines Lernprozesses und steht sicherlich oft am Ende vieler Enttäuschungen. Auf die Ernüchterung folgen aber neue Chancen – die Einsicht in das Notwendige ermöglicht Wachstum für alle und bessere Ergebnisse. So war es bei mir auch, das wissen Sie mittlerweile. Ich habe mir lange Jahre viele Gedanken über den Umgang mit Minderleistern gemacht, oft mit mir gerungen und gehadert. Mit Autorenkollegen, Journalisten und Unternehmensberatern sowie anderen Unternehmern und deren Führungskräften habe ich etliche Gespräche geführt. Manche dieser Diskussionen waren leidenschaftliche, glühende Streitgespräche, andere waren ruhiger und dafür oft auch tiefgründiger.

Eine dieser tiefgehenden und sehr reflektierten Diskussionen fand vor einigen Jahren im Rahmen der »Wolfsberger Gespräche« statt. Zu diesen Gesprächen lud Johannes Czwalina, ein Personalberater aus der Schweiz, regelmäßig Kollegen und Freunde ein. In der Vorbereitung auf eines der Treffen schrieb ich an die anderen Teilnehmer einen Brief und bat sie, der ABC-Thematik doch Diskussionsplatz einzuräumen. »Wir sollten darüber sprechen, wie wir mit den C-Mitarbeitern umgehen wollen«, regte ich an. »Jack Welch hat über diese Mitarbeiter gesagt: ›Selbst wenn sie umsonst arbeiten würden, wären sie noch zu teuer.‹ Aber so kann man das doch nicht stehen lassen! Auch die Art, wie er Mitarbeiter freisetzt, halte ich für sehr fraglich. Sie alle, die Sie zu den Wolfsberger Gesprächen kommen, sind werteorientierte Menschen, mit denen ich das gerne besprechen würde.«

Zum vereinbarten Termin versammelten sich also die eingeladenen Unternehmer, Manager und Personalprofis im Tagungszentrum Schloss Wolfsberg auf der Schweizer Seite des Bodensees, und die von mir gewünschte Diskussion fand auch tatsächlich statt. Sie entwickelte sich allerdings ganz anders, als ich das erwartet hatte. Denn die anwesenden Personaler empfahlen ausnahmslos, sich von einem konsequenten Kurs keineswegs abbringen zu lassen! Ethikdebatten seien ja gut und schön, bloß ginge es hier doch um das einfach Selbstverständliche und nicht etwa um ethische Grenzfälle. In den zwei Stunden, die wir diskutierten, flogen mir die Fallbeispiele nur so um die Ohren: Es hagelte eindrucksvolle Belege dafür, warum es nicht nur sinnvoll ist, C-Mitarbeiter hart anzupacken, sondern geradezu überlebenswichtig für ein Unternehmen. Meine Kollegen brachten auch gute Argumente für die Differenzierung der Mitarbeiter und für das Messen und Bewerten der Leistung aller Mitarbeiter.

Sie verglichen dieses Verfahren nämlich mit der Vergabe von Schulnoten. Die habe schließlich jeder von uns bekommen – ohne dass die Eltern oder gar die breite Öffentlichkeit sie gleich mit Worten wie »Diskriminierung«, »Menschenverachtung«, »Neoliberalismus« oder »darwinistische Auslese« belegt hätten. In der Tat: Die Noten in der Schule empfanden wir zwar manchmal als ungerecht, aber wir fanden uns damit ab, denn sie sorgten für Klarheit. Jeder wusste, wo er stand. Und wenn er das Ziel nicht erreicht hatte, musste er eben eine Ehrenrunde drehen – oder die Schule verlassen. Ich gab meinen Kollegen bei den Wolfsberger Gesprächen recht: Warum halten wir es im Großen und Ganzen für in Ordnung, unsere Kinder zu differenzieren, zu bewerten und auch aus dem System zu werfen, aber wehren uns so dagegen, dies mit guten Gründen auch bei den Erwachsenen zu tun?

Übrigens – und dies ist jetzt kein Ergebnis der Wolfsberger Gespräche mehr, sondern ein Vergleich, der sich mir erst in letzter Zeit mehr und mehr aufdrängt: Auch bei Erwachsenen wird sehr oft mit zweierlei Maß gemessen. Wenn ein Fußballstar 18 Millionen Euro im Jahr verdient, dann finden das nicht nur Sportbegeisterte ganz in Ordnung. Wenn ein Manager 18 Millionen im Jahr verdient, schreien alle nach dem Gesetzgeber, der diesem unmoralischen Treiben doch bitte sofort Einhalt gebieten möge. Und dieses Messen mit zweierlei Maß geht noch weiter, gerade im Bereich des Fußballs, und ich rede jetzt nicht von irgendwelchen Amateurvereinen, sondern von der Bundesliga, von der Champions League, von den Nationalmannschaften. Da ist eines ganz klar: Topleistung muss es sein. Drunter geht es nicht. Denken Sie nur an Jürgen Klinsmann. Als er die deutsche Fußballnationalmannschaft nicht zum Weltmeistertitel führte, sondern ihr »nur« einen dritten Platz bescherte, war die Öffentlichkeit noch gnädig, denn Klinsmann hatte ihr ja insgesamt gesehen einen wunderbaren Sommer bereitet. Später aber, als Trainer des FC Bayern mit einer Strategie, die nicht auf kurzfristige Siege, sondern auf langfristigen Erfolg angelegt war, war Klinsmann ganz schnell unten durch. Nach den ersten Rückschlägen wurde er suspendiert. Weg mit ihm!, hieß die Devise. Klinsmann hatte die erhoffte Leistung nicht oder nicht schnell genug gebracht, also musste er gehen. Mit dem Segen der Boulevardpresse und nach allem, was ich so gehört habe, auch mit zustimmendem Kopfnicken an den Stammtischen. Klinsmann hatte sich in den Augen der Öffentlichkeit als Versager entpuppt, also sollte er seinen Hut nehmen. Nicht selten sind es dieselben Leute, die morgens für den Erhalt ihrer Arbeitsplätze demonstrieren – unabhängig von der erbrachten Leistung – und dann abends beim Bier lautstark fordern, dieser Trainer oder jener Spieler solle sofort rausfliegen, weil er es einfach nicht bringe. Aber im Unternehmen soll es alles anders laufen. Da sollen harte Entscheidungen vermieden werden – auch wenn die Realität hinterher noch um einiges härter aussieht, weil sich das Unternehmen dann permanent um Schadensbegrenzung bemühen muss anstatt um Weiterentwicklung.

»Schatz, du musst jetzt ran!«

Eine Differenzierung der Mitarbeiter eines Unternehmens bedeutet nun nicht automatisch, dass alle diejenigen, die schlechte Leistung zeigen, durchs Raster fallen und gnadenlos gefeuert werden. Das wäre ein völliges Missverständnis.

Abbildung 3: Klassifikation von Mitarbeitern

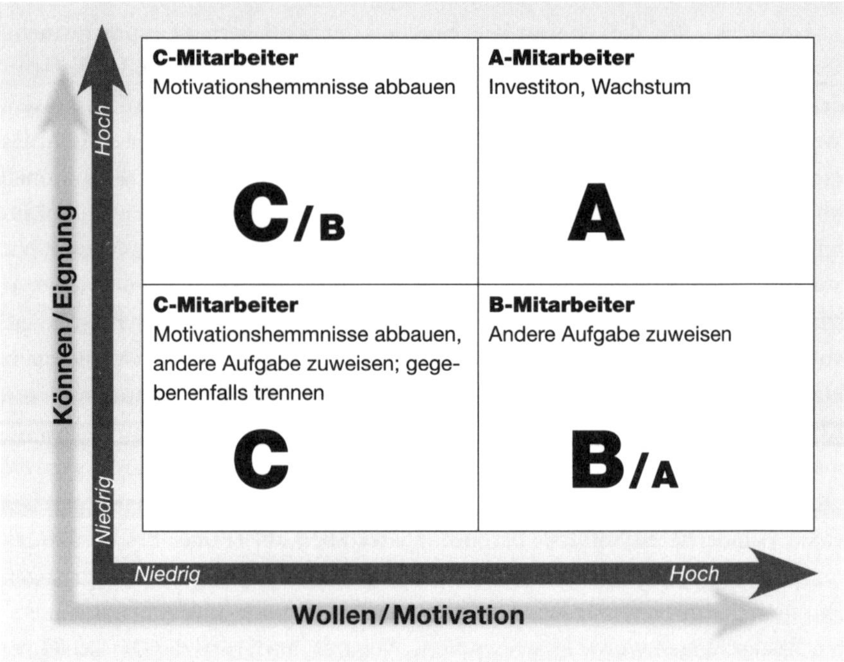

Die C-Mitarbeiter lassen sich einteilen in Mitarbeiter, die aus welchen Gründen auch immer nicht *können*, obwohl sie ihr Bestes geben, und Mitarbeiter, die tatsächlich nicht *wollen* und nur deshalb auch nicht können (Abbildung 3). Und nur letztere werden irgendwann, wenn es nicht besser wird, gefeuert. C-Mitarbeiter, die nicht *können*, werden dagegen erst einmal nach Kräften gefördert. Wie man das richtig macht, dazu kenne ich eine treffende Geschichte, die ich Ihnen hier gerne erzählen möchte.

Ein herausragender Mitarbeiter von IBM im mittleren Management, nennen wir ihn einfach Alex, hatte einmal ein Projekt in den Sand gesetzt. 600 000 US-Dollar – so hoch bezifferte man den Schaden, den er dem Unternehmen zugefügt hatte. Nach heutigem Geldwert wäre es ein Millionenschaden. Alex erhielt nun unmittelbar nach Bekanntwerden seines Debakels einen Anruf seines obersten Chefs – CEO Thomas J. Watson junior höchstpersönlich. Die Ansage Watsons war kurz und knapp und lautete ungefähr so: »Morgen um 11 Uhr will ich Sie in meinem Büro sehen! Schönen Tag noch!« Alex schlotterten die Knie. Er rechnete mit dem Schlimmsten. Am Abend sagte er zu seiner Frau:

»Schatz, schau am besten sofort nach einem neuen Job. Lies die Stellenanzeigen. Du musst jetzt ran. Ich falle als Verdiener aus, denn morgen wird mir gekündigt.« Am nächsten Vormittag machte sich Alex deprimiert auf den Weg in Watsons Büro, um sich neben der Kündigung noch die Demütigung abzuholen, wie er glaubte. Watson aber empfing ihn gut gelaunt und fragte ihn nach seiner Familie. Dem Mitarbeiter war dies alles unheimlich, und er hielt es nicht länger aus: »Chef, reden Sie nicht lang drum herum, ich weiß, warum ich hier bin, also geben Sie mir schon meine Papiere, damit wir es hinter uns haben!« Watson zog die Augenbrauen hoch und rief: »Was? Ich habe gerade 600 000 US-Dollar in Ihre Weiterbildung investiert, und Sie wollen jetzt einfach so die Firma verlassen?« Alex hatte ja mit allem gerechnet – aber mit so einer Reaktion nicht. Er verstand die Welt nicht mehr.

Dabei ist Watsons Reaktion völlig nachvollziehbar: Der CEO hatte einen Mitarbeiter vor sich, dem ein Projekt missglückt war. Der Mitarbeiter hatte zwar alles daran gesetzt, das Projekt zu einem Erfolg werden zu lassen, aber er hatte es einfach vergeigt. Worin sich Watson jedoch sicher war: Noch einmal würde diesem Mitarbeiter das nicht passieren. Diese Lektion hatte er gelernt. Und genau das hatte er gemeint, als er von den 600 000 US-Dollar Weiterbildungskosten sprach.

Diese Geschichte hat mich tief berührt, als ich sie das erste Mal hörte – so sehr, dass ich fortan meine Briefe änderte, die ich am Jahresende immer an unsere Mitarbeiter schrieb. Der Text an A-Mitarbeiter, denen Ähnliches widerfahren war wie dem IBM-Mitarbeiter, lautete dann etwa so: »Ich weiß, dass dieses Jahr für uns beide sehr hart war. Das Ihnen übertragene Projekt war teurer als erwartet, und es hat auch nicht abgehoben. Um ehrlich zu sein: Es war ein Desaster. Aber ich weiß auch, Sie sind ein Mensch, der ehrlich ist und dem das alles leid tut. Ich bitte Sie herzlich: Kommen Sie jetzt ja nicht auf falsche Gedanken, indem Sie über einen Weggang aus unserer Firma nachdenken und sich möglicherweise woanders bewerben. Ich weiß, der Tag kommt, an dem Sie die Dinge im Griff haben und das jetzt verloren gegangene Geld mit Zins und Zinseszins wieder zurückholen.«

Danke für die Kündigung!

Das Hauptargument für Härte gegen C-Mitarbeiter ist für mich schließlich dies: Härte und Konsequenz nützen unter dem Strich allen: nicht nur dem Unternehmen, sondern auch dem C-Mitarbeiter selbst. Im Umkehrschluss heißt es, dass Nachsicht ihm nicht hilft. Denn die Tatsache, dass er seinen Job nicht gut macht, zeigt ja, dass er dort auf dem falschen Platz ist. Seine persönlichen Stärken passen nicht zu der Situation, in der er sich befindet. Dass es fatal ist, wenn man etwas machen soll, was man eigentlich gar nicht kann, erfahren ja schon Kinder in der Schule. Sie erinnern sich sicher alle daran, wie es war, damals in der Turnhalle, wenn die Mannschaften zusammengestellt wurden für ein Fußballspiel: Zwei Spieler fingen an und wählten sich immer abwechselnd die Spieler für ihre Mannschaft aus. Zum Schluss blieben immer zwei, drei übrig, die dann vom Lehrer noch auf die Mannschaften verteilt wurden. Eine schreckliche Entmutigung und Demütigung. Doch wenn Sie mal ehrlich sind: Die Schüler haben ja ganz recht, jemanden, der nicht gut Fußball spielen kann, sich vielleicht auch gar nicht dafür interessiert, eben auch nicht in ihre Mannschaft zu wählen. Und anders als ein Schüler kann sich ein Erwachsener, der in einer Firma nicht genommen wird, woanders bewerben.

Die Botschaft, die man also bekommt, wenn man »aussortiert«, hinausgeworfen, abgelehnt wird, ist die: Such dir etwas anderes, das du besser kannst und das dir deshalb auch mehr Spaß macht. Denn nur dort wirst du echte Leistung bringen können, Wurzeln schlagen und andere Menschen glücklich machen – sei es nun auf dem Sportplatz oder im betrieblichen Alltag. Sicher ist es hart, Ablehnung zu erfahren. Man fühlt sich schlecht, denkt, dass die Welt eigentlich nicht viel anderes könne, als einfach unterzugehen. Aber irgendwann, wenn man die Talsohle der Krise durchschritten hat und wieder zu optimistischen Gedanken in der Lage ist, dann weiß man: Auch diese Erfahrung war zu etwas nütze.

Ich kenne viele erfolgreiche Menschen, die sagen: »Meine Kündigung ist das Beste, was mir jemals passiert ist!« Gerade neulich erzählte mir ein Geschäftspartner davon, dass seine Kündigung vor einigen Jahren genau das für ihn war: Sie war so etwas wie eine Erlösung. Er sagte mir, dass er vermutlich noch Jahre über Jahre mit seinem Ausstieg aus diesem Unternehmen gewartet hätte, obwohl es schon lange sein Lebensziel war, sich selbstständig zu machen. Wenn er nicht gekündigt worden wäre, hätte er vermutlich zig Gründe gefunden, warum er sich nicht selbstständig machen könne, alle paar Monate eine neue Ausrede, so berichtete er. Heute weiß er: Der Zeitpunkt seiner Kündigung war genau richtig. Wenn er damals nicht in die Selbstständigkeit gestartet wäre, wäre es vielleicht zu spät gewesen, um all das aufzubauen, was danach kam. Er habe die Kündigung als ein Zeichen aufgefasst. Die Botschaft sei gewesen: »Hier, in diesem Unternehmen, in diesem Team ist nicht dein Platz.« Heute ist er dankbar dafür.

Menschen machen immer wieder die Erfahrung, dass Krisen zwar nicht angenehm sind, einen jedoch weiter bringen können als *Business as usual*. Krisen können auch eine Befreiung sein. Dazu fallen mir zwei Sätze ein, die ich mir vor einiger Zeit notiert habe: Jemanden zu kündigen, kann asozial sein. Jemanden *nicht* zu kündigen, der eigentlich gekündigt werden müsste, *ist* asozial. Und genau darum ist es so hart, eine vermeintlich harte Entscheidung – nämlich das Entlassen der C-Mitarbeiter – zu vermeiden.

D-Mitarbeiter? Vergessen Sie's!

Warum es für den Einzelnen viel härter sein kann, durchgeschleppt zu werden, als klare Verhältnisse zu haben, wissen Sie jetzt. Lassen Sie uns aber nun den Blick auf das Umfeld richten, in dem sich jemand bewegt. Welche Flurschäden richtet er dort an, wenn man ihn uneingeschränkt das tun lässt, was er tun will? Ich meine damit nicht irgendwelche Geschichten von Fehlern, die C-Mitarbeiter begangen haben und die fatale Konsequenzen hatten – da habe ich Ihnen schon einiges erzählt. An dieser Stelle möchte ich ganz beim Unternehmen und dort bei der Führungskraft beziehungsweise beim Unternehmer selbst bleiben. Wie wirkt es sich auf ihn aus, wenn er Milde und Nachsicht walten lässt, vermeintliche Härte vermeidet und den C-Mitarbeiter immer weitermachen lässt?

Vor kurzem bekam ich einen Brief von einem Unternehmer, der sich mit meinen Thesen auseinandergesetzt hatte. Er schrieb: »Sehr geehrter Herr Professor Knoblauch, ich weiß, dass Sie ein christlicher und gläubiger Mensch sind. Wie können Sie solche Thesen in die Welt setzen? Von Ihnen hätte ich da wahrlich anderes erwartet. Versuchen Sie es doch einmal damit: Ein C-Mitarbeiter ist ein verunsicherter Mensch, der Ihre Hilfe braucht. Ihre Aufgabe ist es, die Schwachen zu stärken und den Verunsicherten zu helfen! Das muss doch Ihr Anliegen sein! Wenn Sie das tun, verspreche ich Ihnen, dass Sie keine A-, B- und C-Mitarbeiter mehr haben, sondern nur noch D-Mitarbeiter: nämlich solche, die sich aus Dankbarkeit Ihnen gegenüber in ganz besonderer Weise in den Betrieb einbringen werden.«

Diesem Unternehmer hätte ich nur allzu gerne zugestimmt, das können Sie mir glauben. Meine Erfahrungen aus der Praxis sind jedoch ganz andere – leider. C-Mitarbeiter, die man in ihren Verunsicherungen begleitet und deren Schwachstellen man all seine Energie widmet, sind nicht dankbar – sie sind vielmehr die ersten, die einen bei der nächstbesten Gelegenheit über den Tisch ziehen. Sie werden tatsächlich zu D-Mitarbeitern, aber nicht D wie dankbar, sondern D wie destruktiv.

Ich will Ihnen an einem Beispiel schildern, was ich damit meine: Bei uns hatte sich eine potenzielle Mitarbeiterin beworben, ich nenne sie einmal Frau Vogel. Sie machte von Anfang an keinen guten Eindruck, sie war von ihrer Persönlichkeit her instabil, ihre familiäre Situation schwierig. Irgendwie siegte bei uns damals das Mitleid, und wir gaben ihr einen Job. Die Kollegen kümmerten sich rührend um sie und auch um ihre Familie. Einige Zeit danach gab es eine gravierende Flaute im Geschäft, um nicht zu sagen einen Einbruch. Wir mussten mit etlichen Mitarbeitern Gespräche wegen möglicher Trennungen führen. Wir führten *kein* solches Gespräch mit Frau Vogel – was sie aber nicht davon abhielt, ausgerechnet in dieser Situation direkt zum Arbeitsgericht zu marschieren. Ich fiel aus allen Wolken, wie Sie sich vielleicht vorstellen können. Ich fragte Frau Vogel, warum sie denn um Himmels willen nicht einmal direkt mit uns über ihre Befürchtung, gekündigt zu werden, gesprochen hatte, sondern stattdessen gleich schwere Geschütze in Form von Anwalt und Arbeitsgericht auffuhr. Sie machte sich nicht einmal die Mühe, darauf konstruktiv oder auch nur angemessen zu antworten. Für sie lag der Fall auf der Hand: Wir hätten sie ausgebeutet, völlig klar, und jetzt, wo es schwierig würde, sei es unser einziges Ziel, sie so schnell wie möglich wieder loszuwerden. Kein vernünftiges Wort war mit ihr mehr zu wechseln, keine Verständigung mehr möglich. Wir hatten wirklich den Eindruck, dass sie jetzt destruktiv agierte, selbst wenn wir noch so kritisch unseren Umgang mit dieser Mitarbeiterin reflektierten.

Ein anderes Beispiel fällt mir dazu noch ein: Wir organisieren Events, zu denen regelmäßig Tausende Besucher kommen. Vor einigen Jahren stellten wir einen neuen Geschäftsführer für diesen Bereich ein. Unter anderem auch deshalb, weil dieser anbot: »Wenn es irgendwelche Probleme oder Ärger geben sollte: Ich bin sofort weg. Ihr müsst mir lediglich signalisieren, dass Ihr unzufrieden seid mit dem, was ich tue, und Ihr seht mich nur noch von hinten. Ich habe in meinem letzten Job eine so gute Abfindung bekommen, dass ich es mir leisten kann, auch ein paar Monate auf Arbeitssuche zu sein. Ich hätte diesen Job bei euch sehr, sehr gerne, er wird mir großen Spaß machen – gebt mir einfach diese Chance.«

Also wurden wir uns einig. Schon drei Monate später war klar, dass dieser neue Geschäftsführer der größte Fehlgriff war, den wir nur hatten machen können. Gut, dachten wir uns, das war ein Missgriff, kann jedem mal passieren, dann suchen wir uns eben einen neuen Kandidaten für den Posten, schließlich hatte der jetzige Stelleninhaber ja versprochen, dass er sofort das Feld räumen würde, wenn wir auch nur andeutungsweise unzufrieden mit ihm sein würden. Womit wir in der Tat nicht gerechnet hatten, war das dicke Ende, das dann kam. Der Geschäftsführer zog nämlich – entgegen seiner vorherigen Beteuerungen – unverzüglich vor Gericht. Was folgte, war ein langer, lästiger Prozess vor dem Arbeitsgericht, der damit endete, dass wir ihm eine saftige Abfindung bezahlen mussten. Und damit nicht genug: In seiner kurzen Zeit bei uns hatte er noch einen persönlichen Assistenten für sich eingestellt – und diesen sind wir tatsächlich erst ein Jahr später losgeworden. Auch er hatte es verstanden, das Maximum an Leistungen für sich herauszuschlagen. Meine bittere Erfahrung also ist: von C-Mitarbeitern Dankbarkeit zu erwarten – vergessen Sie es einfach. Am besten gleich jetzt.

Bleiben wir noch einen Moment auf der Ebene des Unternehmens. Kennen Sie Friedrich Hanssmann? Er ist emeritierter Professor für Systemforschung an der Ludwig-Maximilians-Universität München, befasst sich ebenfalls mit den Fragen der A-, B- und C-Mitarbeiter und gibt mir immer wieder wichtige Impulse für meine Überlegungen dazu. Er sagte einmal: »Solange man das Überleben eines Unternehmens für ethisch wünschenswert hält, muss man auch zugestehen, dass es ethisch nicht nur vertretbar, sondern geradezu geboten ist, dass der Unternehmer ständig nach Quellen der Unwirtschaftlichkeit sucht und diese ausschaltet.« Mit anderen Worten: Wer es zu unternehmerischem Erfolg bringen will, wird keine andere Chance haben, als dieses Thema konsequent anzugehen.

Vogel-Strauß-Politik in der Personalabteilung

Jeder weiß eigentlich, was los ist. Jeder weiß, dass C-Mitarbeiter kontraproduktiv sind, und zwar auf allen Ebenen. Sie aber offen zu benennen, es auszusprechen, welchen Schaden sie anrichten, den Finger in die Wunde zu legen, das Gespräch zu suchen und sich im Zweifel mit Betriebsrat und Gericht herumzuschlagen – das bringen die wenigsten fertig. Die meisten Unternehmen gehen in diesen Fällen den Weg des geringsten Widerstands, verstecken sich hinter mildtätigen Aussagen – »Wir gehen nicht so hart mit unseren Mitarbeitern um!« –, was sich in Wirklichkeit aber als der viel härtere Weg entpuppt, denn auf ihm marschiert das Unternehmen geradewegs ins Aus.

Eines ist klar: Bevor man seinen Umgang mit C-Mitarbeitern systematisch überprüft und auf neue Füße stellen kann, muss man analysieren, wer denn eigentlich die C-Mitarbeiter in einem Unternehmen sind. Dazu habe ich Ihnen schon im letzten Kapitel den Leistungsbewertungsbogen vorgestellt, den leider immer noch viel zu wenig Unternehmen in Deutschland einsetzen. Was ihre Prozesse angeht, da diskutieren die Unternehmen um das kleinste Staubkorn – da wird bis in den letzten Winkel analysiert, gemessen und bewertet. Im

Vertrieb, im Marketing, überall werden die Dinge quantifiziert und optimiert, in einem nicht endenden Strom der Wertschöpfung. Sie können reingreifen, wo Sie wollen: Überall gibt es Charts und Auswertungen. In einem Bereich fehlt das jedoch völlig. Fragen Sie mal einen Personaler: »Wie viele A-Mitarbeiter haben Sie denn im letzten Jahr eingestellt?«, und er wird Ihnen die Antwort schuldig bleiben, jede Wette. Er weiß auch keine Antwort auf die Frage nach seiner »Trefferquote«: Er weiß nicht, wie viele von den Mitarbeitern, die er eingestellt hat, zur Kategorie A gehören, und er weiß auch nicht, wie viele von den Mitarbeitern, die befördert wurden, A-Mitarbeiter sind. Im Personalbereich herrscht diesbezüglich nur eins: Blindheit.

Hat ein Unternehmen diese Analyse allerdings geleistet, dann könnte es auch seine C-Mitarbeiter benennen und den Umgang mit ihnen bewusst und konsequent gestalten. Aber auch hier: Fehlanzeige. Vogel-Strauß-Politik überall. Warum ändern die Unternehmen das nicht? Da ist zunächst einmal die Angst vor dem Betriebsrat. Schnell verlagern sich Konflikte von der Sachebene auf die Ebene institutioneller Macht. Und für Verhandlungen mit dem Betriebsrat braucht man dann Verhandlungsmasse. Da bleibt eben mal ein C-Mitarbeiter im Unternehmen, wenn man dafür im Gegenzug durchsetzen kann, dass der Rest der Belegschaft Überstunden machen darf: Alltag in unseren Unternehmen und wahrhaft traurig.

Hinzu kommt: Für jeden Führungsverantwortlichen ist es viel schöner, Menschen einzustellen, sie in Lohn und Brot zu bringen, ihnen einen Arbeitsplatz anbieten zu können, als sie wegen schlechter Leistungen zur Rede zu stellen und wieder entlassen zu müssen. Jemandem sagen zu müssen »Wir sind finanziell am Ende und müssen Sie jetzt leider entlassen!« ist sehr schwierig, das sei Ihnen versichert, wenn Sie es nicht selbst schon wissen. Das kostet viel Kraft – nicht zuletzt, weil sich das Ganze einige Zeit hinzieht. Das geht ja meistens nicht Knall auf Fall, so nach dem Motto »Sie sind gefeuert, hier sind Ihre Sachen, lassen Sie bitte die Karte für die Tiefgarage hier, und tschüs.« Im normalen Arbeitsleben sieht es eher so aus, dass man ein erstes Gespräch mit dem Mitarbeiter führt, in dem ihm gesagt wird, dass die Lage schwierig ist und man sich von ihm trennen möchte. Dann vereinbart man einen weiteren Termin mit ihm, in dem die Details ausgehandelt werden und in dem der Mitarbeiter das verkündet, was er mittlerweile von seinem Anwalt erfahren hat. Und so weiter. Dieses Prozedere kann sich über einen langen Zeitraum erstrecken und ist schlicht und einfach schwierig. Deshalb kneifen so viele Führungskräfte und Unternehmer davor. Bei etlichen mag auch der Gedanke aufkommen: »Ach, na ja, jetzt warten wir halt einfach mal ab, wie sich die Dinge entwickeln, das geht ja immer so schnell heutzutage, und vielleicht haben wir bald ein Aufgabengebiet, das besser zu diesem C-Mitarbeiter passt, und da wäre es ganz schön dumm, wenn er nicht mehr hier wäre ... «

Dabei hat es so viele Vorteile, C-Mitarbeiter und ihre Minderleistung klar zu benennen – schon allein aus Gründen der »Krisenvorsorge«! Wenn nämlich eine Krise kommt und mit ihr die leidigen Trennungsgespräche, dann ist es sehr von Vorteil, wenn ein C-Mitarbeiter schon einmal gehört hat, dass er ein C-Mitarbeiter ist. Ansonsten fällt er aus allen Wolken, wenn er hört, dass er sich ja schon immer durch schlechte Leistungen hervorgetan habe und deshalb jetzt auch bitte schön der erste sei, den man zu entlassen gedenke.

In unserem Haus schreiben wir nach der jährlichen Mitarbeiterbeurteilung Briefe an unsere Mitarbeiter. Der A-Mitarbeiter bekommt einen A-Brief, der B-Mitarbeiter erhält einen B-Brief und der C-Mitarbeiter einen C-Brief. *Unter* *www.die-personalfalle.de finden Sie kostenlos drei Musterbriefe.*

Rigoros, aber nicht rücksichtslos

Wenn Sie die Problematik der Minderleistung erst einmal für sich durchdacht und vor allem durchschaut haben und das Thema »Umgang mit Beschäftigten der Kategorie C« offensiv angehen, dann kann ich Ihnen nur raten: Bleiben Sie dran. Treiben Sie es voran. Ziehen Sie es nicht unnötig in die Länge. Viele Unternehmen schreiben beispielsweise erst einmal die üblichen drei Abmahnungen an die betreffenden Beschäftigten. Aber: Abmahnungen zu verfassen ist ein ziemlich komplexes Geschäft. Da gibt es viele, viele Regeln, die man beachten muss. So kann es zum Beispiel auch »schädlich« sein, wenn Sie Beschäftigte »zu oft« abmahnen(!). Das Formulieren einer wasserdichten Abmahnung ist eindeutig etwas, was man den Arbeitsrechtlern überlassen sollte. Oder Sie machen es wie mein Unternehmerkollege. Der schreibt zwar eine Abmahnung, lässt dann jedoch den Abzumahnenden in sein Büro kommen. Dort wird über den Fehltritt gesprochen. Anstatt jetzt jedoch die berühmte Kopie über den Tisch zu reichen, legt der Unternehmer die Abmahnung in die unterste Schublade seines Schreibtischs. Sein erklärender Hinweis: »Ich werde diese Abmahnung nicht in Ihrer Personalakte ablegen. Sie bleibt in dieser Schublade bis zum Jahresende. Dann, wenn nichts mehr vorgefallen ist, werde ich diese Abmahnung vernichten. Niemand wird hierüber etwas erfahren. Sollte allerdings noch einmal etwas vorfallen, dann hole ich die Abmahnung raus, und wir machen ›kurzen Prozess‹«.

Bei uns haben wir die Losung ausgegeben: keine Abmahnungen mehr für die Beschäftigten. Wir haben es satt, unsere Energie in derlei Anstrengungen zu stecken – völlig sinn- und nutzlos. Unsere gute und positive Energie brauchen wir nämlich an ganz anderen Stellen. Wir kommen stattdessen schnell auf den Punkt. Wenn das Ende der Fahnenstange erreicht ist, dann wird der Mitarbeiter davon in Kenntnis gesetzt, wir bieten ihm noch eine Abfindung an. Nimmt er diese an, ist das Thema schnell erledigt. Das war's. Punkt. Ende. Aus.

Das kommt Ihnen zu hart vor? Dabei war das noch gar nicht alles, was wir in solchen Fällen aufbieten müssen! Ganz hart wird es nämlich erst dann, wenn sich herausstellt, dass der gekündigte Mitarbeiter auf einmal zu einer nie gekannten Höchstform aufläuft. Das gibt es nämlich durchaus, und das noch nicht einmal selten. Da fragt man sich dann natürlich schon: »Hm. War das jetzt richtig, die Kündigung auszusprechen? Der zeigt auf einmal einen solchen Einsatz, eine solche Energie, das ist ja nicht zu fassen!« Glauben Sie mir: Diese Zweifel an der eigenen Wahrnehmung, die sind richtig hart. Ich kann Ihnen in solchen Situationen nur raten: Bleiben Sie standhaft. Geben Sie diesen Zweifeln keinen Raum. Führen Sie sich immer wieder vor Augen, welche Vorkommnisse und Verfehlungen zu Ihrem Entschluss geführt haben. Die kann ein Mitarbeiter nicht ungeschehen machen, selbst wenn er sich angesichts seines Rauswurfs noch mal so richtig ins Zeug legt. Das hätte ihm einfach ein bisschen früher einfallen müssen. Die Devise heißt: My Way or the Highway, nach wie vor, das kennen Sie ja schon aus Kapitel 1. Sie behalten die Zügel in der Hand, und deshalb bestimmen Sie, wo es langgeht.

Es geht aber noch eine Stufe härter: Wenn Sie sich nämlich von einem Mitarbeiter tatsächlich in Unfrieden trennen, wenn alle Ihre fairen Angebote wie beispielsweise eine Abfindung nichts genützt haben und Sie sich tatsächlich vor dem Arbeitsgericht wiederfinden, dann kann es passieren, dass der Mitarbeiter kleine, hässliche Racheakte vollzieht. Auf einmal verschwinden Daten vom zentralen Server, werden Maschinen gezielt außer Gang gesetzt, Kundenanfragen vernichtet und dergleichen mehr.

Aber selbst dann: Bleiben Sie hart, aber fair. Seien Sie rigoros – und nicht rücksichtslos. Versuchen Sie alles, damit der direkte Draht zwischen Ihnen und Ihrem Mitarbeiter nicht abreißt. Sobald Sie beginnen, sich hinter Anwälten und Richtern zu verschanzen, wird es unschön und kostet zu viel Zeit und Energie. So viel steht fest: Die Dinge so klar, transparent und konsequent anzugehen, erfordert viel mehr Mut und menschliche Reife als ein Kleinkrieg um Abmahnungen, Formulierungen in Zeugnissen, kleinliche Racheakte und dergleichen.

Und noch etwas ist klar: Derjenige, der durch das ganze Trennungsprozedere mehr strapaziert wird, ist eindeutig der Chef, nicht der Mitarbeiter. Mitarbeiter mit einer Kündigung zu konfrontieren, das ist hart – viel härter, als sich so manch einer das vorstellen mag. Ich kenne genügend Führungskräfte und Unternehmer, die solche Gespräche als etwas einstufen, was sie in ihrer Karriere am liebsten gar nicht erleben wollen. Es geht ihnen zu sehr an die Substanz. Nicht wenige sagen zu mir: »Wenn ich gewusst hätte, dass ich mal so etwas machen muss, dann hätte ich mir das vielleicht noch einmal überlegt mit dem Unternehmertum!« Wie gesagt: Jemanden einzustellen, macht glücklich. Jemanden wieder vor die Tür setzen zu müssen, ist die Hölle. Deshalb kann ich auch nur zu gut verstehen, dass viele Führungskräfte und Unternehmer diesen Schritt scheuen. Aber es hilft alles nichts: Dafür sind Sie Chef, dass Sie genau solche Aufgaben bewältigen müssen. Punkt.

Bleiben Sie konsequent!

Was mir hier also noch bleibt, ist, Ihnen einige Tipps mit auf den Weg zu geben, wie Sie ein Kündigungsgespräch so gestalten, dass Sie hinterher noch in den Spiegel schauen können und auch nicht zum Therapeuten laufen müssen. Wichtigste Regel: Begegnen Sie Ihrem Mitarbeiter auf Augenhöhe. Machen Sie sich immer bewusst: Jeder Mensch ist ein einzigartiges Wesen – in meinem Glauben ein Geschöpf Gottes – und deshalb mit Würde zu behandeln. Gehen Sie davon aus und sagen Sie auch Ihrem Mitarbeiter, dass Sie beide auf jeden Fall eine Einigung finden werden, die Ihrem Mitarbeiter weitestmöglich entgegenkommt. Vereinbaren Sie, die Angelegenheit friedlich zu regeln – weil Ihnen nicht nur Ihre eigene Energie, sondern auch die Ihres Mitarbeiters wichtig ist. Stellen Sie sich vor, dass Sie diesen Mitarbeiter auch in Zukunft am Wochenende immer wieder einmal beim Einkaufen treffen werden – und dass Sie sich dann nicht peinlich berührt hinter dem Nudelregal verstecken wollen, sondern ihm die Hand reichen und ihn fragen, wie es ihm geht, und gemeinsam mit ihm über vergangene Zeiten plaudern wollen.

Und halten Sie sich immer eines vor Augen: Man sieht den Menschen nicht an, ob sie A-, B- oder C-Mitarbeiter sind. Machen Sie sich also keine Vorwürfe, wenn Sie Mitarbeiter eingestellt haben, die sich hinterher als B- oder C-Mitarbeiter entpuppen. Seien Sie aber klar, konsequent und streng, wenn es zu einem späteren Zeitpunkt darum geht, diese Mitarbeiter zu identifizieren, zu fordern und gegebenenfalls wieder zu entlassen. Sicher: Das ist hart. Aber viel härter ist es, nichts zu tun und den Dingen ihren Lauf zu lassen. Denn dann haben Sie keine Kontrolle mehr über die Situation, dann schnappt die Falle zu.

Kapitel 9

Warum Not wählerisch machen sollte

»Maschinenbau droht Job-Kahlschlag!«, »Exportrate bricht ein!«, »Kampf gegen die Rezession«, »Deutsche Unternehmen verschärfen den Sparkurs« – in Krisenjahren sind die Medien voll von derlei Sätzen. Keine Frage: Krisenzeiten sind Notzeiten, und schlimmstenfalls beginnt für ein Unternehmen dann der Countdown zum Ende – der Letzte macht das Licht aus. Was aber haben die Unternehmen bis dahin unternommen? Wie begegnen sie den Herausforderungen der Krise? Was tun sie, bevor die Lichter ausgehen, wie reagieren sie, wenn Aufträge wegfallen und Umsätze einbrechen? Sehen wir es uns an.

Zuerst einmal laufen sie zur Bank. Bitten darum, dass ihre Kredite verlängert, erweitert, verbreitert werden. Die Kurzsichtigkeit dieser Art von Krisenbewältigung ist so augenfällig, dass ich mich immer wieder frage: Warum machen die das bloß? Schließlich ändert kurzfristige Liquidität nichts – sie macht ein Unternehmen weder krisenfest noch zukunftsfähig. Frisches Geld ist bestenfalls dazu geeignet, die ärgsten Löcher zu stopfen, und zögert die Problemlösung schlimmstenfalls weiter hinaus. In anderen Worten: Statt unliebsame (Personal-)Entscheidungen zu treffen, werden diese verschleppt, lieber wird frisches Geld beschafft.

Als Nächstes müssen Weihnachts- und Urlaubsgeld der Mitarbeiter dran glauben – falls es derlei überhaupt noch gibt. Als Übernächstes die jährlichen Lohnerhöhungen. Der Effekt ist ähnlich wie bei den Krediten der Bank: kurzfristige Erleichterung, gefolgt von erneuter Schockstarre. Obendrein zieht die Geschäftsleitung den Zorn der Belegschaft auf sich, die hier die Zeche bezahlen soll. Dieser Zorn schlägt dann schnell in Frust um und mündet irgendwann in die innere Kündigung der Mitarbeiter.

Dann fällt den Unternehmen ein: Strategie! Neue Produkte! Da war doch mal was. Wie ging das doch gleich mit dem Blue Ocean? Wir müssen im Kampf gegen die Wettbewerber in ein Geschäftsfeld vorstoßen, das noch kein anderer besetzt hat! Innovation, Innovation, Innovation! Darüber ignorieren solche Unternehmen völlig, dass es Unsummen kostet, neue Dienstleistungen oder Produkte zu entwickeln – Geld, das sie ja in der Not nicht haben.

Bei all diesen Szenarien zur Krisenbewältigung vergessen viele Unternehmen den wirksamsten und effizientesten Hebel, den sie direkt vor ihrer Nase haben – und der sie nicht nur geradewegs aus der Krise befördern würde, sondern sie auch nahezu immun gegen die nächste Krise machen könnte: die Qualität ihrer Mitarbeiter. Halt – ich weiß, was Sie jetzt denken: Was nützt es einem, auf die Qualität der Mitarbeiter zu achten, wenn man doch gerade in der Zeit der Not nicht im Entferntesten daran denken kann, neue A-Mitarbeiter einzustellen? Ich sage Ihnen dazu: Selbst wenn Ihnen das Wasser schon bis zum Hals steht, haben Sie noch eine Wahl. Der C-Mitarbeiter, den Sie heute – ja, genau, heute! – nach Hause schicken, ist sofort ein Gewinn für Sie. Denn er kann nichts mehr zerstören und torpedieren. Keine Maschinen, keine Produkte, keine Dienstleistungen und erst recht nicht die in langen Jahren aufgebauten guten Beziehungen zu Ihren Kunden. Und ich verspreche Ihnen: Kundenbegeisterung ist von heute auf morgen machbar, und sie kostet keine halbe Million Euro, so wie die Entwicklung eines neuen Produkts oder die Umsetzung einer neuen Strategie. Sicher: Abfindungen für C-Mitarbeiter kosten auch Geld. Aber in keinem Bereich Ihres Unternehmens gelingt Ihnen ein Turnaround so schnell wie beim Personal.

So bezwingen Sie den Eisberg!

In der Not kommt es also auf die Menschen an, die Sie an Bord haben. Ist die See glatt, kann ein Schiff mit einer miserablen Mannschaft gemächlich vor sich hin dümpeln, und es wird doch noch irgendwann den Hafen erreichen. Wenn allerdings ein Sturm aufkommt, die Wellen über das Deck hereinbrechen und nicht nur jede Hand, sondern auch jeder Kopf dringend gebraucht wird, dann sind Sie mit einer miserablen oder auch nur durchschnittlichen Mannschaft verloren und gehen sang- und klanglos unter. Um dieses Bild noch ein bisschen weiter auszumalen: Mit der »Wikinger-Methode« beispielsweise ist blinde Gefolgschaft möglich, mehr aber auch nicht. Wikinger-Methode? Stellen Sie sich doch einfach mal ein Wikingerschiff vor. Rumpf, Deck, Segel, Ruderer, fertig. Alles ist wohlgeordnet und im Gleichschlag. Man sucht sich einen guten Führer und vertraut darauf, dass alles gutgeht. Die einzelnen Ruderer auf dem Schiff aber haben nichts zu melden. Sie haben zu rudern. Neue Länder und Märkte erobert man so nicht. Sie ahnen es: ein Umfeld, in dem sich C-Mitarbeiter durchaus wohlfühlen können.

Bei der »Titanic-Methode« sieht das Szenario schon ein wenig differenzierter aus. Es gibt ausgeklügelte Organisationspläne und Stellenbeschreibungen. Alles wird bis ins kleinste Detail vorausgeplant, damit später mit Sicherheit nichts schiefgehen kann. Viele unserer Großunternehmen funktionieren so. Es gibt keinen nennenswerten Unterschied zur Beamtenbürokratie. Eins ist klar: Auch mit dieser Methode kommen Sie durch keinen Sturm, geschweige denn an einem Eisberg vorbei. Sie ahnen es: ein ideales Umfeld für B-Mitarbeiter.

Aber die »Kolumbus-Methode« – die scheint krisentauglich: Jeder Mitarbeiter erhält einen eigenen Kompass und wird im Umgang mit diesem Instrument unterrichtet. Alle an Bord lernen, mit Wind und Wellen umzugehen. Jeder kennt die Möglichkeiten, die er in schwierigen Situationen hat, und weiß, was von ihm gefordert ist. Jeder einzelne Mitarbeiter zeigt echtes, unternehmerisches Engagement. Man hat sich vorher auf ein Ziel geeinigt. Alle sind jederzeit in der Lage, die eigene Position zu bestimmen und Abweichungen zu bewerten: »Wo sind wir im Moment?« und »Wie steuern wir weiter?«

Wer mit einer solchen Kolumbus-Mannschaft in raue See gerät, der muss nicht befürchten, dass das Schiff kentert – und zwar deshalb nicht, weil er schon von vornherein dafür gesorgt hat, dass die Mannschaft aus Spitzenkräften besteht und gut ausgebildet ist. Zunehmende Schnelligkeit und Komplexität lassen sich eben nur eigenverantwortlich regeln. Sie ahnen es schon: ein ideales Umfeld für A-Mitarbeiter.

Abbildung 4: Unterschiedliche Methoden der Unternehmensführung

Die »Wikinger-Methode«
Ideal für C-Mitarbeiter

Die »Titanic-Methode«
Ideal für B-Mitarbeiter

Die »Kolumbus-Methode«
Ideal für A-Mitarbeiter

Alles ist wohlgeordnet und im Gleichschlag. Man sucht sich einen guten Führer und vertraut darauf, dass alles gutgeht. Die Einzelnen auf dem Schiff haben aber nichts zu melden. Sie haben zu rudern.

Es gibt ausgeklügelte Organisationspläne und Stellenbeschreibungen. Alles wird bis ins kleinste Detail vorausgeplant, damit später mit Sicherheit nichts schiefgehen kann.
Viele unserer industriellen Monster funktionieren so. Es gibt keinen großen Unterschied zur Beamtenbürokratie.

Jeder Mitarbeiter erhält selber einen Kompass und wird im Umgang mit diesem Instrument unterrichtet. Jeder auf dem Schiff lernt, mit Wind und Wellen umzugehen. Er kennt die Möglichkeiten in bestimmten Situationen und weiß, was von ihm gefordert ist. Jeder Mitarbeiter zeigt echtes unternehmerisches Handeln.
Man hat sich vorher auf ein Ziel geeinigt. Ständig ist jeder in der Lage, die eigene Position zu bestimmen und Abweichungen zu bewerten: »Wo sind wir im Moment?«, »Wie steuern wir weiter?«

Viele deutsche Unternehmen scheinen von der Kolumbus-Methode leider wenig zu halten, erst recht in Krisenzeiten, in denen es ja noch viel mehr als sonst darauf ankommt, eine Topmannschaft zu haben.

Vor kurzem sprach ich mit dem Direktor eines großen deutschen Arbeitsamtes. Er sagte zu mir: »Ich habe die Taschen voller Geld – für Qualifizierungsmaßnahmen von Mitarbeitern. Es sind Millionen, und ich bekomme sie nicht los! Ich gehe von Unternehmen zu Unternehmen und spreche mit den Chefs: ›Lieber Chef‹, sage ich zu ihnen, ›welchen deiner Mitarbeiter können wir weiterbilden? Ich bin bereit, ihn ein halbes Jahr oder sogar ein Jahr aus deinem Betrieb herauszunehmen, ihn in ein Schulungszentrum zu schicken und ihn dir in einem Jahr top ausgebildet und mit Prädikaten versehen wieder zu präsentieren, und es kostet dich überhaupt nichts!‹ Und wissen Sie, was die Chefs dann antworten? Sie sagen: ›Lieber Arbeitsamtsdirektor, lassen Sie mich mit so was in Ruhe, hier herrscht gerade eine Krise, und wir haben wahrlich Wichtigeres zu tun, als über die Qualifikation unserer Mitarbeiter nachzudenken.‹ Und so kommt es, Herr Knoblauch, dass ich immer noch mit meinen Millionen in der Tasche von Firma zu Firma ziehe und sie einfach nicht loswerde.« Eine schier unglaubliche Geschichte, finden Sie nicht? Leider Wort für Wort wahr.

Ich halte dagegen: *Personal* ist der Hebel, den Unternehmen in die Hand nehmen sollten, wenn sie erfolgreich sein wollen, wenn sie wachsen wollen, und erst recht, wenn sie sicher und nachhaltig durch eine Krise steuern wollen. Cost Cutting, Prozessoptimierung, Verschlankung, Kurzarbeit – alles gut und schön. Es nützt nur nicht viel und vor allem nicht auf Dauer, solange nur B- und C-Mitarbeiter an Bord sind.

Wer dies nahezu mustergültig in die Tat umgesetzt hat, ist – wieder einmal – Porsche. In Kapitel 6 habe ich Ihnen schon berichtet, wie sich die deutschen Autobauer von den japanischen Produktionsmethoden inspirieren ließen. Ich möchte an dieser Stelle noch einmal darauf zurückkommen und Ihnen etwas genauer von der wundersamen Rettung von Porsche erzählen. Als Einstieg dazu eignet sich nichts besser als ein Ausschnitt aus dem Buch *Lean Thinking* von James P. Womack und Daniel T. Jones. Der liest sich so:

Am 27. Juli 1994 passierte etwas Bemerkenswertes in der Montagehalle von Porsche in Stuttgart. Vom Band rollte ein Porsche Carrera, und dieser Porsche hatte keinen einzigen Fehler mehr. Die Armee von blaugekleideten Handwerkern im weiträumigen Nachbesserungsbereich konnte eine Pause einlegen, denn zum ersten Mal seit 49 Jahren gab es für sie nichts mehr zu tun. Dies war das erste fehlerfreie Auto, das jemals von einem Porsche-Band rollte oder aus der früheren Werkbank-Montage hervorgegangen ist.

Das soll nicht heißen, dass bis dahin nie ein perfekter Porsche an einen Kunden ausgeliefert worden wäre … Porsche und seine Belegschaft [waren] Meister im Nacharbeiten und Korrigieren. Daher war das Produkt, das am Ende den Kunden erreichte, ähnlich frei von Fehlern und Problemen wie bei den Klassenbesten Mercedes und Lexus. Das Problem von Porsche waren die Kosten, die Porsche für seinen historisch gewachsenen Weg zur Perfektion aufwenden musste.

Die Autoren erzählen dann auf 30 spannenden Seiten, wie es Wendelin Wiedeking geschafft hat, Porsche zu retten – denn nicht mehr oder weniger war es, was er tat. Porsche steckte in einer tiefen Krise. Durch den stark gesunkenen US-Dollarkurs hatte das Unternehmen im Geschäftsjahr 1991/1992 nur 23 000 Autos verkauft und ein Jahr später einen Verlust von 240 Millionen D-Mark bilanzieren müssen. Wiedeking ergriff damals drastische Maßnahmen: Er engagierte japanische Berater, die direkt von Toyota kamen. Mit ihrer Hilfe gelang es ihm, innerhalb sehr kurzer Zeit die Fertigungseffizienz durchschlagend zu verbessern. Hatte die Montagedauer für einen Porsche 911 bis 1992 noch 30 Tage und der Herstellungsaufwand 120 Stunden betragen, so belief sich die Montagedauer ab 1996 nur noch auf 3 Tage, und der Herstellungsaufwand betrug nur noch 45 Stunden. Sensationell auch die Fehlerquote in den Zulieferteilen, gemessen in parts per million (ppm): Sie lag bis 1992 bei 10 000 (von einer Million Teile waren 10 000 fehlerhaft), ab 1996 nur noch bei 100. Und falls Sie jetzt denken, dass das mit Sicherheit an einem veränderten, einfacheren Design gelegen haben mag: Fehlanzeige. Während der relevanten vier Jahre wurde das Design des Porsche 911 kein bisschen verändert. Alle Verbesserungen beruhten also auf der Optimierung der Fertigungsorganisation – aber vor allem auf der ganz speziellen Schulungs- und Entwicklungsphilosophie, die Porsche von den Toyota-Beratern lernte.

Bei Toyota herrschte nämlich die Devise: »Wir entwickeln nicht nur Autos, wir entwickeln auch Menschen.« Alles, was sich dort in der Produktion ereignete – Qualitätsmängel, Neuentwicklungen, Verbesserungsprozesse –, nahm man als Anlass für die Weiterentwicklung der eigenen Mitarbeiter. Die Manager dort begriffen sich nicht in erster Linie als Manager, sondern vor allem als Lehrer und Ausbilder. Ihr wesentliches Anliegen: außergewöhnliche Mitarbeiter zu entwickeln. Das hatte oberste Priorität und war deshalb fest im Wertegefüge des Automobilunternehmens verankert. Das heißt schlicht und ergreifend: Man tat dort nicht nur so, als ob die Mitarbeiter im Mittelpunkt stünden, sondern es war tatsächlich so. Man wusste und lebte, dass jeder einzelne Beschäftigte, ganz egal ob Fließbandarbeiter, Ingenieur oder Führungskraft, für den Erfolg des Unternehmens mit verantwortlich war. Und weil das Unternehmen sich ja aus kleinsten Verhältnissen in einer sehr ländlich geprägten Gegend entwickelt hatte, griff man, um diese Haltung zu beschreiben, auch gerne auf das Bild des Säens und Erntens zurück: Nur wer die besten Samen und Keimlinge auswählt und sie dann anschließend hegt und pflegt, wässert und düngt, wird eine reiche Ernte einfahren können. Wohlgemerkt: Es reicht nicht, nur die besten Samen auszuwählen. Hege und Pflege gehören dazu.

Um es kurz zu machen: Porsche hat seine Lektion gelernt. Mitte der neunziger Jahre war das Unternehmen zum rentabelsten Automobilhersteller der Welt aufgestiegen. Man kann also durchaus sagen: Die Krise war nötig. Ohne Krise wäre man vermutlich nicht auf die Idee gekommen, irgendetwas am alten Schlendrian zu ändern.

Übrigens: Auch der inzwischen verstorbene deutsche Unternehmer Reinhard Mohn stieß immer wieder in dieses Horn. Er sagte beispielsweise, dass seine Erfolge nur darauf beruhten, dass es immer wieder Krisen gab, die er in den Vordergrund seines Schaffens und Wirkens gestellt habe. Was er hasste, war die Bequemlichkeit der Erfolgreichen, die sich auf ihren Lorbeeren ausruhen. Und deshalb nahm er jeden kleinsten Fehler, den er irgendwo aufspürte, zum Anlass, in den Betriebsversammlungen ein Feuer anzuzünden und seinen Mitarbeitern ordentlich einzuheizen. »Wir müssen kämpfen!« lautete die Devise, die er dann ausgab. Und wenn schon keine echte Krise da war, dann »inszenierte« er eben eine, weil er wusste, dass dann ungeahnte Reserven mobilisiert werden konnten. Da musste dann schon mal eine Druckmaschine herhalten, die vielleicht nicht ganz so reibungslos lief wie geplant – an und für sich ja kein Drama, man kann aber durchaus eines daraus machen und diese Druckmaschine dann zum Aufhänger nehmen, um sich zu fragen: Was läuft denn hier eigentlich noch alles schief?

Das Feld von hinten aufrollen

Es geht also darum, nicht nur in guten, sondern vor allem in schlechten Zeiten A-Mitarbeiter zu rekrutieren – und zwar *nur* A-Mitarbeiter! Und es gibt *eine* Branche, die das immer wieder durchexerziert, sprich: sehr, sehr wählerisch in Sachen Mitarbeiterrekrutierung ist, und das ist die Beraterbranche. Wer bei McKinsey, Boston Consulting, Accenture und den anderen großen Häusern einsteigen will, der muss es wirklich draufhaben. Von 100 Menschen, die den Job machen könnten, die also alle fachlichen und menschlichen Vorgaben und Kriterien erfüllen, stellt McKinsey beispielsweise nur einen einzigen Bewerber ein. Bei einem amerikanischen Finanzdienstleister geht man da sogar noch weiter: Hier ist es nur einer unter 1 000, der einen der begehrten Beraterjobs erhält. Die Kollegen dort treiben also die Maxime »Stellt nur A-Mitarbeiter ein!« vollends auf die Spitze.

Na toll, mögen mittelständische Unternehmer da einwenden. Was hat das denn mit meiner täglichen Realität zu tun, was die McKinseys dieser Welt tun? Und überhaupt: Wohin deren Treiben so führen kann, hat man ja nun auch gesehen. Die rauschen in irgendein Unternehmen rein, krempeln alles um, malen schöne Flipchart-Bildchen, hinterlassen eine horrende Rechnung, und am Ende bleibt doch alles beim Alten – vielen Dank auch! Warum soll ich mir ausgerechnet an denen ein Beispiel nehmen? Der Punkt ist: Um die Wirksamkeit der Methoden der Berater geht es mir hier gerade gar nicht. Es geht mir vielmehr darum, dass diese Beratungsunternehmen extrem erfolgreich sind. Schließlich können sie ihre »horrenden« Honorare ja am Markt durchsetzen, das heißt, sie finden genügend Unternehmen, die diese Honorare zahlen. Und warum sind sie so extrem erfolgreich und profitabel? Klarer Fall: weil sie die erste Riege der A-Mitarbeiter einstellen. Denn nur mit diesen Topleuten lassen sich die Probleme der Unternehmen landauf, landab überhaupt in Angriff nehmen – und das machen Unternehmensberatungen nun mal den ganzen Tag. Das ist ihr Job. Sie haben sich entschlossen, den wirkungsvollsten Hebel zu nutzen, den ein Unternehmen hat, und das sind nun mal die Mitarbeiter. Exzellenz zählt. Nichts sonst.

Wer schlau ist, geht gerade in unruhigen Zeiten auf A-Mitarbeiterfang. Denn in solchen Phasen sind natürlich mehr Talente auf dem Markt – schließlich gibt es Firmen, die von der Krise so gebeutelt werden, dass sie nicht mehr anders können, als auch ihre A-Mitarbeiter an die Luft zu setzen. Und die sind genau dann zu haben, und das auch noch zu günstigen Konditionen. In Krisenzeiten werden die Karten neu gemischt. Und dann bewirbt sich auch ein hoch qualifizierter Ingenieur, der gerade von einem großen Automobilkonzern an die Luft gesetzt werden musste, schon mal bei einem kleinen mittelständischen Betrieb. Wer als Unternehmer klug ist, nutzt diese Chance – und stimmt nicht in die Untergangsgesänge der anderen mit ein. Wenn dann der nächste Aufschwung kommt, ist er nämlich fein raus und rollt mit seinen neuen A-Mitarbeitern das Feld von hinten auf.

Das ist aber nicht der einzige Effekt, den die Einstellung eines A-Mitarbeiters zu Krisenzeiten nach sich zieht. Diese Maßnahme wirkt nämlich auch nach innen, auf den Rest der Belegschaft, insbesondere natürlich auf die C-Mitarbeiter. Denn die merken auf einmal: »Oh oh, der Firma geht's gerade nicht so gut, die Aufträge brechen weg, und jetzt haben sie uns auch noch diesen Überflieger hier vor die Nase gesetzt! Wenn das mal gutgeht…« Und so kann es durchaus sein, dass sich Ihre C-Mitarbeiter ganz unerwartet doch noch ins Zeug legen und sich vielleicht sogar zu B-Mitarbeitern entwickeln.

Die nächste Krise wartet schon

Krisen bringen also massive Veränderungen mit sich und auch große Chancen. Es gibt allerdings etwas, das während einer Krise auf keinen Fall passieren darf – und auch danach nicht: Setzen Sie Ihre Ansprüche an neue wie an alte Mitarbeiter nicht herunter! Sicher, nicht nur Krisenzeiten sind hart in Bezug auf die Mitarbeiterrekrutierung, sondern seit etlichen Jahren auch die ganz normalen, guten Zeiten: Es ist nicht leicht, A-Mitarbeiter zu finden und zu halten. Im StepStone »Talent Report 2009« ist zu lesen: »Trotz der schlechten wirtschaftlichen Nachrichten zeigte sich in der von uns durchgeführten Umfrage ... auch, dass Engpässe bei der fachlichen Kompetenz von Unternehmen sowie Schwierigkeiten beim Recruiting weiterhin andauern. 17 Prozent der Befragten erklärten, dass die Prozesse zur Einstellung und Bindung von Spitzenkräften sich ›wesentlich‹ erschweren würden, während 29 Prozent angaben, dies würde nur ›leicht‹ schwieriger.«

Der »Talent Report« ergab allerdings auch, dass 27 Prozent der Befragten die Situation mit »Es wird einfacher« oder »Es wird wesentlich einfacher« bewerteten. Wie auch immer: Selbst wenn es schwieriger wird, in guten wie in schlechten Zeiten ist eines immens wichtig: Rücken Sie nicht von Ihren Anforderungen ab! Nehmen Sie nicht einen B- oder gar einen C-Mitarbeiter, weil Sie insgeheim befürchten, keinen A-Mitarbeiter zu bekommen oder ihn sich nicht leisten zu können! In meinen Seminaren melden sich Teilnehmer regelmäßig zu Wort, die sich bitter beklagen, dass sie keinen Zugang zu A-Mitarbeitern haben. Die sind in Brot und Arbeit, sind erfolgreich und werden gefeiert. Dummerweise sind sie nicht auf Jobsuche.

Diesen Teilnehmern sage ich: Bleiben Sie dran. Verdoppeln Sie Ihre Rekrutierungsanstrengungen. Etablieren Sie ein wirksames Employer Branding. Sorgen Sie dafür, dass Ihr Unternehmen eine Sogkraft entwickelt, die es unwiderstehlich für A-Mitarbeiter macht – zum Beispiel, indem Sie Ihre bereits vorhandenen Mitarbeiter ohne Unterlass weiterentwickeln. Mehr dazu lesen Sie im nächsten Kapitel.

Noch einmal – wenn ein Unternehmer sagt: »Ich habe Wichtigeres zu tun, als mich um das Personal zu kümmern«, dann ist ihm nur entgegenzuhalten: Es gibt nichts Wichtigeres! Und wer sagt: »Krisenzeiten sind nun mal besondere Zeiten, da kann man nicht einfach so tun, als wäre alles beim Alten«, dem sei entgegnet: All das, was in der normalen Zeit gilt, gilt in Krisenzeiten erst recht! Stellen Sie sich nur einmal die Triebwerke eines Flugzeugs vor: Ohne sie kann es überhaupt nicht fliegen. Damit ein Flugzeug aber fliegen und somit seiner Bestimmung gerecht werden kann (denn für das Fahren auf Straßen sind Flugzeuge ja nicht ernsthaft vorgesehen), ist die Voraussetzung Nummer eins, dass seine Triebwerke nicht nur Topqualität haben, sondern auch regelmäßig gewartet und in Schuss gehalten werden. Das gilt schon für den ganz normalen Schönwetterbetrieb, und das gilt erst recht für die Tage, an denen Sturm aufkommt oder Gewitterzellen umflogen werden müssen. Dann ist ein Flugzeug nämlich noch mehr als sonst darauf angewiesen, dass die Technik funktioniert. Oder möchten Sie mit einem schlecht gewarteten Flieger in Turbulenzen geraten?

Mal ganz abgesehen davon: Die Ausrede, dass Krisenzeiten ja Ausnahmesituationen seien, die es rechtfertigen, dass man sich ganz anders als sonst verhält, zieht nicht mehr. Denn mittlerweile ist ja immer irgendwie Krise. Sie ist zu einem Normalzustand geworden. Haben Sie sich schon einmal mit den Kondratjew-Zyklen befasst? Sie werden auch »lange Wellen« genannt und bilden den Kern einer Theorie zur zyklischen Wirtschaftsentwicklung, die der russische Wirtschaftswissenschaftler Nikolai Kondratjew entwickelt hat. Er wies 1926 in seinem Aufsatz »Die langen Wellen der Konjunktur« nach, dass sich die weltweite Wirtschafts- und Wohlstandsentwicklung in etwa 40 bis 60 Jahre dauernden langen Wellen vollzieht. Ausgangspunkt der Wellen ist jeweils eine bahnbrechende Innovation. Durch Investition in die neue Technik entsteht ein wirtschaftlicher Aufschwung, der abflacht und in einen Abschwung mündet, sobald sich die neue Technik allgemein durchgesetzt hat und die Investitionen deswegen verringert werden. In der Phase des Abschwungs wird jedoch bereits an einer weiteren Innovation gearbeitet, die dann wieder für einen Aufschwung sorgt.

Den ersten Kondratjew-Zyklus löste die Erfindung der Dampfmaschine aus, er dauerte ungefähr von 1780 bis 1849. Der zweite Kondratjew-Zyklus von etwa 1840 bis 1890 wurde durch die Erfindung der Eisenbahn ausgelöst, der dritte, 1890 bis 1940, von der Nutzbarmachung der Elektrizität. Den Beginn des vierten Zyklus' (1940–1990) schließlich markierte die Verbreitung des Automobils, und der fünfte, Sie ahnen es, ist im Wesentlichen gesteuert durch die Entwicklung der Informationstechnologie und des Computerchips. In diesem Zyklus befinden wir uns gerade. Und dass wir den Zenit der langen Welle schon überschritten haben, zeichnet sich weltweit ab. Preise für IT-Artikel sinken, die technischen Entwicklungen sind ausgereizt, wirkliche Innovationen nicht in Sicht. Die Wirtschaft stagniert beziehungsweise befindet sich in einer Rezession. Ich bin überzeugt davon: Den nächsten Aufschwung – und er wird kommen! – erleben wir nicht, weil irgendeine umwälzende technische

Entwicklung gemacht wurde. Die nächste wirkliche Innovation liegt darin, dass Unternehmen endlich begreifen, welches Potenzial in ihren Mitarbeitern steckt. Der nächste Kondratjew-Zyklus wird davon angeschoben werden, dass das Know-how, das Mitarbeiter haben, endlich die Rolle einnehmen wird, die ihm zusteht: Es wird als wichtigster Produktionsfaktor ein Garant für Erfolg. Der Wechsel von der Industrie- zur Wissensgesellschaft – wir reden derzeit von Biotechnologie, Nanotechnologie, Regenerativen Energien, Psychosozialer Gesundheit usw. –, das ist die Herausforderung, um die es geht.

Doch zurück zu den Kondratjew-Zyklen: Sie zeigen, dass immer eine Zeit des Umbruchs herrscht und deshalb immer gerade irgendwo eine Krise ist – für die einen oder die anderen. Befindet sich eine Technologie, eine Innovation im Aufwind, bedeutet das ja gleichzeitig eine Krise und irgendwann das Aus für die Technologie, die sie ablöst. Insofern kann sich kein Unternehmer mehr darauf zurückziehen, dass er sich eben dann um die Rekrutierung und Weiterbildung von Mitarbeitern kümmert, wenn die Krise vorbei ist. Denn die nächste steht immer schon vor der Tür.

»Meine Leidenschaft ist es, zu dienen!«

Es gibt noch etwas, was Sie in Krisenzeiten auf keinen Fall tun dürfen – noch viel weniger als in entspannten Phasen: Lassen Sie sich nicht von Bewerbern hinters Licht führen. Ich weiß, das hört sich nicht sehr wertschätzend und verständnisvoll an. Aber meine Erfahrung ist nun einmal, dass Menschen, die sich in Unternehmen um einen Arbeitsplatz bewerben, dies immer raffinierter, eloquenter und trickreicher tun – und nicht unbedingt ehrlicher.

Ich hatte vor Jahren ein Erlebnis, das mir sehr deutlich machte, dass Bewerber einem potenziellen Arbeitgeber nahezu alles erzählen, wovon sie glauben, dass es ihnen irgendwie dienlich sein könnte. Vor mir saß ein junger Mann, der sich für einen Ausbildungsplatz bei uns beworben hatte. Ich war beeindruckt: fester Händedruck, frisch gewaschenes weißes Hemd. Da stimmte einfach alles. Wir redeten über allerlei, ich erzählte ihm, mit welchen Tätigkeiten und Herausforderungen er bei uns konfrontiert sein würde, er berichtete von seinem letzten Praktikum und was er dort gelernt hatte. Und auf einmal sagte dieser Schulabgänger: »Herr Knoblauch, meine Leidenschaft ist es, zu dienen.« Ich fiel fast von meinem Stuhl, als ich das hörte. Das beeindruckte mich! »Meinen Sie das ganz im Ernst?«, fragte ich ihn. »Ja!«, bekräftigte der Bewerber. »Meine Leidenschaft ist es, zu dienen. Ganz für den Kunden da zu sein und ihn zu verwöhnen.« So etwas hatte ich nun wirklich noch nie gehört – zumindest nicht aus dem Munde eines Bewerbers für einen Ausbildungsplatz. Wir vereinbarten, dass er vor Antritt seiner Ausbildung noch einmal ein Praktikum bei uns machen sollte, damit er, aber auch wir herausfinden konnten, ob wir auch tatsächlich zueinander passten.

Schon nach einer Woche war klar: Hier stimmte etwas nicht. Eines Tages, kurz vor der Mittagspause, schnappte ich mir den Kandidaten und sagte zu ihm: »Jetzt habe ich mir das hier ein paar Tage angeschaut und muss Ihnen leider eines sagen: Passion oder Leidenschaft – das können Sie ja noch nicht einmal buchstabieren! Und Kunde? Sie wissen doch überhaupt nicht, was ein Kunde ist! Mich interessiert eigentlich nur noch eins: Wo haben Sie diesen Spruch mit der Leidenschaft und dem Dienen bloß her?« Er antwortete reichlich zerknirscht: »Na ja, diesen Satz, den hat mir mein Lehrer beigebracht. Er hat mir gesagt, wenn ich den bringe, und möglichst zwei- oder dreimal hintereinander, dann würde ich jede Stelle bekommen.« Dies mag eher naiv als durchtrieben gewesen sein – aber es zeigt: Bewerber sagen all das, wovon sie sich eine Anstellung versprechen, auch wenn es in keiner Weise stimmt.

Ein weiteres Beispiel: Wir beschäftigen bei uns im Haus immer wieder Abiturienten als Aushilfen für die Ablage und für den Postversand. Das sind junge Menschen, die sich hier ein Taschengeld verdienen. Man muss ihnen so allerlei erklären, zum Beispiel, dass ein Briefumschlag eine Vorder- und eine Rückseite hat und wo genau der Adressaufkleber platziert werden muss, denn über solches Wissen verfügen diese 18- und 19-Jährigen oft nicht. Durch Zufall kamen mir vor kurzem die Bewerbungsunterlagen einer dieser Aushilfen zu Gesicht. Und was glauben Sie wohl, wie diese Aushilfe ihre Tätigkeit bei uns in ihrem Lebenslauf bezeichnete? »Management-Assistentin bei Prof. Dr. Jörg Knoblauch, geschäftsführender Gesellschafter der tempus-Unternehmensgruppe«. Dieses Mal fiel ich nicht vom Stuhl, sondern fast in Ohnmacht! Management-Assistentin! Jemand, der Akten ablegt und Post versandfertig macht? Grotesk.

Dass diese systematische Aufrüstung, die Bewerber betreiben, nicht nur in meiner Wahrnehmung stattfindet, sondern ein Fakt ist, belegt auch die gestiegene Zahl der Dienstleister, die im Auftrag von Unternehmen die Reputation eines Bewerbers prüfen. Das nennt sich dann »Vertrauensmanagement«: Gegen Bezahlung liefern sie eine umfassende Analyse des Bewerbers. Waren früher grafologische Gutachten noch an der Tagesordnung, so sind es heute ausführliche Online-Recherchen, die diese Dienstleister durchführen – immer auf der Suche nach Beweisen dafür, dass der Bewerber das Blaue vom Himmel herunterlügt oder gar nicht der seriöse und integre Businessmensch ist, als der er sich verkauft, sondern aus irgendwelchen unlauteren Gründen von seinem letzten Arbeitgeber gefeuert wurde.

Sie halten diese Art der Analyse für unmoralisch? Das sehe ich ganz und gar nicht so. Wenn ein Bewerber einen Bewerbungscoach zurate zieht, sich in speziellen Kursen für ein Vorstellungsgespräch schulen lässt, den Lebenslauf so hinbiegt, dass er möglichst schmeichelhaft klingt, und sich dadurch selbst Phasen des ziellosen Treibenlassens in Wohlgefallen auflösen, dann hat man als potenzieller Arbeitgeber ein gutes Recht, einige gründliche Recherchen anzustellen. Glauben Sie mir: Ich habe unzählige Bewerber erlebt, die eine perfekte Fassade präsentierten, und bei genauerer Betrachtung waren dahinter nicht viel mehr als ein paar brüchige Hohlkörper. Auch der Gesetzgeber lässt übrigens diese Background-Checks mittlerweile ausdrücklich zu.

Abgesehen davon: Es zwingt niemand auf der Welt einen Menschen dazu, sein halbes Leben, samt Party- und Urlaubsfotos, sowie zweifelhafte Blog- und Forenbeiträge ins Internet zu stellen oder die sehr persönlichen Fragen, die die sozialen Netzwerke ihren Mitgliedern stellen, als Absprungrampe für tiefreichende Exkurse zum eigenen Privatleben zu nutzen. Wer das tut, *muss* doch früher oder später damit rechnen, dass sich ein potenzieller Arbeitgeber auf seine Online-Fersen heftet und da mal ein bisschen genauer nachschaut. So oder so: Lassen Sie sich nicht über den Tisch ziehen von den Bewerbern, die bei Ihnen auflaufen.

Wer jetzt immer noch den Stoßseufzer auf den Lippen hat: »Aber ich bekomme doch gar keine A-Mitarbeiter, ich muss einfach nehmen, was hier so reinspaziert, selbst wenn es echte Aufschneider sind!«, dem sei mit einem Augenzwinkern empfohlen: Dann kaufen Sie eben gleich eine komplette Firma! Große Unternehmen wie Cisco Systems beispielsweise haben vorgemacht, wie das geht. Sie kauften andere Firmen nicht, weil sie irgendwelche hochfliegenden Pläne mit den Produkten oder Dienstleistungen oder mit den Produktionsstätten des Unternehmens gehabt hätten. Sondern einzig und allein aus dem Grund, dass sie so Zugriff auf die besten Mitarbeiter des Unternehmens hatten. Die zogen sie nämlich raus und banden sie an sich. Auch eine Möglichkeit. Und sicherlich nicht die dümmste – ganz egal, ob nun gerade eine Krise herrscht oder nicht.

Kapitel 10

Wer neun von zehn Stellen richtig besetzt, wird Marktführer

Ihre fachliche Qualifikation bestreitet doch keiner.
Aber was in diesem Unternehmen eben auch zählt,
das sind schauspielerische Qualitäten.

Im Jahr 1872 hatte der Handelsvertreter Aaron Montgomery Ward eine Idee: Anstatt seine Kunden – zumeist Farmer in den Weiten des amerikanischen Westens – in regelmäßigen Abständen persönlich zu besuchen, ihre Bestellungen aufzunehmen und ihnen dann beim nächsten Besuch die Ware zu liefern, ließ er ihnen einfach eine Liste mit den bestellbaren Artikeln da. Die Kunden konnten ihm dann bei Bedarf per Post ihre Wünsche übermitteln – und bekamen sozusagen postwendend die gewünschten Produkte zugesandt. Auf diese Weise musste Ward viel weniger reisen und konnte viel mehr Kunden in kürzerer Zeit bedienen. Bald wurde aus der Produktliste ein dicker Katalog. Aaron Montgomery Ward wurde vom kleinen Vertreter zum Chef eines Versandhandelsunternehmens und hatte ausgesorgt. Dabei war die Idee ganz einfach und nicht mal neu. Schon Benjamin Franklin soll um 1750 ein solches Konzept entwickelt haben. Und Alfred Hammacher begann 1848 in New York, Werkzeug an seine Kunden zu verschicken. Der Punkt ist: Wards Idee brauchte weder originell noch kompliziert zu sein. Hauptsache, sie funktionierte! Und das tat sie, nachdem Ward sie als Erster konsequent in die Tat umgesetzt hatte. Jetzt machte das Erfolgsrezept die Runde und fand zahllose Nachahmer – von Sears über L. L. Bean und Eddie Bauer bis zu Amazon.com. Und von Otto über Neckermann bis hin zu den unzähligen kleinen Spezialversendern, die es heute in Deutschland gibt.

Auch die Idee, das Hauptaugenmerk auf die Mitarbeiter zu legen und möglichst viele A-Mitarbeiter einzustellen, ist weder kompliziert noch wirklich neu. Entscheidend ist auch hier: Sie funktioniert! Nachweislich. Und noch mehr als das. Es geht nämlich nicht nur um Umsatzzahlen, Marktführerschaft, Erfolg. Es geht auch um Begeisterung, um Leidenschaft, um *Spirit*. Kommen Sie mit auf eine Reise durch erfolgreiche Unternehmen – große, kleine, bekannte, unscheinbare, deutsche, internationale, Quereinsteiger, Senkrechtstarter. Sie alle eint eins: Sie haben erstens das Personalmanagement zur Chefsache erklärt und zweitens ihre Stellen konsequent mit A-Mitarbeitern besetzt. Und wer dies tut, ist nicht mehr aufzuhalten auf dem Weg nach oben. So wie einst Aaron Montgomery Ward.

Zu Besuch beim Schraubenkönig

Die Würth-Gruppe – eine weltweit operierende Unternehmensgruppe, die mit Produkten aus der Befestigungs- und Montagetechnik handelt und ihren Sitz im hohenlohischen Künzelsau hat. Sie ist eine der größten nichtbörsennotierten Unternehmen Deutschlands und beschäftigt insgesamt über 60 000 Menschen bei einem Umsatz von knapp 10 Milliarden Euro. Gestartet war das Unternehmen als Zweimannbetrieb. Heute ist es Marktführer. Zu verdanken sei dies, so wird »Schraubenkönig« und Inhaber Reinhold Würth nicht müde zu betonen, seinen Mitarbeitern. Die seien einfach erstklassig. Und weil für Würth Respekt und Hochachtung vor der Leistung anderer wichtig sind, spart er auch nicht an Lob und Anerkennung für seine Mannschaft. »Wenn eine Abteilung ein Ziel erreicht hat, gehe ich persönlich vorbei und spreche meinen Dank und meine Anerkennung aus«, sagte er einmal in einem Zeitungsinterview. Die Feste, die Würth für die Belegschaft ausrichtet, sind legendär – nicht selten wird auf den Tischen getanzt. Für den Vollblut-Unternehmer ist wichtig, dass seine Mitarbeiter auch am Arbeitsplatz soziale Bindungen aufbauen, gerade in einer Zeit, in der die Kommunikationsfähigkeit immer mehr abnimmt.

Was er auch weiß: Nur dieses hohe Engagement für die Belegschaft sichert den Erfolg des Unternehmens – und schafft Vertrauen. Die Zeiterfassungsgeräte wurden bei Würth schon früh abmontiert – als man anderswo angesichts solches Revoluzzergebarens noch die Hände über dem Kopf zusammenschlug. Würths Vertrauen geht aber noch weiter: Nicht nur einzelne Mitarbeiter, sondern ganze Konzernteile haben freie Hand bei der Wahl ihrer Arbeitsmethoden und Arbeitsweisen. Hauptsache, das Ergebnis stimmt.

Auch die Weiterentwicklung – beruflich und persönlich – der Mitarbeiter steht bei Würth immer ganz obenan. Dazu macht das Unternehmen seiner Belegschaft immer wieder Angebote, die intensiv genutzt werden und zu denen nicht zuletzt das unternehmenseigene Museum gehört. Es ist nicht in einem abgeschlossenen Raum untergebracht, sondern in das Verwaltungsgebäude der Zentrale integriert. Jeder, der sich in diesem Gebäude bewegt, sieht die Kunstwerke und kann sich mit ihnen beschäftigen. Würth will so eine Kultur der Diskussionsbereitschaft, der Auseinandersetzung mit dem Außergewöhnlichen und dem Fremden etablieren – die bei diesem global agierenden Konzern zu den Schlüsselkompetenzen gehört.

Reinhold Würth sagte einmal: »Mit einer hoch motivierten Mannschaft, die auf alten Maschinen in einer Bruchbude arbeitet, erreicht man mehr als mit einer unmotivierten Gruppe, die über modernste Maschinen und Gebäude verfügt.« Er hat es begriffen: Ohne A-Mitarbeiter geht nichts, und deshalb gehört sein Unternehmen zu den »Hidden Champions« in Deutschland, den heimlichen Weltmeistern. Der Manager und Buchautor Hermann Simon hat sich intensiv mit diesen Hidden Champions befasst – es sind laut seiner Definition Unternehmen, die relativ unbekannt, weil wenig in den Medien präsent, klein bis mittelständisch und in ihren Märkten Marktführer sind.

Eines meiner früheren Unternehmen, die Firma drilbox, war eine kleine Firma mit 120 Mitarbeitern und trotzdem waren wir Weltmarktführer – mit Verpackungen für Bohrer. Sie kennen sicher diese kleinen Schachteln oder Kassetten, in denen die Bohrer für die Bohrmaschinen aufbewahrt werden. 25 Prozent unserer Produktion lieferten wir an einheimische Kunden, der Rest ging in die ganze Welt, viele Millionen Stück, Jahr für Jahr. Wir belieferten weltweit alle Hersteller von Bohrmaschinen – von Bosch bis Black & Decker, rund 80 Unternehmen. Alle bezogen die kleinen Verpackungen für die Bohrer von drilbox. Und warum? Weil wir ein super Team hatten, einfach die besten Leute, die damals für diese Jobs zu haben waren.

Hermann Simon stellte in seinen Analysen einige Erfolgsfaktoren für die Hidden Champions heraus: Dazu gehört, dass in diesen Unternehmen nicht nur erstklassige Mitarbeiter arbeiten, die sich stark mit den Produkten und dem Unternehmen identifizieren, sondern auch eine niedrige Fluktuationsquote beim Personal herrscht. Die liegt in diesen Unternehmen nämlich bei 2,7 Prozent. Zum Vergleich: Im Durchschnitt beträgt diese Fluktuationsquote in Deutschland 7,3 Prozent, in Österreich 9 Prozent und in der Schweiz 8,8 Prozent. Das heißt, dass Hidden Champions vor allem eines tun: Sie wählen ihr Personal sorgfältig aus. Hektische Schnellschüsse sind nicht ihr Ding – und das obwohl sie immer mehr Arbeit als Personal haben und die Zahl der geleisteten Überstunden überdurchschnittlich hoch ist. Interessanterweise ist aber auch die Zahl der »Comebacker« in diesen Unternehmen sehr hoch. So nennt Hermann Simon die Mitarbeiter, die einem Hidden Champion vielleicht doch einmal den Rücken gekehrt haben, aus welchen Gründen auch immer, und dann reumütig wieder zurückgekehrt sind. Was diese Comebacker bei anderen Firmen vermisst haben: das Gefühl, gemeinsam zu kämpfen und zu siegen, das Gefühl, gefordert zu sein und sich weiterentwickeln zu können, aber vor allem das Gefühl, unter A-Mitarbeitern zu sein.

Und noch etwas ist anders bei den Hidden Champions: Hier kümmert sich der Chef sehr oft ums Personal. Diesen Erfolgsfaktor findet man übrigens auch bei den »öffentlich sichtbaren« Gewinnern, nicht nur bei den heimlichen. Bill Gates, Jack Welch, Larry Bossidy – sie alle haben das Personalmanagement zur Chefsache gemacht. Bill Gates beispielsweise rief während seiner Zeit bei Microsoft schon mal Hochschulabgänger höchstpersönlich an, wenn er ihnen einen Job anbieten wollte. Stellen Sie sich das einmal vor! Was muss das für ein Gefühl sein, wenn man quasi von seiner letzten Prüfung kommt, im Studentenwohnheim seine Sachen zusammenpackt, und dann klingelt das Telefon und der Kommilitone, der den Anruf entgegengenommen hat, sagt: »Ist für dich. Bill Gates ist dran. Er hat einen Job für dich.« Kaum zu glauben.

Aber Bill Gates tat genau das: Wenn seine Recruiting Scouts herausgefunden hatten, dass es da irgendwo einen vielversprechenden Kandidaten gab, der nicht nur exzellente Noten in etlichen Fachgebieten hatte, sondern auch die entsprechenden Soft Skills mitbrachte, für sportliche Höchstleistungen ebenso ausgezeichnet worden war wie für sein ehrenamtliches Engagement, dann rief er ihn an und fragte, ob er für Microsoft arbeiten möchte. So sorgte er schon von Anfang an für überdurchschnittliche Bindung des neuen Mitarbeiters an sein Unternehmen.

Auch Larry Bossidy, früherer CEO von Allied Signal (später: Honeywell), stufte die Personalrekrutierung und -entwicklung als wichtigste Tätigkeit seines Unternehmens ein. Ebenso Jack Welch – dazu habe ich Ihnen ja schon einiges berichtet. Welch bezeichnete sich übrigens in seinem Unternehmen GE einmal als »the top personnel guy around here«, den wichtigsten Personaler vor Ort. Fazit: Wer als Chef oder Unternehmer erkannt hat, dass die A-Mitarbeiter der Schlüssel zum Erfolg sind, der kann gar nicht anders, als sich persönlich und mit höchstem Engagement um Personalangelegenheiten zu kümmern. Wer zur Weltspitze gehören, wer Marktführer werden will, der muss das Personalmanagement zu seiner Sache machen. Sonst wird das nichts.

Und wenn Sie jetzt immer noch denken, dass Sie dafür keine Zeit haben, weil das Tagesgeschäft Sie auffrisst, dann machen Sie einfach mal einen Punkt. Wenn Bill Gates & Co. das schaffen – die Zigtausende von Mitarbeitern haben –, dann schaffen Sie das erst recht! Machen Sie sich das Personalmanagement zu eigen! Kümmern Sie sich höchstpersönlich darum, mit aller Energie, die Sie haben. Es ist das Beste, was Sie für Ihr Unternehmen tun können, sei es nun als Inhaber oder als Führungskraft.

Reif für die Insel

Wer natürlich noch in die Riege der erfolgreichen Führungspersönlichkeiten gehört, die ganz auf richtiges Personalmanagement setzen, ist Richard Branson. Viele Leute bezeichnen ihn als verrückt, als Kindskopf, als Abenteurer, als Fantasten. Andere können es schon nicht mehr hören, wenn Branson immer wieder als leuchtendes Beispiel dargestellt wird. Tatsache ist und bleibt jedoch, dass er zu den erfolgreichsten Unternehmern weltweit gehört, und das nicht nur, weil er bislang schon 240 Firmen gegründet hat, darunter Virgin Records und die Fluggesellschaft Virgin Atlantic. Dass er diesen Erfolg seinen Mitarbeitern zu verdanken hat, weiß Branson genau: »Meine Leute denken wie Unternehmer«, sagte er einmal. Und deshalb teilt er seinen Erfolg auch mit seinen Mitarbeitern. Wer gute Ideen präsentiert, wird schon mal zum Gratisurlaub auf die firmeneigene Südseeinsel eingeladen. Als Richard Branson einen Prozess gewann und 500 Millionen Pfund Sterling Schadensersatz zugesprochen bekam, reichte er diese enorme Summe einfach komplett an seine Mitarbeiter weiter. All das macht ihn ungeheuer attraktiv für A-Mitarbeiter, die sich deshalb in Scharen bei ihm bewerben – er hat es geschafft, seinem Unternehmen Strahlkraft zu verleihen. Er ist ein echter A-Unternehmer.

Eine weitere sehr beeindruckende Persönlichkeit mit denselben Führungsprinzipien ist für mich Professor Dr. Utho Creusen. Von 2002 bis 2008 war er Mitglied der Geschäftsführung der Media-Saturn-Holding GmbH und dort verantwortlich für die Ressorts Personal und Revision. Auch er bekannte sich –

wie die anderen, bereits genannten Unternehmer und Führungskräfte auch – zu Personalrekrutierung und -entwicklung als *den* Schlüsselfaktoren des Unternehmenserfolgs. Bei Media Markt und Saturn bedeutete das: Beteiligung, Stärkenorientierung, Flow und Vision. Hinter diesen Schlagworten verbirgt sich zunächst, dass alle Geschäftsführer Mitgesellschafter ihres Marktes sind. Sie haben deshalb ein hohes Maß an Entscheidungsfreiheit, aber auch Verantwortung. Stärkenorientierung bedeutet: Die Entwicklung der Mitarbeiter orientiert sich immer an deren Stärken, niemals an deren Schwächen. Denn nur dort, wo Menschen stark sind, können sie Höchstleistungen erbringen. Wenn sie dann auch noch Spaß an ihrer Arbeit und an ihren Aufgaben haben – das nennt sich Flow –, steigt die Performance ganz erheblich. Und da die Mitarbeiter eine gemeinsame Vision teilen – nämlich Europas Marktführer zu werden –, haben sie eine enge emotionale Bindung ans Unternehmen.

Allem zugrunde liegt das Konzept der positiven Psychologie – die Orientierung an den Stärken der einzelnen Mitarbeiter. Wenn Unternehmen es in der Personalführung anwenden, können sie das Engagement ihrer Mitarbeiter und ihre finanziellen Ergebnisse verdoppeln oder sogar verdreifachen. Das Gallup International Positive Psychology Institute hat auf diesem Gebiet jahrelang geforscht und fand heraus, dass sich das Engagement von Mitarbeitern und der Grad ihrer Bindung an ein Unternehmen relativ leicht messen lässt – und zwar mit zwölf Aussagen, denen die Mitarbeiter mehr oder weniger stark zustimmen. Daraus entwickelte Gallup ein Instrument – es heißt Q12 – und bat weltweit über 1,5 Millionen Mitarbeiter und 87 000 Arbeitsgruppen um ihre Bewertung der zwölf Aussagen. Sie werden auf einer fünfstufigen Skala von »trifft ganz genau auf mich zu« bis »trifft überhaupt nicht auf mich zu« eingeordnet und lauten:

1. Ich weiß, was bei der Arbeit von mir erwartet wird.
2. Ich habe die Materialien und die Arbeitsmittel, um meine Arbeit richtig zu machen.
3. Ich habe bei der Arbeit jeden Tag die Gelegenheit, das zu tun, was ich am besten kann.
4. Ich habe in den letzten sieben Tagen für gute Arbeit Anerkennung oder Lob bekommen.
5. Mein/e Vorgesetzte/r oder eine andere Person bei der Arbeit interessiert sich für mich als Mensch.
6. Bei der Arbeit gibt es jemanden, der mich in meiner Entwicklung fördert.
7. Bei der Arbeit scheint meine Meinung zu zählen.

8. Die Ziele und die Unternehmensphilosophie meiner Firma geben mir das Gefühl, dass meine Arbeit wichtig ist.

9. Meine Kollegen haben einen inneren Antrieb, Arbeit von hoher Qualität zu leisten.

10. Ich habe einen sehr guten Freund in der Firma.

11. In den letzten sechs Monaten hat jemand in der Firma mit mir über meine Fortschritte gesprochen.

12. Während des letzten Jahres hatte ich bei der Arbeit die Gelegenheit, Neues zu lernen und mich weiterzuentwickeln.

Die Bewertungen dieser Aussagen setzte Gallup dann in Beziehung zu unterschiedlichen Unternehmenskennzahlen wie Produktivität und Fluktuation. Gemäß dieser Erhebung gehörten 2008 in Deutschland nur 13 Prozent der Mitarbeiter zur Gruppe der besonders engagierten Mitarbeiter, 67 Prozent zeigten nur eine geringe und 20 Prozent überhaupt keine emotionale Bindung an ihren Arbeitgeber. Sie wissen, was das bedeutet: Nur 13 Prozent der Mitarbeiter sind A-Mitarbeiter! Diese Zahlen entsetzen mich immer wieder, obwohl ich sie schon lange kenne. *Weitere Ergebnisse der Studie – unter anderem die Zahlen weiterer Industrieländer – finden Sie kostenlos auf der Website www.die-personalfalle.de.*

Abbildung 5: Die Entwicklung der emotionalen Bindung an das arbeitgebende Unternehmen seit 2001

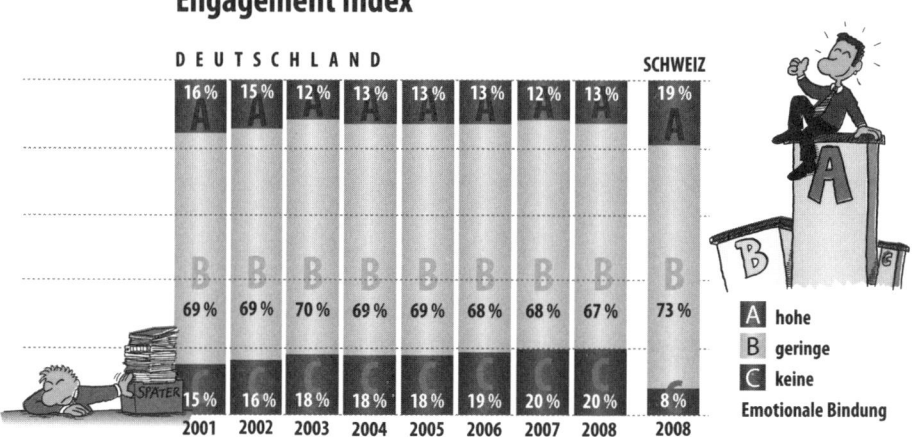

Bei Media-Saturn wurde das Instrument Q12 von 2001 an eingesetzt, und bis 2008 konnte der Anteil der Mitarbeiter mit hoher emotionaler Bindung an das Unternehmen von 21 Prozent auf 43 Prozent gesteigert werden – und Mitarbeiter mit hoher emotionaler Bindung an das Unternehmen sind A-Mitarbeiter! 2006 bekam Professor Creusen dafür den »Corporate Award for Excellence in Practice« vom Gallup International Positive Psychology Institute – eine Auszeichnung für herausragende Führungspersönlichkeiten, die durch die Nutzung von Instrumenten der positiven Psychologie den Unternehmenserfolg positiv und nachhaltig beeinflussen. Dieser Preis beweist: Das Personalmanagement in den Fokus zu stellen, lohnt sich in mehr als einer Hinsicht.

Reisen bildet

Was fällt Ihnen ein, wenn Sie das Wort »Studienreisen« hören? Alte Säulen, Tempelruinen, Klöster, Kirchen, Schlösser und pensionierte Studienräte mit Kunstführer in der Hand und Kamera um den Hals? Wenn Sie mit mir auf Studienreise gingen, bekämen Sie nichts dergleichen zu sehen. Lassen Sie mich Ihnen erzählen, warum das so ist.

Jedes Jahr veranstalte ich eine internationale Studienreise – nicht zu Säulen und Tempeln, sondern zu Unternehmen. Diese Studienreisen dauern immer viereinhalb Tage, die letzte ging entlang der Westküste Floridas mit Stationen in Orlando, Naples, Fort Myers und anderen Städten. Die Mitreisenden sind Unternehmer und Führungskräfte aus aller Welt. Zusammen mit ihnen reise ich von Firma zu Firma: Wir besuchen eine morgens, eine mittags, eine abends. Diese Firmen haben zwei Dinge gemeinsam: Sie sind alle top in Sachen Management, und sie sind top in Sachen Ethik und Werte – weil in diesem Bereich mein ganz persönliches Interesse liegt. In den Firmen diskutieren wir dann, wie man diese beiden Pole – erfolgreiche Führung und hohe Werte – unter einen Hut bekommt.

Auf einer dieser Studienreisen besuchten wir Chick-Fil-A – eine Fast-Food-Kette, die sich auf Hühnchen-Sandwiches spezialisiert hat und die es seit 1967 gibt. Der Hauptsitz des Unternehmens ist in Atlanta, dort arbeiten derzeit 600 Mitarbeiter. Zweieinhalb Stunden verbrachte ich mit den Studienreisenden dort – die Zeit verging wie im Flug und gehört zu den Sternstunden meines Unternehmerlebens. Ich kann Ihnen sagen: Wir alle kamen nach dieser Besichtigungstour und nach den Gesprächen dort als veränderte Menschen zu unserem Reisebus zurück. Dieses Unternehmen wirkte auf uns wie ein Schmuckkästchen, das im Dunkeln glänzt.

Schon der Auftakt dieses Besuchs war ein Highlight: Unser Bus rollte auf das Firmengelände, ein wunderschöner Park tat sich vor uns auf, mitten darin ein großer See, alles war von Blumen umgeben, der Rasen frisch gemäht, die Blätter der Bäume glänzten in der Sonne, weil es in der Nacht zuvor geregnet hatte. Und auf einmal tauchte aus diesem See eine Kuh auf, die ein Schild um den Hals trug: »Eat mor chikin!« Nach einer kleinen Schrecksekunde bebte unser Bus förmlich unter dem Gelächter der 50 mitreisenden Unternehmer. Und falls Sie gerade auch eine kleine Schrecksekunde erlebt haben – fehlt bei »mor« nicht ein »e« am Ende und muss das »chikin« nicht ein »chicken« sein? –, entspannen Sie sich: Bei Chick-Fil-A geht man etwas eigenwillig mit der Rechtschreibung um. Die Werbekampagne zu »Eat mor chikin« wurde übrigens mehrfach preisgekrönt. Hauptakteure dieser Kampagne waren drei Kühe, die dazu aufforderten, eben nicht sie, sondern mehr Hühner zu essen.

Wie auch immer – unser Besuch hatte also einen fulminanten Start. Im Foyer des Hauptgebäudes wurden wir dann von einer freundlichen Mitarbeiterin empfangen und staunten schon über die nächsten Besonderheiten: Dort war nämlich nicht nur das erste Restaurant originalgetreu nachgebildet, das Chick-Fil-A Ende der sechziger Jahre in Atlanta eröffnet hatte, sondern es gab auch eine große Oldtimer-Sammlung. Wir waren mit dem Firmengründer und Seniorchef, Truett Cathy, verabredet. »Truett ist noch in einem Meeting – darf ich Sie so lange durch seine Oldtimer-Sammlung führen?«, bot uns die Mitarbeiterin an, die uns empfangen hatte. Natürlich durfte sie, und sie erzählte uns dann die eine oder andere Anekdote zu den ausgestellten Wagen, und auf einmal registrierten wir sehr erstaunt und betroffen, dass sie mit den Tränen kämpfte. Nach ein paar Augenblicken hatte sie ihre Stimme wieder im Griff und entschuldigte sich dafür: »Verzeihen Sie bitte – so geht es mir oft, wenn ich über unseren Seniorchef spreche, auch vielen von meinen Kolleginnen und Kollegen geht es so. Er ist so loyal, so menschenorientiert, so ehrlich, wir sind immer ganz gerührt.« Später, nach unserem Besuch, als wir alle auf dem Busparkplatz noch einen Moment zusammenstanden, fragte einer der Reisenden seinen Nebenmann: »Sag' mal, hat einer deiner Mitarbeiter schon mal geweint, weil er so überwältigt von dir war?« Diese Frage sorgte natürlich für einen großen Lacher. Aber beeindruckt waren wir dennoch.

Aber wieder zurück zu unserem Besuch: Als wir uns die Oldtimer angeschaut hatten, kam Truett Cathy zu uns. Er hatte sein Meeting beendet und war nun bereit zu einem Gespräch mit uns. Er war eine beeindruckende Erscheinung – ein bescheidener Mann, über 80 und sehr gläubig. Was sich unter anderem darin ausdrückt, dass die Restaurants seiner Kette sonntags nicht geöffnet sind. »Der Sonntag ist für meine Mitarbeiter für die Familie reserviert«, sagt er dazu. In der Gastronomie ist er damit ein absoluter Außenseiter. Nachdem wir eine Weile mit ihm gesprochen hatten, lud er uns zu Führungen durch das Unternehmen und zu Diskussionen mit seinen Mitarbeitern ein. Wir teilten uns in Gruppen auf und konnten je nach Interesse mit den Chick-Fil-A-Führungskräften über Prozesse, über Personalmanagement, über Führungsstile sprechen – was heißt sprechen: Meine Studienreisenden stiegen in tiefgehende Diskussionen mit ihnen ein und waren überwältigt von der Kompetenz und der Offenheit, die die Führungskräfte ihnen entgegenbrachten, wie sie mir hinterher berichteten.

Wir beendeten den Besuch mit einem Rundgang durch das Gebäude, und ganz egal, wo man hinschaute: Überall herrschte ein Geist von Wertschätzung, von Aufmerksamkeit und Respekt. In der Kantine gab es eine reichhaltige Auswahl an unterschiedlichen Gerichten, die auf einer Speisekarte je nach Nährstoffgehalt und Kaloriendichte farblich gekennzeichnet waren. Alles war freundlich und sauber gestaltet. Für die Mitarbeiter gab es Sport- und Weiterbildungsangebote, die hierzulande an kaum einer Volkshochschule zu finden sind, und dergleichen mehr. Man fühlte sich dort so, als würde man am liebsten gleich mit der Arbeit für dieses Unternehmen und diesen Seniorchef beginnen.

Das Gallup International Positive Psychology Institute – das auch Media-Saturn ausgezeichnet hatte – rankt Chick-Fil-A übrigens ganz oben auf seiner Liste. Kein Wunder. Denn bei Chick-Fil-A zählen 93 Prozent der Mitarbeiter zu den A-Mitarbeitern. Nur 7 Prozent sind B-Mitarbeiter. Und C-Mitarbeiter gibt es dort erst gar nicht. Sie haben richtig gelesen: keine C-Mitarbeiter bei Chick-Fil-A. Das geht nämlich. Wenn man es nur will und seinen Worten auch Taten folgen lässt.

Selbst Stahl kann attraktiv sein

Die Frage ist natürlich: Wie machen die das, diese Unternehmen? Wie schaffen sie es, A-Mitarbeiter zu finden, sie für sich zu begeistern und sie langfristig an sich zu binden?

Klar, Firmen wie Porsche, Google, Microsoft, die haben mit dem Recruiting kein Problem. *Alle* wollen für diese Unternehmen arbeiten. Aber wie sieht das mit ThyssenKrupp Steel aus? Da fallen einem doch sofort etliche Argumente ein, warum man da besser nicht einsteigen sollte. Stahl? Nicht sehr aufregend. Wofür braucht man den noch mal? Und überhaupt: das Ruhrgebiet. Kann man

Übersicht 2: Die beliebtesten Arbeitgeber Europas
für MBA-Studenten

Die beliebtesten Arbeitgeber
Wo MBA-Studenten 2009 anheuern wollen*

1	McKinsey	6	L'Oréal
2	Google	7	Goldman Sachs
3	Boston Consulting Group	8	Nestlé
4	Apple	9	Porsche
5	Bain	10	Microsoft

*Umfrage unter 2630 MBA-Studenten von 20 führenden Business Schools.
Quelle: European MBA Survey

es da tatsächlich aushalten?, fragt sich der segelbegeisterte Hochschulabgänger vom Bodensee.

Dennoch schafft es ThyssenKrupp, die Besten zu verpflichten. Der Grund dafür ist ein ausgeklügeltes Talentmanagement. Es zählt zu den vier Kernelementen des Programms »Pro Zukunft«, das ThyssenKrupp aufgelegt hat. Nachwuchskräfte zu gewinnen, zu binden und zu entwickeln – darum geht es. Von der Schulbank in den Betrieb, heißt die Devise. Schon seit zehn Jahren kooperiert ThyssenKrupp mit ausgewählten Schulen und führt Schülerinnen und Schüler zunächst spielerisch, später immer gezielter an die Themenbereiche Technik und Stahl heran. So gibt es zum Beispiel eine Schüler-Ingenieur-Akademie, in der sich Oberstufenschülerinnen und -schüler praktisch mit der Halbleitertechnologie auseinandersetzen. Diese und viele andere Aktivitäten im Bereich der Schulkooperationen führen dazu, dass sich sehr viel mehr und sehr viel qualifiziertere Schülerinnen und Schüler als früher um Ausbildungsplätze bei ThyssenKrupp bewerben.

Auch mit standortnahen Hochschulen arbeitet das Unternehmen zusammen – sei es in Form von Dozententätigkeiten, Forschungsförderung, durch die Präsenz bei Absolventenmessen oder natürlich durch Werkstudenteneinsätze oder die Betreuung von Praktikanten, Diplomanden und Doktoranden. Auch bietet ThyssenKrupp spezielle Stipendienprogramme für Studierende an. Der intensive Kontakt von Studierenden zu einem Unternehmen mündet später oft direkt in eine Anstellung dort.

Mit seinem Engagement sowohl in den Schulen als auch an den Hochschulen schafft es ThyssenKrupp, dass sich die Nachwuchskräfte durch den engen Kontakt zu Produkten und Menschen aus dem Unternehmen schon sehr früh emotional an das Unternehmen binden – und genau darum geht es: Thyssen-Krupp wartet nicht auf Bewerbungen von Auszubildenden, Praktikanten, Stipendiaten, Werkstudenten, Diplomanden, Doktoranden, sondern bewirbt sich beim Bewerber. Und lässt seine Nachwuchskräfte auch später nicht allein: vom Young Potentials Programm und Traineeprogramm bis hin zur Personalentwicklungssystematik »PerspActive« ist alles dabei, was strategische Nachfolgeplanung ausmacht.

Merke: Wenn einem Unternehmen A-Mitarbeiter die Bude einrennen sollen, muss man nicht unbedingt zu den coolen Unternehmen der Luxusauto- oder Internetbranche gehören, sondern darf auch aus der »Old Economy« stammen. Oder anders gesagt: Man muss nicht Imageführer sein, um Marktführer werden zu können. Man muss es nur richtig anstellen. Und nicht nachlassen. Dann ziehen Bewerber nämlich sogar ins Ruhrgebiet und finden auf einmal auch die Stahlbranche toll.

Viele der Unternehmer und Führungskräfte, mit denen ich mich regelmäßig austausche, entgegnen auf meine Erzählungen über das spezielle Recruiting von ThyssenKrupp gerne etwas wie: »Ist ja alles gut und schön, was Sie da berichten, Herr Professor Knoblauch. Aber ThyssenKrupp ist nun auch ein riesiger Laden. Die haben jede Menge Personal, das sich den ganzen Tag hingebungsvoll um das Employer Branding kümmern kann. Wir sind da lange nicht so luxuriös ausgestattet – wir kommen also gar nicht an die jungen Nachwuchskräfte heran!« Diesen Skeptikern halte ich dann immer entgegen, dass man auch durchaus mit kleinen Mitteln und relativ wenig Aufwand aktiv auf seine Zielgruppen zugehen kann.

Die Manz Automation AG weiß zum Beispiel, wie das geht. Wenn der Anbieter von Hightech-Maschinen zur Herstellung von Solarzellen und Dünnschicht-Solarmodulen Hochschulabsolventen sucht, dann tut er dies über Anzeigen in sehr zielgruppenspezifischen Medien – in *UnterUns* beispielsweise, der Zeitschrift des Evangelischen Jugendwerks in Württemberg. Und diese Rechnung geht auf. Denn die jungen Menschen, die dieses Magazin lesen, erfüllen schon per se – so zumindest die Annahme – einige der Kriterien, die die Manz Automation AG von ihren Nachwuchskräften verlangt: Verantwortungsbewusstsein, integre Werte, stabile Persönlichkeit, Führungsqualität. Und weil das Unternehmen nicht däumchendrehend darauf wartet, dass die Bewerber den Weg von ganz alleine zu ihnen finden, überlegt es sich: Wo halten sich die jungen Menschen auf, die wir gerne einstellen wollen? Klar: eher nicht in zwielichtigen Etablissements, in denen die Party erst um 23 Uhr anfängt, sondern zum Beispiel in christlichen Jugendgruppen, in denen Jugendliche früh Verantwortung übernehmen lernen, ein gemeinsames Ziel verfolgen, einen Sinn in ihrer Tätigkeit sehen und in einer Gemeinschaft leben. Dass dieses Konzept für die Manz Automation AG aufgeht, berichtete mir neulich deren Vorstandsvorsitzender Dieter Manz, mit dem zusammen ich eine Podiumsdiskussion bestritt. Ich sage es Ihnen ganz ehrlich: Mich hat diese Herangehensweise wirklich verblüfft – auch weil sie eigentlich so simpel ist. Das kann nun wirklich jeder: sich ein paar Gedanken dazu machen, wo sich seine Zielgruppe aufhält und sie dann genau dort ansprechen. Das ist wirklich gut. Und Dieter Manz hat sein Unternehmen unter anderem mit dieser Methode von 100 auf 2 000 Mitarbeiter erweitert. *Ein Beispiel für eine Anzeige finden Sie kostenlos auf der Website www.die-personalfalle.de.*

Da waren es nur noch 300

Ebenfalls eine ungewöhnliche Art des Recruitings betreibt Horst Schulze. Bevor er sein eigenes Unternehmen gründete, die Capella Hotels & Resorts, war er bis 2002 Präsident und Chief Operating Officer (COO) für die Ritz-Carlton Hotels. Dort hatte er sich mit seinem Team den Ruf erworben, Maßstäbe in der Dienstleistungsnorm der Luxusklasse zu setzen. Sein Credo: Wenn man die besten Hotels der Welt haben will, dann muss man auch die besten Mitarbeiter haben, völlig klar. Doch wie schaffte er es, diese »besten Mitarbeiter« zu finden? Das interessierte mich brennend. Also fragte ich ihn einmal, wie sein Recruiting aussah, und er erzählte mir folgende Geschichte: »Wenn wir in einer Stadt ein Ritz-Carlton Hotel eröffnen, dann sorgt das natürlich für Aufsehen. Wir sind das erste Hotel am Platz, und alle Menschen aus Wirtschaft und Politik dort stehen hinter uns und sind präsent. Wir laden dann öffentlich alle Menschen ein, bei uns zu arbeiten. Jeder kann sich bewerben. Natürlich bekommen wir Tausende von Bewerbungen. Und wir laden alle diese Menschen ein – an einem Samstagvormittag um neun Uhr, in den Grand Ballroom des neuen Hotels. Dort passen so ungefähr 1 500 bis 2 000 Menschen hinein – und dort stehen sie dann, die Bewerber, dicht an dicht. Und dann halte ich eine eineinhalbstündige Blut-Schweiß-und-Tränen-Rede. Dabei verausgabe ich mich völlig! Ich mache den Bewerbern klar, wie hart das Ritz ist, wie hart es erst ist, hier zu arbeiten, wie schwierig das Geschäft überhaupt ist, wie unkalkulierbar die Arbeitszeiten, mal drei Stunden am Tag, mal dreizehn, heute weiß man nicht, wie lange man morgen da sein wird, und so weiter. Ich dramatisiere ohne Ende! Ich heize den Bewerbern so richtig ein! Und mache ihnen klar, dass sie all das aushalten müssen, wenn sie bei uns arbeiten wollen. Wenn mein Vortrag zu Ende ist, lade ich alle Bewerber dazu ein, sich am Büfett gütlich zu tun, was mittlerweile vor dem Grand Ballroom aufgebaut ist. Und ich sage ihnen aber auch, dass eine halbe Stunde später, wenn die Veranstaltung weitergeht, doch bitte nur diejenigen wieder zurück in den Ballroom kommen sollen, die auch wirklich und wahrhaftig für das Ritz-Carlton arbeiten wollen. Und so mache ich aus 2 000 Bewerbern ganz schnell 300 bis 500. Maximal.«

Das ist natürlich noch nicht das Ende des Auswahlprozesses, den Horst Schulze da praktiziert. Aber der Einstieg. Der glänzend zu funktionieren scheint. Denn dass die Ritz-Carlton-Mitarbeiter zu den besten der Welt gehören, ist unbestritten.

Auch wenn ich bislang schon oft erwähnt habe, dass sich Unternehmen wie Porsche, Google oder Microsoft nicht darum sorgen müssen, dass sie nicht genügend Bewerbungen von qualifizierten Menschen bekommen: Das soll ganz und gar nicht heißen, dass es dort keine strukturierten und ausgetüftelten Auswahlprozesse gäbe! Ganz im Gegenteil: Diese sind sogar ziemlich rigoros. Ich werde Ihnen im übernächsten Kapitel schildern, wie ein idealer Einstellungsprozess aussehen kann. Ein Personalberater kommentierte diesen Ansatz einmal mit diesen Worten: »Das ist ja ganz schön komplex und jede Menge Arbeit! Machen die Bewerber das überhaupt mit?« Ich kann Ihnen nur eins sagen: Gegen das, was Google veranstaltet, ist der in diesem Buch beschriebene Einstellungsprozess eine ganz harmlose Nummer.

Bei Google werden natürlich zunächst die Bewerbungsunterlagen ausführlich analysiert, und zwar unter den unterschiedlichsten Gesichtspunkten: Welche technischen Kompetenzen hat der Bewerber? Hat er wirklich etwas aufgebaut oder nur Systeme modifiziert oder gewartet? Welche akademische Ausbildung hat er? Was macht er aktuell? Hat er ein eigenes Start-up? Arbeitet er für ein Unternehmen aus der gleichen Branche? Wichtig ist auch der persönliche Hintergrund: Was hat der Bewerber Außergewöhnliches gemacht? Wie sieht es mit seinen Referenzen aus?

Erst nach dieser Analyse der Unterlagen kommt ein Bewerber in die zweite Runde: die Telefoninterviews – mit einem Personaler und mit einem Mitarbeiter, der eine ähnliche Position innehat. Wenn die Interviewer den Eindruck haben, dass dieser Kandidat gut ins Unternehmen passen könnte, dann bekommt er eine Einladung zu vier bis fünf persönlichen Interviews. In diesen Interviews wird dann getestet, wie der Bewerber mit Problemen umgeht oder welche Programmiersprachen er tatsächlich beherrscht. Und erst wenn dann noch ein hochgestellter Manager befindet, dass der Kandidat zur globalen Strategie passt, wird er eingestellt. Übrigens: Viele seiner Mitarbeiter rekrutiert Google auch über ein internes Empfehlungssystem. Mitarbeiter machen auf Menschen aufmerksam, die sie für qualifiziert halten und von denen sie denken, dass sie gut ins Unternehmen passen würden. Das halte ich für überaus clever! Denn eines ist klar: Wenn ein Unternehmen nicht mit den Menschen in Kontakt tritt, von denen die eigenen Mitarbeiter glauben, dass sie gut sind, verpasst es große Chancen.

Der ultimative Schlüssel zum Erfolg bewährt sich also bereits tagaus, tagein in zahlreichen Unternehmen. Ich hoffe, mit diesem Kapitel konnte ich belegen, dass es wirklich funktioniert. Also: Bemühen Sie sich um die A-Mitarbeiter dieser Welt! Ja, genau Sie, als Chef, als Führungskraft, als Unternehmer. Warten Sie nicht, bis die Mitarbeiter den Weg von alleine zu Ihnen finden! Gehen Sie ihnen entgegen! Holen Sie sie ab! Das ist Ihr wesentlicher Erfolgsfaktor. Geschäftsideen, Geldgeber, Innovationen, Standorte – alles wichtige Dinge, keine Frage. Aber: Nur wer neun von zehn Stellen richtig besetzt, wird Marktführer. Und vergessen Sie nicht, das Personal zur Chefsache zu machen. Alles andere wäre fahrlässig.

Kapitel 11

Die weltweite Suche nach Toptalenten

Sie arbeiten regelmäßig von neun bis fünf.
Allerdings können die Zeitzonen schwanken.

Immer wieder verblüfft mich, wie viele deutsche Mittelständler von den Entwicklungen auf dem Globus anscheinend kaum etwas mitbekommen. Sicher, es gibt sie, die heimlichen Weltmarktführer, die nicht nur ihre Produkte überallhin verkaufen, sondern sich auch mit den Verhältnissen in den USA oder Indien, China oder Brasilien – um nur ein paar Beispiele zu nennen – intensiv befassen. Die auch offen dafür sind, von Managern anderswo auf der Welt etwas zu lernen. Aber alles in allem ist mein Eindruck, dass man hierzulande nach wie vor selten über den Tellerrand schaut.

Dabei lohnt sich dieser Blick gerade in Sachen Personalmanagement. Da sind uns nämlich andere Länder teilweise um Längen voraus. In den USA zum Beispiel setzte schon vor über zehn Jahren ein Umdenken ein. Die Amerikaner sind inzwischen davon abgekommen, C-Mitarbeiter zu schützen – stattdessen schützen sie lieber die anderen Mitarbeiter vor den C-Mitarbeitern. Zudem haben sie akzeptiert, dass es Menschen gibt, die besser qualifiziert sind und mehr leisten als andere – deshalb investieren sie auch mehr in deren Weiterentwicklung. Und diese Mitarbeiter bekommen deutlich mehr Geld als diejenigen, die nur durchschnittliche Leistung bringen. Sie bekommen aber nicht nur mehr Geld, sondern auch mehr Lob und Anerkennung für ihre Leistung – das spornt sie an, und wenn A-Mitarbeiter angespornt sind, ist der Erfolg der Unternehmen, für die sie arbeiten, nicht mehr aufzuhalten. Und noch etwas hat sich in Amerika verändert: Dass Führungskräfte über ihre Mitarbeiter reden und sie bewerten, ohne dass diese darauf Einfluss nehmen, wird nicht als fragwürdige Kontrolle missverstanden, sondern als das akzeptiert, was es ist: Verantwortung gegenüber dem Unternehmen und allen seinen Mitarbeitern.

Beim Recruiting bekennen sich die Amerikaner folgerichtig schon seit Jahren zu ganz anderen Grundsätzen, als dies die Unternehmen hierzulande tun. Man geht beispielsweise nicht nur dann auf Bewerbersuche, wenn gerade eine Stelle zu besetzen ist – sondern permanent. Und das oft auf unkonventionellen Wegen und an ungewöhnlichen Orten. Mehr noch: Es gibt ausgearbeitete Strategien für das Recruiting der unterschiedlichen Mitarbeiter – Auszubildende, Hochschulabsolventen, Mitarbeiter mit mehr oder weniger Berufserfahrung, Führungskräfte. Talente nur aus den eigenen Reihen zu rekrutieren gehört hier vielfach ebenso der Vergangenheit an wie der Weg über sündteure Headhunter: Externe Bewerber haben genauso gute Chancen wie interne, und anstatt einen Headhunter auf die Führungsriege anderer Unternehmen anzusetzen, überlegt man sich lieber, über welche Kanäle man wechselwillige Bewerber erreicht.

Auch die Vorstellungen der Beschäftigten sind international im Wandel: Galt man früher nur etwas, wenn man große Budgets zu verwalten und viele Mitarbeiter unter sich hatte, ist es heute eher wichtig, herausfordernde Aufgaben und Entfaltungsmöglichkeiten in einem spannenden Bereich zu haben. Kam es Arbeitnehmern früher darauf an, innerhalb einer strengen Hierarchie stetig nach oben zu steigen, ist es heute angesagt, in einer flexiblen Organisation mit flachen Hierarchien unterschiedliche Positionen einzunehmen. Man fällt nicht mehr in Ohnmacht angesichts der Tatsache, dass man in einem Unternehmen *nicht* die Aussicht hat, die nächsten dreißig Jahre dort zu arbeiten – die Perspektive auf fünf Jahre reicht völlig. Ein Spitzengehalt und eine sichere Betriebsrente sind auch nicht mehr das Maß aller Dinge – viel wichtiger ist, dass die Bezahlung an den Wert gekoppelt wird, den man mit seiner Tätigkeit für die Kunden schafft.

Überhaupt – das Thema Vergütung: Es ist fast überall neu definiert worden. Bezahlt wird nicht mehr nach Dienstjahren oder nach Anzahl der Mitarbeiter, sondern einzig und allein nach der individuellen Leistung, die ein Beschäftigter bringt. Und die bemisst sich eben letztlich immer an dem für einen Kunden geschaffenen Wert. Bürokratie ist unproduktiv. Deshalb bekommt einer auch nicht automatisch das, was seine Kollegen mit dem gleichen Jobtitel bekommen, sondern sein Gehalt bemisst sich nach dem, was dem Markt – also den Kunden – die Leistung wert ist.

Übersicht 3 zeigt die Unterschiede zwischen den Prinzipien, die früher der Entlohnung zugrunde lagen, und den heute angemessenen Grundsätzen.

Übersicht 3: Entlohnung gestern und heute

Entlohnung – gestern	Entlohnung – heute
Mitarbeiter, die mehr leisten als andere, bekommen etwas mehr Gehalt.	Mitarbeiter, die mehr leisten als andere, bekommen deutlich mehr Gehalt.
Bei uns ist das Gehalt an die Position oder die Zahl der Dienstjahre gekoppelt.	Wir bezahlen nach der Leistung, die ein Mitarbeiter bringt, und nach dem Wert, den er mit seiner Leistung schafft.
Neue Mitarbeiter bekommen automatisch das Gehalt, das die gleichrangigen Kollegen auch bekommen.	Getreu dem Motto »Ein A-Mitarbeiter kann nie überbezahlt werden«, bemisst sich das Gehalt nach dem, was der Markt – also andere Unternehmen – ihm bezahlen würde.

Die gute alte Zeit ist vorbei

Die gute, alte Zeit, als wir meinten, es uns in Deutschland wie auf einer schönen Insel ganz nach unserem Geschmack einrichten zu können, ist vorbei. Unwiederbringlich. Lassen Sie mich Ihnen an einigen Beispielen verdeutlichen, welche Formen das neue Denken annehmen kann. Viele Branchen klagen über Fachkräftemangel, die A-Mitarbeiter scheinen dort noch rarer zu sein als anderswo. Das betrifft besonders Ingenieure. Ich weiß, dass es Unternehmen gibt, die Professoren viel Geld dafür bezahlen, damit die ihnen aus dem Pool ihrer Absolventen geeignete Kandidaten empfehlen. Sie zahlen damit letztlich für neue Leute Geld, fast so wie für einen Fußballstar, für den eine Ablösesumme fällig ist, wenn der von einem Verein zum anderen wechselt. An die Headhunter für Topmanager haben wir uns ja inzwischen gewöhnt – aber dass jetzt für Nachwuchstalente gezahlt wird, ist für viele noch ein Schock.

Die deutschen Unternehmen werden sich der Tatsache stellen müssen, dass A-Mitarbeiter heiß umworben sind und Chefs alles dafür tun müssen, dass ihnen diese A-Mitarbeiter nicht abspenstig gemacht werden. Sie können sich nicht mehr einfach darauf ausruhen, dass sie ihren Topkräften einen einigermaßen sicheren Arbeitsplatz und die üblichen Sozialleistungen bieten, und denken, alles sei damit in Butter. Sie müssen sich vielmehr aktiv um ihre A-Mitarbeiter kümmern, indem sie beispielsweise alle drei Monate ein Gespräch unter vier Augen mit ihren Spitzenleuten führen und gemeinsam mit ihnen überlegen, welche Unterstützung diese brauchen, welche Weiterbildung nützlich wäre, in welche Richtung sich der Mitarbeiter entwickeln will.

Wer das nicht tut, wer seine A-Mitarbeiter also nicht wie etwas Besonderes behandelt – in Sachen Lob und Anerkennung ebenso wie in Sachen Entfaltungsmöglichkeiten – und vielleicht sogar zulässt, dass seine A-Mitarbeiter das ausbügeln müssen, was C-Mitarbeiter angerichtet haben, der braucht sich nicht zu wundern, wenn er langsam abgehängt wird. Denn sein A-Mitarbeiter wird dann eines Tages vor ihm stehen und sagen: »Tschüs, Chef, ich kündige. Die anderen bieten mir ein viel spannenderes Umfeld als Sie, und außerdem sind da noch mehr, die so ticken wie ich.«

Übersicht 4: Personalsuche gestern und heute

Personalsuche – gestern	Personalsuche – heute
Wir suchen dann neue Mitarbeiter, wenn eine Stelle vakant ist.	Wir beobachten permanent qualifizierte Mitarbeiter und holen sie in unser Netzwerk.
Wenn wir neue Mitarbeiter suchen, schalten wir eine Anzeige in einer Tageszeitung.	Neue Mitarbeiter finden wir auf unkonventionellen Wegen und an außergewöhnlichen Orten.
Wir haben keine übergeordnete Recruiting-Strategie.	Wir haben ausgearbeitete Strategien für das Recruiting der unterschiedlichen Mitarbeiter (Auszubildende, Hochschulabsolventen, Mitarbeiter mit mehr oder weniger Berufserfahrung, Führungskräfte).
Wir engagieren einen Headhunter.	In unserem Netzwerk finden wir erstklassige Bewerber, die wir ansprechen.

Übersicht 4 auf Seite 145 zeigt die Unterschiede zwischen dem antiquierten und dem heute angemessenen Recruiting von A-Mitarbeitern.

Deutsche Ingenieure? Brauchen wir nicht!

Schauen wir uns doch einmal die neuen sozialen Netzwerke im Internet an. Davon gibt es allein in Deutschland mittlerweile über 200, bis vor nicht allzu langer Zeit war das größte und wichtigste unter ihnen Xing – früher hieß es openBC –, mittlerweile ist die »Gemeinde« weitergezogen zu Facebook und vor allem zu LinkedIn. Letzteres ist derzeit das internationale Profi-Netzwerk schlechthin, dort ist man unter seinesgleichen, dort werden Geschäfte gemacht. Und dort tummeln sich auch wechselwillige Bewerber zu Zigtausenden. Wer also A-Mitarbeiter sucht und dazu nicht auch neue Netzwege geht, ist fast schon selbst schuld, wenn ihm nicht viel mehr einfällt, als eine Annonce in der *Frankfurter Allgemeinen Zeitung* oder in einem Hochglanzmagazin zu schalten.

Headhunting in sozialen Netzwerken ist zudem interessant, weil man dort bekanntermaßen Jobangebote einstellen kann. A-Mitarbeiter stehen ja meist nicht auf der Straße. Bei Xing wurde nun ein ganz neues Tool entwickelt: User, die sich in einem ungekündigten Arbeitsverhältnis befinden, können sich als wechselwillig präsentieren. Xing hat das alles sehr raffiniert eingefädelt: Für normale User wie Kollegen oder Vorgesetzte des Betreffenden sind solche Signale nicht ersichtlich. Für Personalberater allerdings, die einen entsprechenden Zugang haben, sind diese Signale der latent Suchenden erkennbar.

Der Bedeutungszuwachs des Internets für die Mitarbeitersuche ist aber noch harmlos, vergleicht man ihn mit anderen Entwicklungen, die sich in den letzten Jahren abgezeichnet haben und deren Konsequenzen uns schon bald mit brutaler Härte zu schaffen machen werden. Dazu eine kleine Szene. Vor einigen Wochen war ich mit der Abendmaschine auf dem Weg von London zurück nach Stuttgart. Neben mir saß ein Geschäftsmann, er las eine Londoner Tageszeitung. Ich sprach ihn auf Englisch an, er antwortete freundlich, dass ich gerne mit ihm Deutsch reden könne, denn er sei ebenfalls Deutscher, lebe aber in London. Ich fragte ihn, warum er denn in die alte Heimat reise. »Ich habe morgen einen Termin bei Daimler in Stuttgart«, erzählte er mir. Das wollte ich natürlich genauer wissen und bohrte ein bisschen nach. »In London leite ich das europäische Headquarter eines indischen Unternehmens«, berichtete er mir. »Und dieses indische Unternehmen hat 80 000 Ingenieure angestellt, 60 000 davon arbeiten in Indien, und die restlichen 20 000 sind weltweit eingesetzt –

1 500 bei Ford, 2 500 bei GM, 700 bei Chrysler und so weiter.« Ich staunte nicht schlecht. War das etwa die Antwort auf den viel beklagten Ingenieurmangel in Deutschland? Es kam noch schlimmer. Denn mein Nebenmann fuhr munter fort: »Und den Termin bei Daimler habe ich, weil dort vielleicht bald 3 000 weitere Ingenieure unseres Unternehmens arbeiten werden.« Mir fiel fast der Unterkiefer herunter. Der nette Herr weihte mich in noch weitaus erstaunlichere Tatsachen ein. Er sagte: »Wissen Sie, was die Ingenieurausbildung angeht, da sind die deutschen Hochschulen und Universitäten schon lange nicht mehr vorne dabei. Das ist vorbei. Die indischen Hochschulen, wo unsere Ingenieure herkommen, sind um Längen besser. Höchstens die besten Unis in den USA können den Indern noch das Wasser reichen. Englisch ist die Verkehrssprache in Indien, die Inder sind also international einsetzbar, und sie kosten dabei nur ein Drittel von dem, was andere kosten. Warum sollte also eine Company in Deutschland noch die Leistungen deutscher Ingenieure in Anspruch nehmen?«

Ich sage Ihnen: Dieses Gespräch im Flugzeug beschäftigte mich noch sehr lange. Und ich bin mir sicher: Genau das, was mir mein netter Landsmann da aus der globalisierten Wirtschaftswelt berichtete, ist die nächste Welle, die auf uns zurollt. Das »Materiegeschäft« ist für Deutschland unwiederbringlich verloren. Bohrerkästchen – wie sie mein früheres Unternehmen drilbox produzierte –, Maschinen, Autos, selbst Laptops: All das ist Materiegeschäft. Das ist Vergangenheit, da kann man hierzulande schon nichts mehr mit reißen. Denn jetzt geht es an das »Geistgeschäft« – also an das, von dem wir bislang glaubten, dass es den Standort Deutschland auch weiterhin attraktiv machen würde. Wissen, Know-how, wissenschaftliche Exzellenz. Und jetzt stellt sich heraus: Auch damit können wir nicht mehr punkten! Das wird einfach woanders eingekauft, selbst von deutschen Traditionsunternehmen, weil es anderswo billiger zu haben ist und obendrein noch in besserer Qualität.

Ich geh mal nach Hause!

Wenn ein Unternehmen seine A-Mitarbeiter nicht verblüfft, wird es sie schneller los, als ihm lieb sein kann. Und A-Mitarbeiter kann man beispielsweise verblüffen, indem man sie zu Hause arbeiten lässt, sofern sie das wünschen. Hewlett-Packard hat allerdings erlebt, dass das einfacher gesagt als getan ist: Das Unternehmen setzte massiv darauf, Arbeitsplätze der Mitarbeiter in Home-Office-Plätze umzuwandeln. Mitarbeiter seien zu Hause produktiver, hieß es, hätten genau den Kaffee, den sie wollten, die Möglichkeit, ein bisschen

Powernapping zu betreiben, wenn es denn nötig wäre, und so weiter. Man brauche also nur zuzuschauen, wie die Arbeitsleistung von selbst nach oben gehe. Zu aller Entsetzen trat das genaue Gegenteil ein. Die Arbeitsleistung fiel so extrem in den Keller, dass man diese Arbeitsplätze ganz schnell wieder ins Unternehmen zurückholte.

Warum ging der Plan nicht auf? Im Bestseller *A Whole New Mind* beschäftigt sich Daniel H. Pink mit den Spielregeln in einer veränderten Arbeitswelt. Unter anderem geht es auch um die Fragen, welche Mitarbeiter am häuslichen Arbeitsplatz Spitzenleistung bringen und welche eher im Büro zur Höchstform auflaufen. Wenn man der Forschung glauben darf, gibt es nämlich eine deutliche Grenze, die die Heimarbeiter von den Büroarbeitern trennt. Und wer zu Hause effektiver und produktiver arbeitet als im Office, wird sich dort natürlich auch wohler und sich deshalb seinem Unternehmen auch eher verbunden fühlen – weil es ihn eben dort arbeiten lässt, wo er es am liebsten möchte. Andere hingegen arbeiten am liebsten und somit am effektivsten an einem Arbeitsplatz im Unternehmen. Sie werden niemals Spitzenleistungen im Home-Office erbringen.

Kommen Sie Ihren A-Mitarbeitern flexibel entgegen: Wenn sie im Unternehmensbüro zur Höchstform auflaufen, sollten sie dort arbeiten, haben sie aber im Home-Office die beste Performance, dann ermöglichen Sie es ihnen. Wer hier noch in den alten Mustern denkt – »Wenn meine Mitarbeiter nicht hier arbeiten, kann ich ja gar nicht überprüfen, ob sie tatsächlich etwas leisten!« –, unflexibel und kontrollsüchtig ist, wird seine A-Mitarbeiter zielsicher in die Flucht schlagen. Wer in dieser Hinsicht wendig und beweglich ist und begriffen hat, dass nicht nur die Bedürfnisse des Unternehmens wichtig sind, sondern auch die seiner Spitzenkräfte, der schafft seinen A-Mitarbeitern ein Umfeld, in dem sie ihre Fähigkeiten am besten entfalten können. Und wenn sich dieses Umfeld zwischen heimischer Couch und Kühlschrank befindet: auch gut.

Ein weiteres Merkmal des Wandels möchte ich aufgreifen: Manche Unternehmen haben neue Vorgehensweisen erdacht, mit denen sie unterschiedliche Zielgruppen als potenzielle neue Mitarbeiter ansprechen, und zwar kontinuierlich – nicht nur dann, wenn sie gerade freie Stellen haben. Suchen wir zum Beispiel einen Auszubildenden, heißt der erste Schritt: Wir schreiben einen Brief, und zwar an die Lehrer der oberen Klassen an den umliegenden Schulen. Wir bitten diese Lehrer, uns die Namen und Adressen ihrer fünf besten Schülerinnen und Schüler zu nennen. Manche sind der Meinung, dem stünde der Datenschutz im Wege, andere aber sind begeistert, ihren Schülern eine gute

Chance vermitteln zu können. Diese Schüler laden wir dann zu Gesprächen ein und bieten ihnen – wenn sie unsere Einstellungstests gut meistern – auch einen Ausbildungsplatz an.

Wir gehen übrigens auch mit unseren Auszubildenden in die Schulen. Sie stellen unsere Unternehmensgruppe dort in den Klassen vor – und Sie ahnen gar nicht, mit welcher Begeisterung und mit welchem Feuer, mit welcher Frische und Direktheit sie das tun. Dass das natürlich um etliches glaubwürdiger wirkt als irgendwelche farbigen Broschüren, die andere Unternehmen in den Schulen auslegen, ist klar. Das sehen wir auch an der Zahl der Bewerbungen, die nach solchen Veranstaltungen bei uns eingehen. *Eine solche Musterpräsentation für Schulklassen finden Sie kostenlos auf www.die-personalfalle.de.*

Ich kann es gar nicht genug betonen: Es ist heute enorm wichtig, unkonventionelle Wege zu beschreiten, um den Kontakt zu potenziellen A-Mitarbeitern herzustellen, ganz egal, ob es sich dabei um Auszubildende oder um langjährig erfahrene Fachkräfte handelt.

Die Hauptsache steht zwischen den Zeilen

Wer sich bei uns bewirbt, bekommt innerhalb von zwei oder drei Tagen eine Zu- oder Absage für einen Vorstellungstermin. In vielen anderen Unternehmen müssen Bewerber darauf manchmal monatelang warten. Das gibt es bei uns nicht. Wer einen Termin zu unserer ersten Runde im Einstellungsprozess hat, absolviert fünf jeweils halbstündige Gespräche mit unterschiedlichen Mitarbeitern. Jeder Mitarbeiter gibt dem Bewerber hinterher eine Note. Wenn schließlich eine Eins vor dem Komma steht, kommt der Bewerber in die zweite Runde, und das weitere Verfahren nimmt seinen Verlauf.

Es gibt durchaus Menschen, die auch heute noch einen mehrstufigen Einstellungsprozess für überflüssig halten. Ich sprach einmal mit einem Unternehmensberater, der genau diese Meinung vertrat. »So ein mehrstufiger Einstellungsprozess, das ist doch viel zu viel Arbeit!«, behauptete er. »Ich halte mich da eher an König Artus' Tafelrunde.« Da wurde ich hellhörig und fragte ihn, was er damit meine. Er erklärte mir: »Die Ritter der Tafelrunde, Gawain, Parzival, Lancelot, Tristan und all die anderen, glauben Sie etwa, die mussten einen mehrstufigen Einstellungsprozess durchlaufen, ehe sie am runden Tisch Platz nehmen durften? Ganz bestimmt nicht! Die kamen, sahen Artus tief in die Augen, sagten: ›Ob mit meinem Leben oder mit meinem Tod: Ich will dir dienen!‹, und das war's! Sie stellten sich bedingungslos in seinen Dienst, komme, was da wolle. Und genau solche Menschen suche ich. Menschen, die wissen: Dieses eine Unternehmen, das hat eine solche Ausstrahlung, einen solchen Glanz, es ist mein großer Traum, mein Lebensziel, dort zu arbeiten.« Während der Unternehmensberater mir das erzählte, musste ich an Jesus von Nazareth denken – auch er war wohl kein Freund langwieriger Einstellungsprozesse. Er schaute seine Jünger an und sagte nur drei Worte: »Folge mir nach!« – und seine Jünger folgten ihm. Das war wahrscheinlich der kürzeste Einstellungsprozess, den es auf dieser Welt gibt.

Dennoch: Ich kenne so viele Fälle, in denen ein zu einfaches Einstellungsverfahren schlimme Folgen gehabt hat. Man könnte sogar behaupten, selbst Jesus von Nazareth sei damit gescheitert – schließlich hat ihn einer seiner Jünger verraten und ans Kreuz geliefert. Was also ist der richtige Weg, welches das Schema, das das erwünschte Ergebnis zuverlässig bringt? Die Antwort lautet: Es gibt keinen richtigen Weg und kein perfektes Schema, schon gar nicht in Sachen Einstellung von Mitarbeitern. Die Welt ist zu komplex, Menschen sind zu einzigartig, Emotionen, Intuition und das, was zwischen den Zeilen steht, spielen eine viel zu große Rolle, als dass man sagen könnte: So geht es und nicht anders, und zwar immer. Es gibt charismatische Menschen, die in einer Warteschlange am Gate eines Flughafens ihren Vordermann ansprechen und zu ihm sagen: »He, Sie sind mein Mann, wollen Sie nicht für mich arbeiten?« – natürlich gibt es sie. Aber dieses Prozedere ist sicherlich eine Ausnahme, und ich kann es Ihnen, als Führungskräfte, als Unternehmer, nicht ernsthaft als Entscheidungshilfe auf dem Weg zu einer A-Mitarbeiter-Quote von 80 Prozent anbieten.

Ich kenne eine selbstständige Personalberaterin, die ihren Job sehr emotional, sehr intuitiv macht und damit unglaublich erfolgreich ist. Sie hat eine schier unerschöpfliche Fähigkeit, Menschen schon in den ersten Minuten einzuschätzen. Und ihre Kunden staunen immer wieder, welche Senkrechtstarter sie auf die freien Stellen bei ihren Kunden hievt. Diese Personalberaterin ist aber durchaus selbstkritisch. Sie weiß, dass sich diese Senkrechtstarter oft genug an *sie* binden und sich *ihrer* ganz speziellen Kompetenz verpflichtet fühlen, und hinterher, wenn sie dann den Arbeitsalltag im Unternehmen stemmen müssen und keine Personalberaterin mehr weit und breit zu sehen ist, gibt es mitunter ein böses Erwachen. Sie gesteht mittlerweile ein, dass ein mehrstufiges Einstellungsverfahren durchaus zielführender sein könnte.

Und ich gebe ihr uneingeschränkt Recht. Wenn sich ein Unternehmen selbst darum kümmert, neue Mitarbeiter zu gewinnen und dies nicht über externe Recruiter tut, dann besteht von Beginn an ein direkter Kontakt zwischen dem Bewerber und den Menschen, mit denen er es hinterher täglich zu tun hat. Der

Text zwischen den Zeilen, die Zwischentöne, die intuitive und emotionale Ebene, die persönlichen Werte und Charaktereigenschaften – all das spielt eine Rolle, und deshalb ist es wichtig, dass dies von Anfang an auch zwischen den Personen seinen Platz findet, die es dann hinterher miteinander aushalten müssen. Ist dagegen ein Headhunter oder ein Personalberater vorgeschaltet, richten sich all dieser Zwischentext und diese Zwischentöne an die falsche Adresse. Wenn Personalberater und Kandidat sich prächtig verstehen und auch dieselben Wertvorstellungen teilen – wunderbar! Es nützt nur nichts. Sobald der Klient ins Spiel kommt, sprich: das Unternehmen, welches den Kandidaten einstellen will, kann das wieder ganz anders aussehen.

Ein ausgeklügelter Einstellungsprozess ist schon deswegen nötig und erforderlich, weil er die beteiligten Personen erstens an einen Tisch bringt und sie zweitens auch dazu zwingt, sich der Situation zu stellen. Sie glauben gar nicht, wie viele Chefs damit überhaupt nichts zu tun haben wollen! Diese Erfahrung mache ich immer wieder. Dabei ist es so wichtig, dass gerade er seinem neuen Mitarbeiter in die Augen blickt und sagt: »Ich möchte dein neuer Chef sein. Möchtest du für mich arbeiten?« Und das wäre dann durchaus so ein König-Artus-Moment – allerdings ein gut vorbereiteter und auch einer mit umgekehrten Rollen, denn hier wirft sich kein neuer Mitarbeiter ungefragt dem Chef zu Füßen und schwört bedingungslose Gefolgschaft. Und hier fragt der Chef und befiehlt nicht einfach so, dass der Mitarbeiter ihm von nun an folgen solle.

»Kommen Sie am Sonntag um drei«

Sie erinnern sich an den Hotelier Klaus Kobjoll, den Chef des Tagungshotels »Schindlerhof«? Von ihm erzählte ich Ihnen im dritten Kapitel. Klaus Kobjoll leitet ein europaweit ausgezeichnetes Hotel mit einem der höchsten Umsätze pro Mitarbeiter in Deutschland. Nur das Airport-Sheraton-Hotel in Frankfurt hat einen noch höheren Umsatz pro Mitarbeiter – aber das ist eine Bettenburg und kein kleiner Betrieb, der sich persönlich um seine Gäste kümmert. Die traumhaften Zahlen schafft Klaus Kobjoll, weil er nachweislich eine Spitzenmannschaft rekrutiert hat – ein echtes A-Team. Dazu setzt Kobjoll einen neunstufigen Einstellungsprozess ein. Der ist durchaus systematisch, hat aber seine ganz speziellen Eigenheiten, die typisch für Kobjoll sind.

Stellen Sie sich einmal folgende Szene vor: Ein Bewerber, der ein paar Tage zuvor seine Unterlagen geschickt hat, ruft bei Klaus Kobjoll an und erkundigt sich nach dem Stand der Dinge. Kobjoll zeigt sich beeindruckt von den Fähigkeiten und Qualifikationen des Bewerbers und lädt ihn zum Vorstellungsgespräch ein, »am kommenden Sonntag um drei Uhr«. Der Bewerber bestätigt: »Prima, dann bis Sonntagnachmittag«, worauf Klaus Kobjoll ihn sofort korrigiert: »Nein, ich habe gesagt Sonntag um drei Uhr.« Darauf der Bewerber, etwas entsetzt: »Um drei Uhr morgens?« »Ja, natürlich. Wissen Sie, wir haben hier am Samstagabend Gäste. Bis die alle weg sind, ist es ein Uhr, bis aufgeräumt ist, zwei oder halb drei, und um fünf Uhr morgens fangen wir schon wieder an, das Frühstücksbüfett aufzubauen. Insofern ist drei Uhr eine perfekte Zeit. Da können wir uns ungestört unterhalten.« Wenn der Bewerber es nun wagt, auch nur den kleinsten Laut des Zögerns von sich zu geben, pflegt Klaus Kobjoll zu sagen: »Wissen Sie, das ist überhaupt kein Problem. Ich habe gerade Ihre Bewerbungsunterlagen schon wieder eingetütet. Morgen früh haben Sie sie zurück.«

Viele Unternehmen führen ihren Bewerbern erst einmal die Sonnenseiten des Geschäfts vor. Nicht so Klaus Kobjoll. Der marschiert mit seinen Kandidaten direkten Wegs in die Spülküche. Und erklärt ihnen währenddessen: »Wir sind hier in einem denkmalgeschützten Gebäude. Wir durften noch nicht einmal Dunstabzugshauben in der Küche einbauen. Bei uns stinkt es deswegen. Und die Luftfeuchtigkeit ist auch nicht zu unterschätzen. Manchmal sieht man die Hand vor den Augen nicht.« Hat er die Spülküche hinter sich gelassen, geht er mit seinen Kandidaten in die Abfallbeseitigung – dort, wo während der hektischen Zeit, wenn zig Mahlzeiten gleichzeitig zubereitet werden, all die Essensreste noch herumliegen. Und während dieser Besichtigung beobachtet Klaus Kobjoll seine Bewerber messerscharf. Wer die Nase rümpft, angewidert um sich schaut oder zusammenzuckt, darf direkt wieder gehen, mitsamt seiner feinen Bewerbungsunterlagen.

Wer auch diese Hürde genommen hat, darf dagegen mit Klaus Kobjoll ins Büro. Und dort, sagt Kobjoll, wolle er einen Menschen sehen, der ein Glänzen in den Augen habe. Der begeistert sei von dem, was er gesehen habe, und von seinem Job. Wenn er nicht sage: »Ich will! Ich kann es kaum erwarten!«, so Kobjoll, sei er bei ihm im Schindlerhof am falschen Platz. Und den schicke er dann gerne zur Konkurrenz.

Sie sehen: Klaus Kobjoll geht durchaus systematisch vor. Als ich vor etwa 25 Jahren einen Vortrag von ihm hörte, in dem er seine Systematik erklärte, war ich total begeistert. Endlich jemand, der einen mehrstufigen Einstellungsprozess hat und diesen auch konsequent lebt. Ich bin sofort im Anschluss an den Vortrag in den Schindlerhof gefahren, um mir die Einstellungsunterlagen abzuholen und mich von der Qualität der Mitarbeiter zu überzeugen. Natürlich sind die einzelnen Elemente dieses Einstellungsprozesses nicht unbedingt übertragbar auf andere Unternehmen. Sie sind noch nicht einmal übertragbar auf andere Personen innerhalb seines Unternehmens, denn sie sind vielmehr durch seine Persönlichkeit vorgegeben. Er, Klaus Kobjoll, kann dieses Prozedere überzeugend durchexerzieren, jemand anders könnte das so nicht. Wenn Kobjoll einen Mitarbeiter bäte, doch bitte mal einen Bewerber für drei Uhr morgens einzuladen – dieser Mitarbeiter könnte dies sicherlich nicht mit demselben Charisma und der Überzeugungskraft tun, die der Chef hat. Dieser Schuss ginge definitiv nach hinten los, denn der Bewerber würde den Mitarbeiter einfach nur auslachen oder ihn verdächtigen, zweifelhafte Tipps aus irgendwelchen Ratgebern für Personaler in die Tat umsetzen zu wollen.

So entkommen Sie der Personalfalle

Das Magazin *Harvard Business Manager* veröffentlichte im Juni 2009 ein Konzept für einen systematischen Recruiting-Prozess, das nicht nur »eine objektive und professionelle Kandidatensuche für die obersten drei Managementebenen« garantiert, sondern auch auf zahlreiche Studien gestützt ist. Es berücksichtigt viele der Veränderungen, die ich Ihnen eingangs geschildert habe, und deshalb möchte ich Ihnen dieses Konzept gerne zum Abschluss dieses Kapitels kurz vorstellen – quasi als Vorbereitung und Einstimmung für den (fast) idealen Einstellungsprozess, den ich im Kontakt mit einigen der führenden Personalexperten weltweit entworfen habe und den ich Ihnen im nächsten Kapitel präsentiere.

Das Recruiting-Verfahren aus dem *Harvard Business Manager* umfasst sieben Stufen. *Die Übersicht finden Sie auch kostenlos auf der Website www.die-personalfalle.de.*

1. Den Bedarf vorhersehen
2. Die Stelle klar beschreiben
3. Den Bewerber-Pool zusammenstellen
4. Die Bewerber beurteilen
5. Den Vertrag schließen
6. Den neuen Mitarbeiter integrieren
7. Effektivität der Verfahren prüfen

Zu jeder dieser Stufen sind häufige Fehler gelistet, zudem das vorbildliche Vorgehen und Aufgaben, die daraus resultieren. Führt man sich diese Fehler zu Gemüte, bekommt man einen guten Eindruck davon, auf welche Weise viele kleine und mittelständische Unternehmen Recruiting betreiben: Es werden nur dann Mitarbeiter eingestellt, wenn auch Positionen frei sind. Einen Nachfolgeplan für die bestehenden Positionen gibt es nicht. Es herrscht ein völlig unbegründeter Optimismus, was die Trefferquote bei der Personalbeschaffung angeht. Falls überhaupt eine Stellenbeschreibung existiert, sind in ihr nur allgemeine Fähigkeiten festgehalten, aber nicht die speziellen Anforderungen der Position. Kandidaten für die Stelle werden willkürlich aus einem eingeschränkten Pool ausgesucht (nur intern oder nur extern beispielsweise). Wird ein Bewerber beurteilt, geschieht dies ganz oft aus einem Bauchgefühl heraus, Interviews sind unstrukturiert oder zu allgemein gehalten. Referenzen der Kandidaten werden kaum oder überhaupt nicht geprüft. Bei der Vertragsaushandlung und -gestaltung gehen viele davon aus, dass das Gehalt der zentrale Punkt ist – und vergessen, die Interessen des Bewerbers aktiv zu unterstützen oder die neue Tätigkeit realistisch darzustellen. Tritt der neue Mitarbeiter seinen Job an, nimmt man an, dass er sofort funktioniert, und bietet ihm weder Unterstützung noch Betreuung an – und bringt er im ersten Jahr nicht die Leistung, die er bringen soll, dann wird er aber nicht etwa entlassen, sondern man hält an ihm fest. Schließlich hat man weder die Zeit noch die Nerven, diesen Zirkus noch einmal durchzuziehen. Und um am Verfahren des Recruitings etwas zu verändern, hat man erst recht keine Zeit.

Merken Sie was? Genau. So kann es nicht weitergehen. Auf gar keinen Fall. Deshalb: Folgen Sie mir – nein, nicht in blindem Vertrauen, sondern bitte sehenden Auges! – ins nächste Kapitel. Dort lesen Sie, wie Sie der Personalfalle ganz praktisch entkommen.

Kapitel 12

Der ideale Einstellungsprozess

Einem DNA-Test würde ich in Ihrem Fall glatt zustimmen!

Nach dem verlorenen Zweiten Weltkrieg lag Japan – ähnlich wie Deutschland – wirtschaftlich am Boden. Die amerikanischen Besatzer stärkten die Arbeitnehmerrechte, woraufhin die Gewerkschaften weitgehende Beschäftigungsgarantien durchsetzen konnten. Von der schweren Krise betroffen war damals auch der Autobauer Toyota. Das Familienunternehmen kam an Massenentlassungen kaum vorbei, einigte sich dann aber mit den Gewerkschaften auf einen historischen Kompromiss: Zwar wurde ein Viertel der Beschäftigten entlassen, die verbliebenen Mitarbeiter erhielten jedoch eine lebenslange (!) Beschäftigungsgarantie verbunden mit automatischer Lohnsteigerung von Jahr zu Jahr. Unter diesen Bedingungen hatte das Unternehmen nur eine einzige Chance, zu alter Größe zurückzufinden: Die Mitarbeiter mussten immer besser, sprich: immer produktiver werden. Und mit den Mitarbeitern musste die gesamte Produktion immer effizienter werden, sonst würden die automatisch steigenden Löhne irgendwann nicht mehr bezahlbar sein.

Diese Zwangslage sollte die Geburtsstunde des »Kaizen« sein, jenes typisch japanischen »kontinuierlichen Verbesserungsprozesses«, der heute Managern auf der ganzen Welt ein Begriff ist. Entscheidend am Kaizen war von Anfang an die Idee eines strukturierten Prozesses. Meine Firma hat die Idee des Kaizen schon sehr früh aufgegriffen und auf die Prozesse im Büro übertragen. Man kann mit diesen japanischen Erkenntnissen geradezu revolutionäre Ergebnisse erzielen. Von diesem »Büro-Kaizen« profitieren heute viele Hundert Firmen (Näheres dazu finden Sie unter www.für-immer-aufgeräumt.de). Wer kontinuierlich immer besser werden will oder – wie Toyota damals – besser werden *muss*, kann nichts dem Zufall überlassen, sondern braucht entsprechende Prozesse. So entstand die prozessorientierte Managementphilosophie.

Wer könnte ein besseres Vorbild sein für Unternehmen, die die besten Mitarbeiter der Welt einstellen wollen, als ein Unternehmen, das geradezu gezwungen war, aus seinen bestehenden Mitarbeitern die besten der Welt zu machen? Doch keine Sorge: Der Geschäftsführer oder Personalverantwortliche eines schwäbischen Mittelständlers muss kein Kaizen beherrschen, um neue Mitarbeiter zu rekrutieren. Aber er braucht einen strukturierten Prozess! Diesen Gedanken sollten wir alle von den Japanern übernehmen: Wer kontinuierlich bessere Mitarbeiter haben will, braucht einen Einstellungsprozess, der genau dies gewährleistet.

Ich habe mir das nicht ausgedacht, sondern schon vor etwa zwei Jahrzehnten zum ersten Mal bei Unternehmensberatern erlebt. Diese Berater verschafften mir meine erste Begegnung mit einem strukturierten Einstellungsprozess. Seither hat mich dieses Thema nicht mehr losgelassen. Egal, mit welchen Unternehmern ich Kontakt habe, ob im Inland oder Ausland, ich erkundige mich immer nach deren Vorgehen beim Mitarbeiter-Recruiting: Wie sieht das aus? Was ist das Besondere daran? Und was kann ich davon lernen? Das Ergebnis dieser jahrelangen Feldforschung ist ein Prozess, den ich in der jetzigen Form seit knapp zwei Jahren einsetze. Er gewährleistet, dass ich nur die besten Mitarbeiter einstelle. Er hat sich in der Praxis unzählige Male bewährt und ist deshalb für mich der ideale Einstellungsprozess. Ihn möchte ich Ihnen hier gerne vorstellen, Punkt für Punkt, Stufe für Stufe.

Stufe 1: Anforderungsprofil erstellen

»Wir brauchen einen Verkäufer – alles Weitere ist sowieso klar, oder?«
»Na ja, so einfach ist das ja nicht. Der Verkäufer muss mindestens 40 Prozent seiner Zeit beim Kunden sein.«

»Ja, genau, und da muss er auch echt einen guten Eindruck machen – wenn er schon so viel draußen bei den Kunden ist!«

»Durchsetzungsstark sollte er auch schon sein.«

»Es wäre außerdem noch gut, wenn der neue Mitarbeiter ein bisschen besser Englisch könnte als der letzte!«

Seien wir ehrlich: So hört es sich doch in den meisten Unternehmen an, wenn mal eben im Vorbeigehen ein Anforderungsprofil für einen neuen Mitarbeiter erstellt wird. Ich finde: Das hat eher was von einem Wunschkonzert. Ein echtes Anforderungsprofil ist das jedenfalls nicht – das würde ganz anders aussehen. Ein echtes Anforderungsprofil wird auf Grundlage von Zielen formuliert. Und ein Ziel hat immer zwei Kriterien: Erstens muss es in Zahlen messbar sein, und zweitens muss es erreichbar sein.

In Bezug auf den Verkäufer heißt das: Zu überlegen, wie viel Zeit der Verkäufer bei seinen Kunden verbringen muss, ist Humbug. Auch die Forderung »Er muss einen guten Eindruck machen!« ist hier fehl am Platz. »Wir machen in diesem Bereich derzeit eine Million Umsatz. Der neue Verkäufer muss innerhalb eines Jahres zwei Millionen Umsatz machen« – das ist dagegen ein echtes Ziel. Wer ein solches Ziel gleich von Beginn an erarbeitet und festlegt, kann während des gesamten, nun folgenden Einstellungsprozesses punkten. Denn: Wenn ein Bewerber angesichts dieser Zahl nicht gleich die Flucht ergreift, kann man schon mal sicher sein, dass er kein totaler Fehlgriff ist. Man hat dann die Chance, dieses Ziel im Arbeitsvertrag festzuhalten. Und wenn am Ende der Probezeit der Personaler fragt: »Chef, wie sieht's denn aus? Wollen wir den Verkäufer übernehmen?«, dann hat man als Führungskraft schnell einen Überblick über die Leistung, die der neue Mitarbeiter bringt – denn die gewünschte Leistung ist ja definiert. Hat der neue Verkäufer nach sechs Monaten erst 50 000 Euro Umsatz gemacht, dann ist eines klar: Die zwei Millionen schafft er nicht. Man kann ihn also guten Gewissens und aus exakt bestimmbaren Gründen ziehen lassen. Sie sehen: Hat man auf dieser ersten Stufe des Einstellungsprozesses diese Anforderung respektive das messbare und erreichbare Ziel nicht formuliert, dann geht das alles nicht.

Glauben Sie mir: Ich erlebe es nur allzu oft, dass in Firmen Mitarbeiter auf der Basis von Sympathie eingestellt werden – von konkreten Anforderungen in Form von mess- und erreichbaren Zielen ist da weit und breit keine Spur. Zuletzt erlebte ich das in einer großen und bekannten Non-Profit-Organisation – dort war der Vorstand unter keinen Umständen bereit, im Vorfeld Ziele für eine neue Führungskraft festzulegen. Er sagte nur: »Der muss gut Spenden einsammeln können, und er muss gut führen können!« Von den anderen Führungskräften kamen noch zwei Punkte, insgesamt standen also vier Schlagworte im Raum. Fakt war: Es wurde ein Mitarbeiter eingestellt, der drei von diesen vier Punkten nicht erfüllte – und jeder wusste es. Aber dafür war dieser Bursche allen ungeheuer sympathisch! »Wir geben ihm eine Chance, wir versuchen das jetzt einfach!« – das war der Konsens. Der große Eklat ließ nicht lange auf sich warten. Nicht nur, dass der Kandidat das, von dem er behauptet hatte, er könne es, überhaupt nicht draufhatte – es gab ja auch keinerlei Ziele, an denen man ihn hätte messen und auf deren Basis man ihm dann sein Versagen hätte deutlich vor Augen führen können. Die ganze Situation hat sich also zu einem echten Desaster entwickelt. Der neue Mitarbeiter kostet das Unternehmen jetzt richtig viel Geld. Aber was sage ich Ihnen – Sie haben ja Kapitel 1 gelesen und wissen schon, wie teuer es werden kann, unfähige Mitarbeiter zu behalten.

Stufe 2: Netzwerk aktivieren – Talente entdecken

Früher, vor rund zehn Jahren, also noch in der »guten alten Zeit«, reichte es aus, wenn Unternehmen großformatige Stellenanzeigen in der *Frankfurter Allgemeinen Zeitung* und in den einschlägig bekannten Internetstellenbörsen schalteten – und sie konnten sich vor der Flut der Bewerbungen kaum retten. Heute ist das definitiv anders. Meine Recherchen zeigen: Die besten Mitarbeiter dieser Welt sind weder über Zeitungsanzeigen noch über Jobbörsen zu gewinnen, sondern werden über die Netzwerke der Entscheider akquiriert. Und deswegen haben Führungskräfte neben all den vielen Dingen, die sie erledigen müssen, noch einen weiteren Zusatzjob: pro Woche mindestens eine halbe Stunde ihr Netzwerk zu pflegen. Wie das geht? Ganz einfach: Lehnen Sie sich regelmäßig beispielsweise jeden Freitagnachmittag in Ihren Chefsessel zurück und überlegen Sie sich, welche spannenden und interessanten Menschen Sie in der zurückliegenden Woche kennen gelernt haben. Führen Sie dann innerhalb dieser halben Stunde mindestens ein Telefonat mit einem dieser Menschen und fragen Sie, ob diese Person jemanden kennt, der vielleicht gerne seine Stelle wechseln möchte. Denn Fakt ist: Gute Leute kennen andere gute Leute. Und so wird sich Ihre Kartei mit qualifizierten Köpfen – die ja immer potenzielle Mitarbeiter sind! – schnell füllen.

Halten Sie außerdem den Kontakt zu allen exzellenten Praktikanten und Auszubildenden, die Sie jemals im Betrieb gehabt haben. Sorgen Sie beispielsweise dafür, dass diese an ihren Geburtstagen angerufen werden – wenn Sie selbst nicht die Zeit dazu haben, bitten Sie einen Ihrer Mitarbeiter darum, er möge der betreffenden Person einen schönen Gruß von Ihnen ausrichten. Ich verspreche Ihnen: Wenn Sie Ihr Netzwerk auf diese Art und Weise pflegen und ausbauen, dann wird es Ihnen großartige Dienste leisten, sobald eine Position bei Ihnen vakant ist und Sie einen qualifizierten neuen Mitarbeiter suchen. Bei uns im Unternehmen wurden mehr als 50 Prozent der Mitarbeiter über unsere Netzwerke empfohlen. Sie können davon ausgehen, dass in den wirklich guten Unternehmen Recruiting heute hauptsächlich innerhalb der Netzwerke geschieht.

Netzwerkpflege muss endlich als ein wesentlicher Anteil der Arbeit einer Führungskraft begriffen werden. Es geht nicht darum, ab und an ein paar Belanglosigkeiten in einem Chat auszutauschen oder sein Facebook-Profil mit den neuesten Urlaubsfotos zu bestücken. Sondern darum, qualifizierte Kontakte zu knüpfen und diese auf- und auszubauen – verlässlich, interessiert und authentisch. Ich sage es Ihnen ganz offen: Der Kontakt zu jungen Leistungsträgern war ein starker Antrieb für mich, meine Lehrtätigkeit an der Fachhochschule Nürtingen anzutreten. Die FH ist inzwischen so etwas wie der Talente-Pool für meine Firma. Viele meiner ehemaligen Studierenden arbeiten heute in meinen Unternehmen. Und so ergibt sich durch meine Lehrtätigkeit dort eine klassische Win-win-Situation: Ich lerne junge, qualifizierte Menschen kennen – und die Studierenden bekommen die Chance auf einen festen Arbeitsplatz gleich nach ihren Abschlussprüfungen. Auch das ist Netzwerkpflege.

Stufe 3: Personalfragebogen zuschicken

Hat man nun erst einmal eine Zahl Bewerber akquiriert – über welchen Kanal auch immer –, geht es darum, eine erste Auswahl unter ihnen zu treffen. Dies geschieht am besten mithilfe eines Personalfragebogens. Er dient dazu, die Angaben der Bewerber zu standardisieren und die Zahl der Bewerber zu reduzieren. Das hört sich vielleicht etwas technokratisch und unpersönlich an, doch Sie sollten es einfach als ein Mittel zum Zweck begreifen. Schließlich hat man an einem gewissen Punkt im Einstellungsprozess die unterschiedlichsten Bewerbungen auf seinem Tisch liegen: mit goldenem Rand, im einfachen Pappschnellhefter, in opulent ausgestatteten, dreiteiligen Bewerbungsmappen, als ausgedruckte E-Mail. Der eine Bewerber macht fürchterlich viele Worte, der andere fast gar keine, einer schreibt seinen Lebenslauf rückwärts-chronologisch, der andere vorwärts, kurz: Es herrscht ein buntes Durcheinander. Um mir schneller einen Überblick verschaffen zu können, schicke ich also allen, die sich beworben haben, den erwähnten Fragebogen zu und bitte sie, diesen auszufüllen. Bei mir hat dieser Fragebogen elf Seiten. *Einen kurzen zweiseitigen Fragebogen für einfache Angestellte und gewerbliche Mitarbeiter finden Sie kostenlos auf der Website www.die-personalfalle.de.*

Kommen die Bögen dann zurück, kann ich die einzelnen Qualifikationen der Bewerber sehr viel schneller und besser vergleichen. Und noch etwas: Höchstens die Hälfte der Bewerber macht sich überhaupt die Mühe, diesen Bogen auszufüllen. Diese Stufe ist also auch eine Auswahl. Hier trennt sich zum ersten Mal die Spreu vom Weizen. Die ausgefüllten Fragebögen studiere ich nun sehr genau. Mit den drei oder vier Kandidaten, die am besten zu passen scheinen, führe ich dann ein Telefoninterview.

Stufe 4: Telefoninterview

Das Telefoninterview ist nicht einfach irgendein Gespräch, sondern es folgt einem klar definierten Leitfaden, hat einen festgelegten Ablauf. Es dauert genau 30 Minuten. 20 Minuten davon nimmt eine Diskussion in Anspruch, die sich an ganz bestimmten Fragen entzündet, die ich den Bewerbern stelle. In den restlichen 10 Minuten hat dann der Kandidat die Gelegenheit, seine Fragen an mich loszuwerden.

Wenn ich Seminare zu diesem Thema gebe und dann die Teilnehmer frage, was sie denn am ehesten von einem Bewerber wissen wollten, welche Fragen sie ihm also als Erstes stellen würden, herrscht zunächst einmal das große Schweigen. Dann kommen ganz zögerlich einzelne Vorschläge – die in der Regel eher diffus sind und manchmal überhaupt nicht zielführend. Dabei kann man in der Tat die besten Fragen, die man einem Bewerber stellen kann, relativ leicht benennen – wenn man viel Erfahrung mit Interviews hat. Die erste Frage, die wir in einem Telefoninterview den Bewerbern stellen, lautet: »Was möchten Sie langfristig erreichen? Was sind Ihre beruflichen Ziele?«

Immer wieder zeigt sich: Die zukünftigen A-Mitarbeiter wissen von Anfang an ganz genau, wie ihre Ziele aussehen. Und sie lieben es, darüber zu reden. Es gibt aber durchaus auch Bewerber, die hier sagen: »Meine Ziele? Hm, da muss ich mal nachdenken. Ja, klar, ich möchte gerne einen Job bei Ihnen haben.« Ich hake dann meistens noch einmal nach, um dem Bewerber eine weitere Chance zu geben: »Dass Sie einen Job bei uns wollen, ist mir klar, denn sonst würden wir dieses Gespräch ja gar nicht führen. Was ich gerne wissen möchte, ist, welche mittel- und langfristigen Vorstellungen Sie von Ihrem beruflichen Leben haben.« Und obwohl wir schon bis hierher die Kandidaten sorgfältig ausgewählt haben und eigentlich nicht mehr allzu viele »blinde Hühner« unter ihnen sein sollten, bekomme ich hin und wieder zu hören: »Ja, klar, jetzt erst mal den Job bei Ihnen. Und dann…ja…der Weg ist das Ziel, oder nicht? Dann wird das ja schon irgendwie weitergehen, nehme ich mal an.«

Wenn ich mir in einem Telefoninterview solcherlei Aussagen anhören muss, dann weiß ich, dass ich den Hörer eigentlich auflegen kann. Wenn ein Bewerber keine Planung für sein Leben gemacht hat, dann wird er auch keine Planung für seine Tätigkeit an seinem neuen Arbeitsplatz in die Tat umsetzen können – ganz zu schweigen von einer übergreifenden Planung, die den Zielen des Unternehmens auf irgendeine Art und Weise dienlich ist. Ein solcher Bewerber hat nur eins im Kopf: Er will morgens zur Arbeit kommen, abends wieder gehen und sich in der Zeit dazwischen kein Bein ausreißen. Zu diesem Thema gibt es etliche Untersuchungen und Studien. Tenor: Beruflich erfolgreiche Menschen haben einen großen Zeithorizont. Wessen Planung sich gerade einmal bis zum nächsten Urlaub erstreckt, der ist definitiv kein A-Mitarbeiter, da können Sie sich sicher sein.

Wenn Sie also das Ziel des Bewerbers kennen und sich dieses Ziel auch noch mit dem deckt, was Sie mit ihm vorhaben: wunderbar. Dann kommt Frage Nummer zwei: »Was sind Ihre beruflichen Stärken?« Hier lasse ich nicht locker, bevor ich nicht zwölf Stärken des Bewerbers auf meinem Notizblock stehen habe, der während des Telefonats vor mir liegt. Danach stelle ich die Frage nach den Schwächen des Bewerbers beziehungsweise nach dem, was ihm nicht so leicht von der Hand geht oder was ihn nur am Rande interessiert. Die einschlägigen Ratgeber sind ja voll von Antworten, die man als Bewerber auf solche Fragen geben soll, zum Beispiel: »Ich bin sehr ungeduldig.« Ziel: sich als noch dynamischer und umtriebiger zu profilieren als die Konkurrenz. Und diese ganzen Antworten bekomme ich dann natürlich auf meine Frage serviert. Wenn ein Bewerber zu mir sagt: »Ich bin zu ungeduldig,«, dann antworte ich ihm: »Das klingt doch eher wie eine Stärke! Machen Sie mal weiter.« Dann kommt oft: »Ich arbeite zu hart.« Gleiche Nummer, auch hier lautet meine Antwort: »Kommen Sie, das ist doch ganz eindeutig eine Stärke! Ich will aber wissen, was Ihre Schwäche ist!« Ich bleibe so lange dran, bis es ans Eingemachte geht. Manchmal kommen dann ganz ehrliche Geschichten ans Tageslicht – von versäumten Deadlines, verpassten Gelegenheiten, falschen Entscheidungen und an die Wand gefahrenen Projekten. Und damit kann ich genau das herausfinden, was ich erfahren will: Wie reflektiert geht der Bewerber mit seinen Fehlern um? Macht er immer den »blöden Chef« für alles verantwortlich, was schiefgeht? Oder sieht er auch den eigenen Anteil daran? Und vor allem: Zieht er seine Schlüsse daraus? Passt er sein Verhalten an? Was macht er beim nächsten Mal besser? Sie können davon ausgehen, dass diejenigen, die genau diesen reflektierten Umgang mit ihren schwachen Seiten draufhaben, das Zeug zu A-Mitarbeitern haben.

Die wirklich skurrilen Antworten bekomme ich allerdings erst auf die vierte Frage des Telefoninterviews: »Wer waren Ihre fünf letzten Chefs, und welche Noten werden sie Ihnen geben, sobald ich sie danach frage?« Wohlgemerkt – ich sage nicht »...*falls* ich sie danach frage«, sondern »...*sobald* ich sie danach frage«. Dass wir mit den ehemaligen Chefs der Bewerber sprechen, ist also eine eindeutige Ansage. Das tun wir tatsächlich – wir tun nicht nur so als ob. An dieser Stelle zucken viele Bewerber zusammen, das kann man fast schon sehen, auch wenn wir nur telefonieren. Die Bewerber wissen: Jetzt können sie mir nicht mehr die Story vom Pferd erzählen, jetzt ist Schluss mit lustig. Deshalb schreibe ich im Telefoninterview alles mit, was die Bewerber über ihre letzten fünf Chefs und die Noten erzählen, die diese Chefs ihnen geben würden. Und mit diesen Zitaten trete ich dann im Anschluss tatsächlich an die früheren Chefs heran – vielleicht nicht schon in dieser frühen Phase des Bewerbungsprozesses, aber mit Sicherheit später, nach dem ersten Interview. Mehr dazu lesen Sie deshalb auf Seite 164, beim Thema Referenzen (Stufe 6).

Sind die vier Fragen des Telefoninterviews erst einmal abgearbeitet, habe ich meist eine recht eindeutige Einschätzung gewonnen, ob ich mit einem Kandidaten gerne weiter in die Tiefe gehen würde oder nicht. Wenn mein Eindruck ist: »Wow! Das war ja ein spannendes und interessantes Gespräch! Mit diesem Kandidaten könnte ich mich noch stundenlang unterhalten!«, dann lade ich ihn zu einem ersten persönlichen Interview ein. Wenn ich dagegen schon während des Telefontermins die Wahrnehmung hatte, dass sich das Gespräch länger als ein Kaugummi zieht, dann lasse ich es ganz einfach. Spart uns allen Zeit und Geld.

Stufe 5: Erste Interviews

Zu einem ersten persönlichen Gespräch lade ich nicht nur den Bewerber ein, sondern bitte auch noch drei bis vier Mitarbeiter aus meinem Unternehmen dazu. Für dieses Gespräch habe ich einen knapp dreißigseitigen Interviewleitfaden erstellt, den wir dann ganz konsequent durcharbeiten. Das dauert etwa drei Stunden. Während dieser Zeit gehen wir die Stationen des Bewerbers durch: Schulzeit, Nebenjobs, Ausbildung, Studium. Das alles handeln wir sehr kurz ab. Worüber wir dann jedoch ausführlich sprechen, das sind die Arbeitsverhältnisse, die der Bewerber bis dahin innehatte. Zu jeder Stelle wollen wir wissen, was seine Arbeitsgebiete waren, welche Position er bekleidet hat, wie die Zusammenarbeit mit den Kollegen lief, warum er nicht mehr dort ist und so weiter. Und: Wie schon im Telefoninterview auch, bohren wir recht genau nach und wollen wissen, wie in der Einschätzung des Bewerbers der ehemalige Chef seine Stärken, Schwächen und seine Leistung dort beurteilen würde.

Die Pläne des Bewerbers, seine Ziele, seine Zukunft spielen natürlich auch eine wichtige Rolle in diesem ersten Interview. Was wir auch noch von ihm wissen wollen – natürlich nur, sofern er schon Führungskraft ist und sich auch für einen solchen Posten bei uns bewirbt: Wie viele A-, B- und C-Mitarbeiter denn in seiner Abteilung gearbeitet haben, als er dort anfing, und wie viele es noch waren, als er das Unternehmen verließ. Und was er mit den C-Mitarbeitern gemacht hat und ob er es geschafft hat, aus C-Mitarbeitern B-Mitarbeiter zu machen. Vor allem: wie er das gemacht hat. Das ist für mich ein ganz entscheidendes Thema in einem solchen Bewerbungsgespräch – denn ich will und muss ja wissen: Schafft es dieser Bewerber auch in meinem Unternehmen, A-Mitarbeiter anzuziehen, C-Mitarbeiter an die Luft zu setzen oder zumindest B-Mitarbeiter aus ihnen zu machen?

Direkt im Anschluss an dieses dreistündige Gespräch finden noch weitere Gespräche statt: Kompetenzinterviews heißen sie bei uns im Haus. Diese Kompetenzinterviews führe nicht mehr ich als Chef durch, sondern die potenziellen neuen Kollegen des Bewerbers. Bewirbt sich beispielsweise ein Kandidat für den Verkauf, dann frage ich meinen besten Verkäufer, ob er eine Stunde Zeit für ein solches Kompetenzinterview mit dem Bewerber hat, in dem er ihm fachlich auf den Zahn fühlen kann. Dieses Interview führen dann auch nur diese beiden miteinander.

Hat der Bewerber sich dann wieder von uns verabschiedet, beraten wir uns. Alle, die an den Gesprächen teilgenommen haben, versammeln sich im Besprechungsraum um ein Flipchart. Wir fragen uns: Was haben wir gehört? Was haben wir verstanden? Worin hat sich der Bewerber widersprochen? Hat er Namen genannt, die uns als Referenzgeber überhaupt nicht bewusst waren? Bei welchen Themen waren seine Äußerungen unscharf – vielleicht weil er etwas verbergen wollte? Oft entspinnen sich dann erstaunliche Dialoge: »Nein, er hat sich doch da gar nicht widersprochen, denn ein paar Minuten später hat er das ganz genau erklärt!« »Ja, meinst du? Das habe ich ganz anders wahrgenommen.« Und dann loten wir die Bereiche und Themen aus, bei denen sich ein Nachhaken lohnt, sprich: Wir entwerfen alle gemeinsam am Flipchart die Fragen für das zweite Interview. Wenn wir beispielsweise im Gespräch zum Thema Werte das Gefühl hatten, dass der Bewerber nicht hundertprozentig aufrichtig war, wenn er bestimmte Schlüsselworte verwendet oder auch nicht verwendet hat – dann beschließen wir, da noch einmal nachzuhaken und halten die entsprechenden Fragen dazu auf dem Flipchart fest.

Stufe 6: Referenzen einholen

Referenzen einzuholen ist ein wirklich aufschlussreicher Schritt im idealen Einstellungsprozess – und es ist mir ein großes Rätsel, warum so wenig Unternehmen darauf zurückgreifen. Aber der Reihe nach. Gehen wir davon aus, dass ein Bewerber mir im Telefoninterview oder im ersten persönlichen Interview erzählt hat, dass er an seinem letzten Arbeitsplatz aus irgendwelchen Gründen vom Informationsfluss abgeschnitten war und dass es deshalb zu einem Zerwürfnis mit dem Chef gekommen sei. Eine solche Aussage will ich natürlich überprüfen. Deshalb rufe ich den betreffenden Chef an. Habe ich ihn dann in der Leitung, konfrontiere ich ihn mit dem, was sein ehemaliger Mitarbeiter über die Zusammenarbeit erzählt hat. Glauben Sie mir: Nicht selten bekomme ich Sätze zu hören wie: »Was? Das hat er über unsere Zusammenarbeit erzählt? Ist ja unglaublich! Ich erzähle Ihnen jetzt mal, wie das wirklich war! Wir haben ihn nämlich überschüttet mit Informationen! Er hatte Zugang zu allen Unterlagen, zu sämtlichen Daten – alles, was er wissen wollte, hat er bekommen. Drei meiner besten Mitarbeiter sind gegangen, weil er zu dämlich war, seine Arbeit anständig zu erledigen. Das hat er nämlich nicht geschafft, trotz all der Informationen, auf die er zugreifen konnte!«

Mit den früheren Chefs von Bewerbern zu sprechen, also Referenzen einzuholen, halte ich für eines der aussagekräftigsten Instrumente in einem Einstellungsprozess. Das sehen allerdings nur wenige Unternehmen so: Ich bekomme höchst selten Anrufe von anderen Unternehmern oder Führungskräften, die Erkundigungen über meine ehemaligen Mitarbeiter einholen. Wir sind da anders. Wir bestehen auf fünf Referenzgesprächen. Auch wenn es Zeit kostet, auch wenn man den ehemaligen Chefs lange hinterhertelefonieren muss – egal. Das Ergebnis macht diese Mühe allemal wett. Referenzen sind einer der wirkungsvollsten Hebel im Einstellungsprozess.

Aber nicht nur ich führe diese Referenzgespräche, sondern ich bitte diejenigen meiner Mitarbeiter, die mit dem Bewerber die Kompetenzgespräche geführt haben, das ebenfalls zu tun.

Dass wir im Einstellungsprozess unserer Beratungskunden darauf drängen, so offensiv Referenzen einzuholen, stößt oft auf Widerstand. Das mache man nicht, das sei nicht fair – sagen die Bewerber und oft auch die anstellenden

Chefs. Selbst einige Unternehmen, mit denen wir die Referenzgespräche führen, verhalten sich etwas befremdet – fast schon so, als werfe es ein schlechtes Licht auf sie, wenn sie etwas Negatives über ihren ehemaligen Mitarbeiter erzählen. Wir holen doch aber die Referenzen nicht ein, um dem Bewerber zu schaden! Wir wollen ihm vielmehr nützen – denn je genauer wir Bescheid wissen, über das, was an seinem früheren Arbeitsplatz gelaufen ist, desto eher können wir ihm einen Arbeitsplatz bieten, der zu ihm passt. Wenn ein neuer Mitarbeiter nach drei oder vier Monaten Probezeit unser Haus wieder verlassen muss, weil er nicht die Arbeit leisten kann, für die wir ihn eingestellt haben – aus welchen Gründen auch immer –, dann gereicht ihm das zum Schaden. Denn einen guten Eindruck macht das im Lebenslauf ganz bestimmt nicht. Und davor wollen wir den Bewerber schützen. Uns natürlich auch, keine Frage.

Stufe 7: Zweites Interview

Wir stellen Menschen ein aufgrund ihrer beruflichen Stärken und entlassen sie wegen ihrer charakterlichen Schwächen. Das ist nicht nur meine Erfahrung, sondern die vieler anderer Unternehmer auch. Und deshalb geht es in einem zweiten Interview um den Charakter des Bewerbers. Den versuchen wir so gut es geht auszuloten. Wir verwenden dafür zwar über weite Strecken einen strukturierten Leitfaden, aber es kann auch schon mal ganz unkonventionell zugehen. Da fragt vielleicht einer von uns den Bewerber, wie oft er einen Ölwechsel an seinem Auto vornimmt, weil er wissen will, wie sorgfältig der Bewerber mit seinen Dingen umgeht. Daraus ziehen wir dann Rückschlüsse darauf, ob der Bewerber vorausschauend handelt (und nicht erst dann das Öl wechselt, wenn der Motor merkwürdige Geräusche von sich gibt) und dementsprechend wie er auch mit Geräten und Maschinen umgeht, die ihm möglicherweise an seinem Arbeitsplatz anvertraut sind. Das ist natürlich nur ein Beispiel – diese Fragen müssen ganz genau angepasst werden an die Persönlichkeit, die man sucht.

Hier einige Vorschläge für hilfreiche Fragen: »Wenn ein Streich in Ihrer Schulklasse geplant wurde: Waren Sie der Rädelsführer?« Dahinter steht die Überlegung: Benahm sich der Bewerber immer nur gefällig dem Lehrer gegenüber, oder setzte er sich auch einmal kritisch mit ihm auseinander? Eine weitere Frage wäre: »Ein Kollege lässt Büromaterial mitgehen. Melden Sie dies Ihrem Vorgesetzten?« Wenn der Bewerber so etwas durchgehen ließe, wäre das nicht in Ordnung, sondern moralisch verwerflich. Meldete er es gleich dem

Chef, wäre das allerdings übertrieben. Richtig wäre es, auf den Kollegen zuzugehen und die Sache mit ihm zu besprechen. In eine ähnliche Richtung zielt die Frage: »Was unternehmen Sie, wenn Sie sehen, dass ein gleichrangiger Kollege seine Spesenabrechnung fälscht?«

Eine Frage, die etwas über die Persönlichkeitsstruktur des Bewerbers aussagt (sucht er Statussymbole oder ist er bescheiden?), ist diese hier: »Wie würden Sie Ihr persönliches Wunschbüro gestalten?« Eine ebenfalls sehr aufschlussreiche Frage: »Haben Ihre Freunde beruflich Karriere gemacht? Wo arbeiten sie heute? Hatte dies einen Einfluss auf Ihre berufliche Entwicklung?« Der Freundeskreis sagt sehr viel über den Bewerber aus. Ob die Aussage »Zeige mir deine Freunde und ich sage dir, wer du bist« in dieser Ausschließlichkeit immer so zutrifft, sei einmal dahingestellt, Fakt aber ist: Gute Leute kennen gute Leute.

Damit Sie im zweiten Interview die richtigen Fragen stellen, müssen Sie sich natürlich im Vorfeld überlegt haben, welche Charaktereigenschaften der neue Mitarbeiter mitbringen soll. Wie muss er sein, damit er gut an seinen neuen Arbeitsplatz passt? Und mit welchen Fragen kommt man diesen Eigenschaften dann auf die Schliche?

Auch die Werte des Bewerbers sind uns sehr wichtig. Und damit meine ich nicht nur so universelle Werte wie Ehrlichkeit, sondern auch unsere Unternehmenswerte: Kann sich der Bewerber mit ihnen identifizieren? Kann er sie mittragen? Kann er sie mit Leben füllen? Wie würde er diese Werte in seinen täglichen Arbeitsalltag integrieren, wenn er bei uns arbeitete? Über all diese Fragen sprechen wir in einem zweiten Interview. Und danach wird es richtig spannend.

Stufe 8: Den Bewerber für das Unternehmen gewinnen

Um es gleich zu Anfang auf den Punkt zu bringen: In dieser Phase des idealen Einstellungsprozesses zittert nicht mehr der Bewerber. Jetzt zittern wir – die Chefs. Denn der Bewerber, den wir auf Basis dieses Prozesses ausgewählt haben, gehört definitiv und eindeutig zu den potenziellen A-Mitarbeitern. Und die können jeden Job haben. Sie sind nicht angewiesen auf den einen, den wir ihnen bieten. Sie haben immer mehrere Eisen im Feuer. Jetzt geht es also darum, dass wir dem Bewerber ganz klar deutlich machen: Diese Stelle bei uns ist genau die, die am allerbesten zu seinen spezifischen Stärken passt, und nirgendwo anders wird es ihm so gutgehen wie bei uns. Er muss verstehen, dass die ihm hier angebotene Stelle ihn nachhaltig erfüllt. Er wird hier Wurzeln schlagen!

Also versuchen wir, dem Bewerber größtmögliche Wertschätzung zu zeigen. Wir laden ihn mit den Mitgliedern der Geschäftsleitung zum Abendessen ein. Wir zeigen ihm die Umgebung. Wir beziehen auch seine Familie mit ein und zeigen allen Familienangehörigen, wo sie welche Freizeitangebote, Schulen und kulturellen oder kirchlichen Einrichtungen vorfinden. Wir sichern ihm zu, dass wir – wenn er sich für uns entscheidet – Immobilienmakler beauftragen, die ihm verschiedene Häuser oder Wohnungen in der Umgebung zeigen werden, und dass wir natürlich auch seinen Umzug finanzieren.

Aber: Selbst wenn der Bewerber dann den Arbeitsvertrag unterschreibt und wir ihn endlich als neuen Mitarbeiter in unseren Reihen begrüßen dürfen, gilt noch keine Entwarnung. Denn das dicke Ende kommt erst noch.

Stufe 9: Probezeit nutzen und aktiv gestalten

Der bekannte Managementexperte Jim Collins sagt: »Auch gute Firmen machen Fehler im Einstellungsprozess. Worin sie sich allerdings gravierend unterscheiden, ist die Probezeit – während mittelmäßige Firmen es nun schleifen lassen, arbeiten exzellente Companys mit klaren Meilensteinen.« Viele Unternehmen unterschätzen die Wichtigkeit der Probezeit eklatant – indem sie denken: »Na ja, der neue Mitarbeiter erhält eine Einweisung in sein neues Tätigkeitsfeld, ins Tagesgeschäft wächst er so langsam rein, und der Rest findet sich schon irgendwie.« Und genau in diesem Punkt unterscheiden sich exzellente von durchschnittlichen Unternehmen: Die Topfirmen vereinbaren nämlich Meilensteine mit ihren neuen Mitarbeitern. Und das Schöne an unserem neunstufigen Einstellungsprozess ist: Wenn man den ersten Punkt (»Anforderungsprofil erstellen«) wirklich ernst genommen und gut erledigt hat, dann stehen die Meilensteine quasi schon fest. Wenn wir also einen neuen Mitarbeiter eingestellt haben, dann setzen wir uns gleich am ersten Tag gemeinsam mit ihm an einen Tisch und besprechen, welche Meilensteine wir für seine Probezeit festlegen wollen. Auch hier gelten dieselben Kriterien wie für die Anforderungen: Meilensteine müssen in Zahlen messbar und auch erreichbar sein.

Diese Vorgehensweise hat einen großen Vorteil. Am Ende der Probezeit können wir anhand der erreichten oder eben auch nicht erreichten Meilensteine beziehungsweise Zahlen ganz kühl, klar und objektiv nachvollziehbar entscheiden, ob wir diesen Mitarbeiter weiter beschäftigen wollen oder nicht. Wir müssen uns nicht auf irgendwelche gefühlten Faktoren zurückziehen und auch nicht hilflos im Nebel herumrudern (»Na gut, seine Performance war nicht wirklich überzeugend, aber es war auch nicht alles schlecht, was er gemacht hat. Außerdem haben wir ja ein gutes Weiterbildungsprogramm. Gemeinsam mit unserem tollen Team kriegen wir das schon hin.«).

Dieser ideale Einstellungsprozess, durch den ich Sie geführt habe, eignet sich in dieser ausführlichen Form exzellent für die Rekrutierung von Führungskräften. Für Fachkräfte oder einfache Mitarbeiter wählt man sicherlich eine etwas verkürzte Variante. In unserem Hause wurde eine Vielzahl von Materialien entwickelt, die den optimalen Verlauf des Einstellungsprozesses sicherstellen. *Weitere Infos finden Sie kostenlos auf der Website www.die-personalfalle.de/Personaltoolbox.*

Für mich sind Stufe 7 (»Zweites Interview«) und Stufe 8 (»Den Bewerber für das Unternehmen gewinnen«) immer wieder aufs Neue die spannendsten Phasen des Prozesses. Wenn man unter so vielen Bewerbern den am besten geeigneten ausgewählt hat, dann möchte man ihn natürlich auch für sich gewinnen – ob das auch tatsächlich gelingt, ist lange nicht klar. Denn der Bewerber hat sicherlich auch noch andere Angebote. Bittet vielleicht um Aufschub für die Entscheidung, weil er eigentlich lieber für ein anderes Unternehmen arbeiten will, das sich aber noch nicht für ihn entscheiden konnte. Oder er stellt Bedingungen an uns, die wir nicht erfüllen wollen.

In dieser Phase ist echter Ideenreichtum seitens des Unternehmens gefragt. Die Begeisterung muss auf den Bewerber überspringen – dies zu schaffen, spornt mich immer wieder an. Ich gebe hier viel Einsatz, der sich aber mehr als lohnt, wenn wir dann wieder einen der Besten für unser Unternehmen gewinnen konnten. Denn nur die Besten bringen uns vorwärts. Nur mit ihnen entkommen wir der Personalfalle.

Kapitel 13

Ein Mittel gegen Durst auf hoher See

Beginnen wir vielleicht mit den Maßnahmen — dann fallen uns die Ziele bestimmt schon wieder ein!

Es ist Herbst. Ich bin spätabends auf der Autobahn unterwegs zu meinem Haus auf der Schwäbischen Alb. Gerade habe ich einen der vielen mittelständischen Unternehmer besucht, die ich über die Jahre kennen gelernt habe. Unser Gespräch geht mir immer noch durch den Kopf. Es ist immer das Gleiche – abends, wenn der offizielle Teil der Beratung in einem Unternehmen beendet ist und man im kleinen Kreis oder unter vier Augen zusammensitzt, wird Klartext geredet. Dann erfahre ich, was in den Unternehmen wirklich geschieht, abseits der Wahrnehmung von Medien und Öffentlichkeit. Die Autobahn ist leer, ich fahre mit gemäßigtem Tempo und denke darüber nach, was ich in diesem Herbst beobachtet und erfahren habe.

Die schlimmsten Auswirkungen der weltweiten Finanzkrise scheinen gerade überwunden. Die deutschen Unternehmen verzeichnen wieder wachsende Umsätze; der DAX klettert jeden Tag ein Stückchen weiter nach oben. Da kommt in meinen abendlichen Gesprächen mit Führungskräften aus inhabergeführten mittelständischen Unternehmen Erstaunliches zutage: Die Massenentlassungen der zurückliegenden Monate waren eigentlich gar keine! Es gab zwar viele Kündigungen, das schon. Zahllose Kündigungsschreiben wurden in den Personalabteilungen ausgefertigt. Aber es wurden beileibe nicht einfach Menschen massenhaft und wahllos vor die Tür gesetzt, wie es der Begriff »Massenentlassung« suggeriert. Die Entlassungen geschahen vielmehr alles andere als wahllos, sondern höchst selektiv. Da steckte ein ausgeklügelter Plan dahinter.

Nächtelang hatten zahllose mittelständische Unternehmer und Führungskräfte über ihren Personallisten gebrütet und sehr genau überlegt, wen sie entlassen würden – und wen nicht. Die A-Mitarbeiter durften bleiben. Die C-Mitarbeiter und die weniger lernbereiten unter den B-Mitarbeitern mussten gehen. Ja, sie wurden zum Verlassen des Unternehmens gezwungen – und zwar zum Teil unter Aufbietung aller zur Verfügung stehenden Tricks, die ich hier selbstverständlich nicht in aller Ausführlichkeit beschreiben werde, weil sie nicht noch mehr Nachahmer finden sollten. Aber jetzt kommt das Entscheidende: Man spielte nicht mit offenen Karten! Da wurden ganze Abteilungen dichtgemacht, sämtliche Mitarbeiter der Abteilung auf die Straße gesetzt – damit es auch ja nach Massenentlassung aussah, damit der harte Einschnitt der Wirtschaftskrise in die Schuhe geschoben werden konnte. Aber ein paar Wochen später wurden die A-Mitarbeiter dieser Abteilungen wieder ins Unternehmen zurückgeholt! So war es mit ihnen insgeheim auch abgesprochen gewesen. Ein mehr als fragwürdiges Vorgehen.

Sie finden, das klingt nicht nach Wirtschaftskrise, sondern eher nach Wirtschaftskrimi? Ja, das ist wie in einem Krimi. Aber er sollte uns nicht zur Unterhaltung dienen, sondern aufrütteln und zum Nachdenken bringen! Das Hauptthema in den Unternehmen sind immer die Mitarbeiter: Wo finde ich die besten, wie halte ich sie, was kann ich tun, um Probleme mit ihnen zu lösen? Aber dann auch: Wie werde ich diejenigen, die sich als Fehlbesetzung erwiesen haben und sich nicht weiterentwickeln wollen, so schmerzlos wie möglich wieder los? Gerade zu dem letzten Punkt werden gerne Pläne geschmiedet, wie man das am effektivsten anpackt. Bei einer Tagung stand ich in jenem Herbst einmal mit den Geschäftsführern zweier Autohäuser zusammen. Der eine sagte zum anderen: »Kannst du mir mal einen Gefallen tun? Ich habe hier einen Mitarbeiter, der will schon wieder mehr Geld, und eigentlich steht er auf der Liste der Mitarbeiter, die ich sowieso loswerden will. Biete du ihm doch einfach 1 000 Euro mehr im Monat, da springt er hundertprozentig darauf an und ich bin ihn los, ganz ohne Abfindung. Zu deinem Schaden soll das natürlich nicht sein! Entlasse ihn einfach wieder innerhalb der ersten zwei Wochen, da ist er ja sowieso noch in der Probezeit, und ich gebe dir 5 000 Euro als Entschädigung für deine Mühe.«

Gut, jetzt habe ich Ihnen einen dieser Tricks doch verraten. Ich appelliere als Christ ausdrücklich an Ihr Gewissen, dass Sie als Unternehmer oder Führungskraft von solch ethisch fragwürdigen Tricksereien die Finger lassen. Ich habe dieses krasse Beispiel nur angebracht, weil es zweierlei in aller Deutlichkeit zeigt: Unternehmen scheinen nach und nach zu erkennen, welch wichtige Rolle die A-Mitarbeiter spielen – und dass die Anzahl der B- und vor allem der C-Mitarbeiter endlich reduziert werden muss. Die Mentalität »Wir schleifen alle mit durch, egal, ob sie Leistung bringen oder nicht« ist auf dem Rückmarsch. Die Wirtschaftskrise hat dafür gesorgt, dass sich diese Mentalität kein Unternehmen mehr leisten kann. Diese Erkenntnis wird bleiben. Die C-Mitarbeiter und jene B-Mitarbeiter, in deren Weiterbildung viel investiert wurde, ohne dass sie ihre Leistung deutlich verbessert hätten, werden nicht mehr in die Unternehmen zurückkehren. Das ist Punkt eins und die gute Nachricht.

Punkt zwei und die schlechte Nachricht ist: Auch im Aufschwung nach der Krise wird uns das scheinbare Paradox aus hoher Arbeitslosigkeit einerseits und Fachkräftemangel andererseits erhalten bleiben. Ein eklatanter Mangel an gut qualifizierten Fachleuten und Topführungskräften wird noch auf Jahre herrschen. Dieser macht sich ja schon seit Jahren aufgrund des demografischen Wandels bemerkbar, wird nun aber noch verstärkt. Diese Situation kann gar nicht dramatisch genug geschildert werden. Der SPD-Arbeitsmarktexperte und Bundesminister a. D. Olaf Scholz spricht denn auch zu Recht von einem »Horrorszenario«, wenn extremer Fachkräftemangel und anhaltend hohe Arbeitslosigkeit aufeinandertreffen.

Lieber ein Partyzelt als eine Ausbildung!

In meinem direkten Umfeld kann ich beide Tendenzen schon seit Jahren beobachten. Da ist zum einen das Werk der Firma Bosch bei uns am Ort, in Giengen an der Brenz. Dort werden seit Jahr und Tag Kühlschränke hergestellt, im Drei-Schicht-Betrieb. Noch vor zehn Jahren konnte ein ungelernter Fließbandarbeiter dort inklusive Schicht- und Schmutzzulagen mehr verdienen als ein gut qualifizierter Facharbeiter in einer kleineren Firma. Das führte dazu, dass viele junge Menschen in der Region nach der Schule nur einen Gedanken hatten – auf gut Schwäbisch: »I geh' zum Bosch.« Schließlich schien das der Garant für eine lebenslange, gut bezahlte Stellung und demzufolge für ein Haus mit Garten, Mercedes C-Klasse in der Garage und Partyzelt auf der Terrasse zu

sein. Fast so, als wäre man verbeamtet worden. Diese hoch bezahlten Fließ-
bandarbeitsplätze führten übrigens dazu, dass es heute im Umkreis von 20
oder 30 Kilometern um Giengen herum kaum noch Friseure gibt. Durchaus
verständlich, denn so funktioniert Marktwirtschaft: Warum sollte man für 7
oder 8 Euro die Stunde anderen Menschen die Haare schneiden, wenn man
»beim Bosch« für das Doppelte plus alle möglichen Zulagen am Fließband
stehen kann und dafür noch nicht einmal eine Ausbildung benötigt?

Doch auch im Bosch-Werk ist die gute alte Zeit inzwischen vorbei. Der
Betrieb wird seit einiger Zeit heruntergefahren; mehr und mehr Mitarbeiter
werden abgebaut. Es arbeiten dort heute nicht mehr viereinhalbtausend Menschen, sondern nur noch zweieinhalbtausend – Tendenz weiter sinkend. Und
die Arbeitsplätze haben sich verändert: Unqualifizierte Fließbandarbeiter sind
nicht mehr gefragt, sondern Mitarbeiter, die sich weiterqualifiziert haben und
den Sachverstand mitbringen, den es braucht, um die komplexeren Tätigkeiten
erfolgreich zu bewältigen, die im Bosch-Werk mittlerweile anstehen. Doch
diese Bereitschaft, sich weiterzuqualifizieren, ist bei vielen Menschen nicht vorhanden.

Zur anderen Seite der Medaille fällt mir ein mir bekannter Unternehmer in
Neu-Ulm ein. Er hat einen 60-Mann-Betrieb im Bereich Maschinenbau, in dem
er unter anderem Kabelbearbeitungsmaschinen herstellt. In Ulm sind – ähnlich
wie in Stuttgart oder München – Fachkräfte äußerst rar. Und so schrieb er mir
vor einigen Monaten einen fast schon verzweifelten Brief: »Ich könnte sofort
vier bis sechs Industriemechaniker einstellen, ich brauche dringend Fräser und
Industrieelektriker, vielleicht kannst du mir da helfen. Wir können hier in der
Region keine geeigneten Mitarbeiter finden. Eine Anzeige in der Zeitung ist
hoffnungslos. Auch die Zeitarbeitsfirmen haben keine Fachkräfte mehr. Diese
Personallücke entwickelt sich derzeit zu meinem größten Problem.«

Der Fachkräftemangel treibt mitunter aber noch ganz andere Blüten – dessen sind sich viele Unternehmer gar nicht bewusst. Sie erinnern sich: Schon im
vorletzten Kapitel sprach ich von der totalen Veränderung des Verhältnisses
von Arbeitgebern und Arbeitnehmern, die sich im Augenblick vollzieht und
dazu führt, dass gerade die Gruppe der Young Professionals extrem hohe Ansprüche an ihre Arbeitgeber stellt – statt wie bisher umgekehrt. Vor einiger
Zeit empfahl ich einen gut ausgebildeten jungen Mann einem befreundeten
Unternehmer. Der Bewerber war Betriebswirt, hatte etliche Zusatzausbildun-
gen, erste Berufserfahrung und war sehr glücklich, dass ich ihm diese Stelle bei
meinem Freund vermittelte. Der wiederum war selig, verstand sich gut mit
seinem neuen Mitarbeiter, so erzählte er mir: Sie seien ein Herz und eine Seele.

Ein knappes halbes Jahr später traf ich den jungen Betriebswirt samstags in der Stadt beim Einkaufen. Ich fragte ihn, wie es denn so laufe im Betrieb. Da erzählte er mir, dass er schon längst wieder gekündigt habe und nun woanders arbeite. Ich fiel aus allen Wolken. »Warum denn das?«, fragte ich ihn. »Ach, wissen Sie, Herr Professor Knoblauch, das mit dem neuen Chef hat doch nicht so gut geklappt, wie ich mir das vorgestellt habe. Am Anfang hat sich das schon ganz gut angelassen, aber dann kam mir der Chef einfach nicht schnell genug in die Gänge. Ich wollte neue Projekte machen, neue Geschäftsfelder erschließen. Schauen Sie, ich will ja auch anwenden, was ich gelernt habe! Aber da zog der Chef nicht so mit, wie ich mir das vorgestellt hatte. Und Sie wissen ja, dass Leute wie ich derzeit überhaupt keine Schwierigkeiten haben, eine neue Stelle zu finden. Also habe ich mir etwas Besseres gesucht und das auch schnell bekommen. Bei meinem neuen Arbeitgeber kann ich jetzt eine neue Abteilung von Grund aufbauen – das ist genau die Herausforderung, die ich mir gewünscht habe.«

Dieser 25-Jährige ist das genaue Gegenstück zu den Ich-will-zu-Bosch-Jugendlichen, denen eine lebenslange Perspektive zu reduzierten Ansprüchen alles ist. Hauptsache, sie bekommen für möglichst wenig Einsatz möglichst viel Geld. Die neuen Young Professionals dagegen sagen: Hier sind meine Ansprüche – erfülle sie mal zackig, lieber Chef, und biete mir auch genügend Herausforderungen und interessante Perspektiven, sonst bin ich ganz schnell wieder weg. Unterschiedlichere Mentalitäten kann man sich kaum vorstellen. Sie prallen mit aller Wucht aufeinander – im Deutschland von heute. Wer der Gewinner dieser Konstellation ist, scheint klar. Derjenige, der sich an das Fließband und die Scholle klammert, von Weiterentwicklung nichts wissen will und für die Weiterbeschäftigung wahrscheinlich noch vors Arbeitsgericht zieht, ist es jedenfalls nicht.

Erkaufter Friede

Dass all diese Beobachtungen nicht nur Einzelfälle oder vorübergehende Erscheinungen sind, sondern ein Massenphänomen, belegen etliche Zahlen – schauen wir sie uns doch einmal an: So gab es zum Beispiel noch 2005 knapp 64 000 arbeitslos gemeldete Ingenieure und knapp 54 000 freie Ingenieursstellen. Von Fachkräftemangel also noch weit und breit keine Spur, im Gegenteil: Es gab mehr Ingenieure als offene Stellen. Schon Ende 2008, also gerade einmal drei Jahre später, bot sich ein ganz anderes Bild: Gut 95 000 offene Stellen für Ingenieure und nur knapp 23 000 Ingenieure, die eine Stelle suchten – welch eine höchst dramatische Entwicklung! Aber es kommt noch dicker: Bis zum Jahr 2013 werden in Deutschland 330 000 Akademiker fehlen. Das Deutsche Institut für Wirtschaftsforschung nennt noch weitaus erschreckendere Zahlen: Es prognostiziert, dass schon im Jahr 2015 sieben Millionen Fach- und Führungskräfte fehlen werden. Und die Folgen des demografischen Wandels lassen natürlich auch nicht auf sich warten: Bis 2050 werden zwischen 22 und 29 Prozent weniger Menschen im erwerbsfähigen Alter sein als heute.

Sie kennen bestimmt noch die Prognosen aus dem Krisenjahr 2009: »In diesem Jahr wird das Wirtschaftswachstum um 4 bis 5 Prozent rückläufig sein.« Man könnte durchaus fragen: »Na und? Vor drei Jahren produzierte unsere Wirtschaft auch noch 4 oder 5 Prozent weniger als heute, und wirklich schlechter ging es uns damals auch nicht!« Was man bei einer solchen lässigen Haltung aber nicht bedenkt, ist dies: Bei 40 Millionen Menschen, die in Lohn und Brot stehen, macht nur 1 Prozent gleich 400 000 Menschen aus. Jedes Prozent, das unsere Wirtschaft also schrumpft, bedeutet, dass 400 000 Menschen mehr auf der Straße stehen. 400 000 Menschen! Wenn die Wirtschaft also um 5 Prozent einbricht, macht das unter dem Strich zwei Millionen Menschen arbeitslos – neben den Millionen, die bereits jetzt ohne Arbeit sind. Zwei Millionen. Malen Sie sich bitte einmal in aller Ruhe aus, was das bedeutet.

Franz Josef Radermacher, Professor an der Uni Ulm, hat genau das getan – ja, er ging sogar noch weiter, denn die Szenarien, die der Leiter des Forschungsinstituts für angewandte Wissensverarbeitung entwickelt hat, bieten eine globale Perspektive auf die Ressourcenverteilung. Man kann diese Szenarien aber durchaus auch in etwas kleinerem Maßstab anwenden. Eines trägt den klangvollen Namen »Brasilianisierung«. In diesem Szenario randalieren die arbeitslosen Massen nachts nicht etwa in den Straßen, schlagen weder Schaufensterscheiben ein noch alte Menschen zusammen, sondern sind »ruhiggestellt«. Sie arbeiten nämlich zu Niedrigstlöhnen oder auch nur für Kost und Logis bei reichen Leuten als Gärtner, Koch oder Dienstmädchen – wie es eben in Ländern wie Brasilien üblich ist, denn dort klafft die Schere zwischen Arm und Reich immer mehr auseinander. In ihrer Freizeit werden die sozial Schwachen dann mit immer neuen Unterhaltungsformaten im Fernsehen bei Laune gehalten. Immerhin bleibt in diesem Szenario der innere Friede in einem Land noch gewahrt.

Auch Götz Werner, Gründer, Gesellschafter und Aufsichtsratsmitglied von dm-Drogeriemarkt, hat sich Gedanken zur Entwicklung der Arbeitslosigkeit in Deutschland gemacht. Er fordert schon lange ein bedingungsloses Grundeinkommen für alle Bürger – wenn sich die Menschen nicht mehr um ihre Existenzsicherung kümmern müssten, so seine Theorie, könne daraus bürgerschaftliches Engagement entstehen, das allen nütze.

Ich fürchte aber, dass dies zu utopisch gedacht ist: Wer sich keine Sorgen mehr darum machen muss, woher er Geld für Miete und Lebensmittel bekommt, wer obendrein 500 Fernsehprogramme frei Haus geliefert bekommt und Zugriff auf billige Computerspiele hat, der ist vermutlich zufrieden und hat keine Energie mehr, bestehende Machtverhältnisse infrage zu stellen, die politischen erst recht nicht. Und dem ist es auch egal, dass immer mehr Menschen ohne Job auf der Straße stehen und verarmen, während einige wenige Menschen immer reicher werden. Der döst dann einfach nur leicht sediert auf der Couch vor sich hin.

In vielen Büchern von Zukunftsforschern steht geschrieben, dass unsere Welt irgendwann einmal so aussehen wird: 20 Prozent der Weltbevölkerung werden alle Produkte und Dienstleistungen bereitstellen, die die restlichen 80 Prozent zum Überleben benötigen. Diese Einschätzung teile ich nicht. Es gibt immer Arbeit genug in einer Gesellschaft – es werden Innovationen kommen, von denen wir heute noch nicht einmal träumen können. Und diese Innovationen werden Formen der Arbeit nach sich ziehen, von denen wir heute auch noch keinerlei Vorstellung haben. Aber diese Arbeit gibt es nicht um jeden Preis. Wer beispielsweise den Mindestlohn auf 10 Euro festsetzt, braucht sich nicht zu wundern, wenn jede Menge Arbeit liegen bleibt, weil sie so nämlich unbezahlbar wird. Das vernichtet Arbeitsplätze. Aber so ist das oft in der Politik: Was in wohlwollender Absicht geschieht, bewirkt genau das Gegenteil. Siehe Kündigungsschutz – weil der ausgesprochen wurde, kündigten die Unternehmen zwar tatsächlich weniger Menschen; sie stellen dafür aber auch viel weniger neue Mitarbeiter ein.

Durst auf hoher See

Richten wir den Blick wieder auf die Unternehmen, die trotz hoher Arbeitslosigkeit mit eklatantem Fachkräftemangel konfrontiert sind und händeringend nach neuen Mitarbeitern suchen. Mir kommen sie immer wie ein Schiff auf hoher See vor, dessen Besatzung keine Trinkwasservorräte mehr hat. Umgeben von Wasser, droht die Besatzung zu verdursten. Wie paradox! Da es aber nun mal kein anderes Wasser gibt als das, was da ist, bleibt der Mannschaft nur eins: Sie muss genau dieses Wasser entsalzen, damit sie es trinken kann. Darin liegt der Schlüssel. Funktionierende Lösungen statt Utopien sind hier und heute gefragt. Hier können die Unternehmen selbst etwas tun. Aber auch die

Politik. Die Politik? Natürlich die Politik! Gerade die Politik! Lassen Sie mich Ihnen erzählen, was ich damit meine: Eine große und wichtige »Entsalzungsaktivität« der Politik wäre es beispielsweise, das Bildungssystem zu modernisieren. Ich habe zu diesem Thema einen recht engen Bezug, weil ich einen Lehrauftrag im Bereich Unternehmensführung habe und deshalb natürlich oft mit Studierenden spreche. Sie beklagen sich häufig über die wenig praxisrelevanten Inhalte ihres Studiums. 80 Prozent davon müssten sie zwar pauken, könnten das Wissen aber nie anwenden, sagen sie. Höchstens 20 Prozent nützten ihnen etwas für ihre spätere Berufstätigkeit. Das vorherrschende Gefühl, das sie während des Studiums haben: wertvolle Zeit zu verschwenden.

Ich kann dieses Gefühl der Studierenden nur zu gut verstehen. An manchen Tagungen oder Kongressen, die ich besuche, nehmen natürlich auch Studierende teil. Sie ahnen gar nicht, wie diese jungen Menschen staunen, angesichts der vielen neuen Dinge, die sie dort hören. Aktuelle Tendenzen im Personalmanagement, unbekannte Wege im Controlling – alles große Unbekannte für die Studierenden. Sie finden das ganz normal? Ich nicht! Wenn ein junger Mensch an seiner Universität oder Fachhochschule nicht beigebracht bekommt, dass er zu seiner Horizonterweiterung auch einmal ein Managementbuch lesen muss, statt nur veraltete Skripte auswendig zu lernen – dann läuft hier grundsätzlich etwas schief! Aber ich brauche meine Studenten nur zu fragen: Peter Drucker? Nie gehört. Tom Peters? Ist das nicht ein Schauspieler? Reinhard Sprenger? Gehörte dem nicht die *Bild*-Zeitung? In meinen Seminaren lege ich sehr viel Wert auf Praxisbezug und berichte den Studierenden Fallbeispiele aus meinem Unternehmeralltag. Oft bekomme ich nach den Veranstaltungen dann E-Mails von ihnen, in denen sie mir beteuern, wie nützlich und hilfreich meine Ausführungen für sie sind. Ab und an sammle ich dann einige dieser Schreiben und gebe sie dem Rektor meiner Hochschule – gefruchtet hat es leider noch nicht. Das Curriculum ist theorielastig wie eh und je.

Zwar ist in Sachen Bildungspolitik auf gesamteuropäischer Ebene viel verbessert worden – so können Studierende heute viel leichter zwischen Hochschulen in ganz Europa wechseln, weil die Studienleistungen kompatibel gemacht wurden und länderübergreifend anerkannt werden. Doch an den Inhalten an sich wurde nicht gerüttelt – über Strukturen wurde viel gesprochen, aber das, was gelehrt wird, blieb unangetastet.

Ein weiteres großes Manko unserer Hochschulausbildung: Die Studierenden lernen nicht, wie man *lernt*. Sie wissen nicht, was methodisches Arbeiten ist. Sie wissen konkret nicht, wie man sich einen Text schnell erschließt. Was sie auch nicht systematisch erlernen, ist der Umgang mit den gängigen Softwareanwendungen. Wenn sie sich aber nach ihrem Studium bei einem Arbeitgeber bewerben, ist genau diese Kompetenz gefragt. In diesen und in vielen anderen Punkten ist unser Bildungssystem sehr marode. Es bildet die jungen Menschen immer mehr am Markt vorbei aus.

Ein weiterer Bereich, dessen sich die Politik annehmen müsste, sind die strukturschwachen Regionen. Viele Firmen sitzen auf dem Land, in Gegenden, die nicht sehr attraktiv sind, und haben es deshalb schwer, qualifizierte Mitarbeiter zu einem Umzug in eine solche Gegend zu bewegen. Hier gilt es, gerade für Arbeitnehmer mit Kindern ein familienfreundliches Klima zu schaffen, indem beispielsweise die Kinderbetreuungsmöglichkeiten ausgeweitet werden. Wenn junge Familien sehen, dass sie in solchen Gegenden am ehesten ihre beruflichen Pläne und die Wünsche nach einem Familienleben unter einen Hut bekommen, dann sind sie auch viel eher bereit, dorthin umzuziehen – selbst wenn es in diesen Gegenden kein umfangreiches kulturelles Angebot gibt und auch keine pulsierende Kneipenszene.

Den größten Hebel sehe ich jedoch in einem ganz anderen Bereich, jenseits von Bildungs- und Familienpolitik. Ich sage nur: 20–30–20. Diese Formel zeigt den ganzen Irrweg unserer Gesellschaft. Wir leben in einem Land, in dem man 20 Jahre auf seinen Beruf vorbereitet wird, sprich: dem Steuerzahler auf der Tasche liegt. Dann arbeitet man 30 Jahre und finanziert mit seinen Steuern die anderen. Und dann, wenn alles gut läuft, genießt man wiederum 20 Jahre seinen Ruhestand, bei hoffentlich bester Gesundheit und finanziell abgesichert. Unterm Strich bleiben 40 Jahre – 40 Jahre, die man dem Staat auf der Tasche liegt, in dem Glauben, dass man diese 40 Jahre Dauersubventionierung mit den 30 Jahren Arbeit schon irgendwie wettgemacht habe. Das alles ist schon schlimm genug. Und überflüssigerweise setzt die Politik hier auch noch völlig falsche Akzente! Denn wer in seinen späteren Berufsjahren arbeitslos wird, darf *noch früher* in den Ruhestand gehen. Auch andere Vorruhestandsregelungen gibt es zuhauf, alle steuerlich vergünstigt. Der Staat motiviert seine Bürger regelrecht, ihre erwerbstätige Zeit noch weiter zu verkürzen. Das kann so nicht sein, so kommt man dem Fachkräftemangel nicht bei.

Übrigens: Auch mit unseren Einwanderungsgesetzen schafft man das nicht. Ich halte die Situation, die in dieser Hinsicht bei uns besteht, für fast schon absurd: Unsere hoch qualifizierten Ärzte gehen nach Großbritannien oder Skandinavien, weil sie dort bessere Arbeitsbedingungen und höhere Honorare vorfinden als bei uns. Und auf der anderen Seite kommen qualifizierte Ärzte aus anderen Ländern zu uns und dürfen hier nicht arbeiten. Halt, das stimmt nicht ganz. Sie dürfen schon arbeiten. Aber nicht in ihrem Beruf, noch nicht einmal im medizinischen Bereich. Sondern als Taxifahrer. Oder als Reinigungskraft. Auch hier habe ich das Gefühl, dass viele Dinge nicht zu Ende gedacht sind. Der Fachkräftemangel ist eklatant, und die Politik tut zu wenig.

Einzelne Initiativen der Politik gab es zwar, sie versagten jedoch kläglich – denken Sie nur an die Greencard zurück, die von 2000 bis 2004 auf Initiative der rot-grünen Regierung Schröder installiert wurde und die IT-Fachkräfte aus Nicht-EU-Ländern nach Deutschland locken sollte. Ganze 17 931 IT-Experten kamen mit ihr ins Land – befristet für fünf Jahre. Sensationelle Wirkkraft ist wahrlich etwas anderes. Hier müsste die Politik wesentlich weiter gehen und den Menschen nicht nur eine beschränkte Aufenthalts- und Arbeitsgenehmigung erteilen, sondern ihnen gleich die Staatsbürgerschaft anbieten. Eine befristete Aufenthaltsgenehmigung reicht heute nicht mehr – so etwas zeugt vielmehr von einer ziemlich ausgeprägten Selbstgefälligkeit. Wenn man den besten Mitarbeitern nicht die besten Bedingungen bietet, wird das nichts! Das gilt übrigens auch für die Hochschulen. Die besten ausländischen Studenten gehen an die Hochschulen in die USA. Die USA haben international das beste Image, nicht nur in Sachen universitärer Bildung, sondern auch in Sachen Arbeitsbedingungen für Menschen mit Berufserfahrung. Dort herrscht Goldgräberstimmung – immer noch oder schon wieder, je nach Blickwinkel. Für Deutschland gilt das ganz und gar nicht.

Sie können etwas für den Staat tun!

Aber nicht nur die Politik kann das Wasser entsalzen, in dem die Unternehmensschiffe mit ihren unter Durst leidenden Mannschaften dahindümpeln. Auch die Unternehmen selbst können etwas tun – und sie müssen das sogar. Nur auf die Politik zu vertrauen oder darauf, dass qualifizierte A-Mitarbeiter vom Himmel fallen, ist definitiv zu wenig. Viele Unternehmen haben erkannt, dass sie handeln müssen.

»Wenn nicht wir, wer dann?« – das war genau die Frage, die sich auch die beiden Unternehmer und Freunde Herbert Feldkamp aus Cloppenburg und Franz-Josef Fischer aus Reichelsheim im Jahr 2002 gestellt hatten. Sie wollten Kindern und Jugendlichen zu besseren Chancen auf Bildung und eine Zukunft verhelfen und gründeten den Verein »Zukunft für Kinder e. V. – Strahlemann-Initiative«. 2006 wurde aus dem Verein eine Stiftung, um die geleistete Arbeit finanziell auf sichere Beine zu stellen und Kontinuität zu gewährleisten. Die Stifter sind regionale mittelständische Unternehmen, die durch ihre Aktivitäten nicht nur dafür sorgen, dass die Jugendlichen eine Perspektive haben, sondern auch, dass sich die weiterhin angespannte Lage auf dem (Fach-)Arbeitsmarkt verbessert. Seit 2002 konnten sie mit einem nationalen Ausbildungsprojekt schon über 400 Schüler, die wegen schlechter Noten oder aus anderen Gründen schlechtere Startbedingungen hatten als andere, erfolgreich bei der Ausbildungsplatzsuche und beim Übergang von der Schule in den Beruf begleiten. Mit Wertschätzung, Unterstützung und individueller Begleitung wurden aus perspektivlosen Kids engagierte und motivierte junge Menschen.

Auch andere Unternehmen haben erkannt, dass gerade in der Ausbildung des Nachwuchses der Schlüssel für unsere Zukunft liegt. Auf einer Tagung sprach ich mit einem Unternehmer aus dem Ruhrgebiet. Er erzählte mir, dass sein Betrieb eigentlich nur auf 20 bis 30 Auszubildende ausgelegt sei. Dennoch habe er ganz bewusst 100. Meine Bewunderung hatte er dafür! Er erklärte mir auch, warum er das so macht: »Um junge Menschen, um Auszubildende muss man sich intensiv kümmern. Sie brauchen viel Zuwendung, menschlich wie fachlich-inhaltlich. Das bedeutet viel Arbeit, und wir leisten diese Arbeit. Denn so können wir dazu beitragen, dass es in dieser Gesellschaft weiterhin qualifizierte Fachkräfte gibt. Und dass unsere Auszubildenden nach zwei oder drei Jahren zu den Topfachkräften gehören, davon können Sie getrost ausgehen!«

Leider sind solche Initiativen, sind so verantwortungsvolle Unternehmerpersönlichkeiten selten. Es gibt sie, aber es sind immer noch zu wenige. Aktivität aus der Mitte der Gesellschaft ist gefragt! Sie sind gefragt! In Deutschland wartet man zwar gerne erst einmal auf die Verbände und die Politiker und unternimmt nicht sofort selbst etwas, aber eine solche Haltung hilft uns aus dem beschriebenen Dilemma wahrlich nicht heraus. Fragen Sie also ganz nach John F. Kennedy nicht, was der Staat für Sie tun kann, sondern fragen Sie den Staat, was Sie für ihn tun können!

Wenn Sie als mittelständischer Unternehmer oder als Führungskraft im Mittelstand überlegen, wie und wo Sie anpacken können, dann lohnt sich oft der Blick in die Großunternehmen. Zu Vodafone zum Beispiel. Dort gibt es die Talente-Pipeline: Die Teilnehmer absolvieren ein 18-monatiges oder zweijähriges Entwicklungsprogramm. Es ist dazu gedacht, den Fachkräftemangel intern zu beheben – denn wenn die Teilnehmer das Programm beendet haben, stehen sie als hoch qualifizierte Leistungsträger dem Konzern für seine Nachwuchsplanungen und Expansionsbestrebungen zur Verfügung. Auch bei Microsoft hat man eigene Wege gefunden, mit dem Fach- und Führungskräftemangel umzugehen. Der Konzern hat vor allem in asiatischen Schwellenländern Schwierigkeiten, qualifizierte Führungskräfte zu finden. Das Personal dort ist insgesamt jünger, eine gute Führungskraft braucht aber vor allem eines: viel

Erfahrung. Um dies aufzufangen, schickt Microsoft im Rahmen seiner Talentstrategien erfahrene Führungskräfte aus den höher entwickelten Ländern nach Asien. Dort unterstützen sie die lokalen jungen Führungskräfte und teilen ihr Führungswissen mit ihnen.

IBM kämpft mit ganz ähnlichen Problemen: Auch hier ist es die Führungskompetenz, die den Arbeitnehmern in den Entwicklungsländern fehlt. Um diesen Mangel auszugleichen, hat IBM ein grenzüberschreitendes Mentorenprogramm ins Leben gerufen. Erfahrene Führungskräfte unterstützen jüngere, unerfahrene Kolleginnen und Kollegen virtuell – per Telefon, E-Mail und Chat.

Übrigens: Viele der großen Unternehmen stellen ausführliche Beschreibungen ihrer Talente- und Mentorenprogramme auf ihren Homepages oder auf Nachfrage zur Verfügung. Lassen Sie sich inspirieren! Ich bin sicher, dass Sie daraus wertvolle Impulse für eigene Strategien und Programme gewinnen können. Eines muss Ihnen klar sein – und das haben die großen Unternehmen schon längst erkannt: Wenn Sie sich Ihre Nachwuchskräfte nicht selbst heranziehen, werden bestimmte Positionen in Ihrem Unternehmen einfach nicht zu besetzen sein. Sorgen Sie selbst dafür, dass Ihnen jederzeit topqualifizierte Fachkräfte zur Verfügung stehen.

33 Rosen für die Mitarbeiter

Elementarer Bestandteil der Nachwuchsausbildung ist die Bindung des Mitarbeiters an das Unternehmen. In meiner Unternehmensgruppe gibt es dazu ein speziell für unsere Anforderungen entwickeltes siebenstufiges Motivationskonzept, das ich Ihnen hier vorstellen möchte. Es heißt »33 Rosen – Mitarbeiter werden Mit-Unternehmer«. *Eine vollständige Übersicht finden Sie kostenlos auf* *der Website www.die-personalfalle.de.*

Die Treppe in Abbildung 6 auf Seite 181 zeigt in sieben Stufen, wie die Stufen vom Mitarbeiter zum Mit-Unternehmer aussehen. Eine Treppe wird von unten nach oben bestiegen. Unser Weg geht von immateriellen Dingen (Information, Kommunikation) hin zu materiellen Dingen (Geld). Das Geld steht also nicht am Anfang des Motivationskonzeptes, sondern erst am Ende. Geld ist die logische Konsequenz dessen, was im Vorfeld – auf der geistigen Ebene – schon geschehen ist.

Die erste Stufe der Treppe ist das *Mitwissen*: Mitarbeiter müssen über alles informiert werden, was ihre Arbeit betrifft. Kennen Sie Ken Blanchard? Er hat den Bestseller *Der Minuten-Manager* geschrieben und vergleicht dort die Situ-

Abbildung 6: Das Motivationskonzept »33 Rosen – Mitarbeiter werden Mit-Unternehmer«

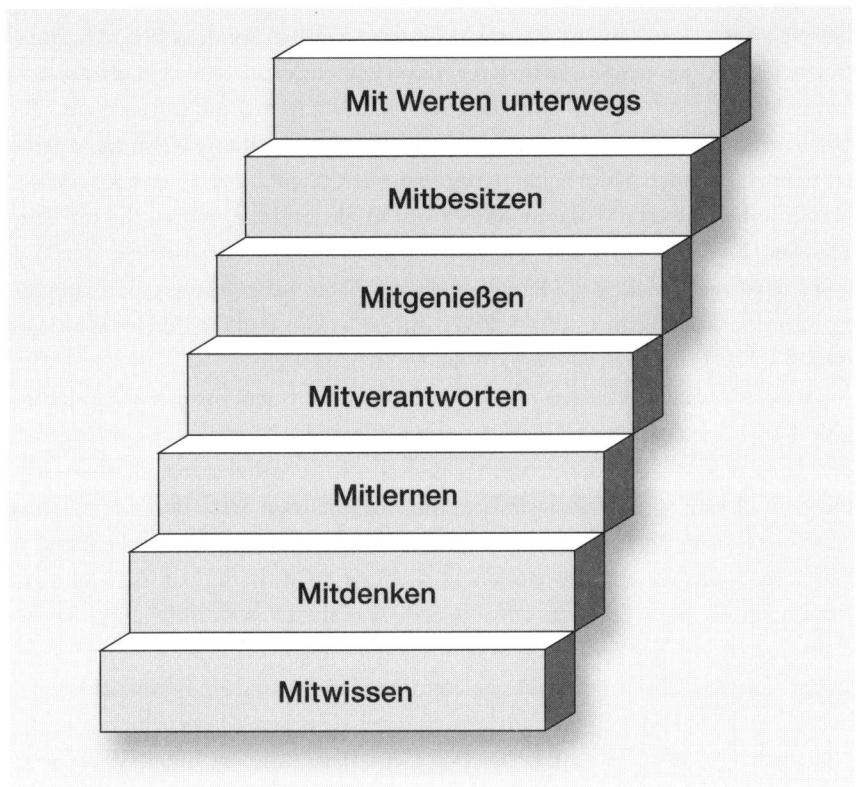

ation eines Mitarbeiters mit einer Kegelbahn: Der Mitarbeiter bekommt eine Kugel in die Hand gedrückt und soll mit ihr doch bitte schön alle Kegel abräumen. Einziges Hindernis: Zwischen ihm und den neun Kegeln befindet sich ein Vorhang – mitten über die Kegelbahn. Er wirft also die Kugel, sieht sie unter dem Vorhang durchrollen, hört, dass die Kegel umfallen – aber wie viele Kegel er nun getroffen hat, bleibt ihm verborgen. Rückmeldungen bekommt er höchstens in der Form eines Rüffels von seinem Chef: Warum er denn nicht alle Kegel umgeworfen habe? »Mitwissen« ernst nehmen heißt also, den Vorhang von der Kegelbahn zu entfernen. Ohne Bild gesprochen: Ergebnisse sollten sofort kommuniziert werden. Es gibt nichts, was nicht offengelegt wird.

Die logische Folge einer konsequenten Informationspolitik: Mitarbeiter *denken mit*, denn Informationen lösen unterschiedliche Denkprozesse aus, zumindest bei den meisten Mitarbeitern. Produktivität, Rüstzeiten, Krankheitsquoten, Qualitätssteigerung – über all das machen sie sich Gedanken. Da ist es zur nächsten Stufe, dem *Mitlernen*, nur ein kleiner Schritt. Neue Spielregeln – beispielsweise dass Fehler nicht mehr bestraft werden, sondern bewusst Situationen geschaffen werden, in denen ein Lob gerechtfertigt ist – bringen positive Veränderungen mit sich. Der Teamgedanke nimmt immer mehr Raum ein. Das Unternehmen wandelt sich zu einer lernenden Organisation. Wenn diese Stufe erreicht ist, können Mitarbeiter wesentliche Entscheidungen *mitverantworten*. Damit haben sie eine völlig andere Position: Sie sind diejenigen, die die Tore schießen. Sie sind die Helden. Sie sind für den Erfolg verantwortlich. Der Vorgesetzte ist nicht mehr der Herrscher, er wird jetzt vielmehr zum Unterstützer. Er hilft den Mitarbeitern, ihre Stärken zu entdecken und ihr Potenzial zu entwickeln. Die Früchte dessen ernten die Mitarbeiter selbst.

Auch die nächsten Stufen bauen ganz logisch auf dem bis dahin Erreichten auf: das *Mitgenießen* und das *Mitbesitzen*. Wenn der Mitarbeiter derjenige ist, der den Erfolg schafft, dann soll er auch am Unternehmen beteiligt werden, mit dem er sich so sehr identifiziert. Auf der höchsten Stufe der Treppe steht *Mit Werten unterwegs*: Immer weniger Mitarbeiter arbeiten ausschließlich für Geld. Sie wollen mehr. Sie wollen Ehrlichkeit, Wahrhaftigkeit, Verzicht auf Manipulation. Sie sind hoch sensibilisiert, was die Umwelt anbelangt. Sie suchen eine Kultur, die Freiräume für individuelle Entwicklungen schafft. In unserem Hause geschehen diese Dinge vor dem Hintergrund eines biblisch-christlichen Menschenbildes – so entsteht eine geistgeprägte Unternehmenskultur. Natürlich gibt es auch andere geistige Grundlagen als die Bibel. Wichtig ist nur: Effizienz und Leistungsdenken allein genügen nicht. Sie brauchen auch Werte und einen gemeinsamen Geist.

Und warum 33 Rosen? Weil jede der sieben Treppenstufen einzelne Aktivitäten oder Bereiche verkörpert – insgesamt 33. Zum *Mitwissen* gehören beispielsweise eine Mitarbeiterbroschüre, eine Mitarbeiterzeitung, ein Kontaktabend (mehrmals im Jahr werden neue Mitarbeiter zum Chef nach Hause eingeladen), Belegschaftsversammlungen, tagesgenaue Informationen. Zur Treppenstufe *Mitdenken* gehören unser Verbesserungs- und Vorschlagswesen, ein kontinuierlicher Verbesserungsprozess, Beurteilungen von unten nach oben, ein regelmäßiger Stammtisch mit Querdenkern und Musterbrechern und flexible Arbeitszeitmodelle.

Strategiewochenenden mit allen Führungskräften, Betriebsrat, Zeitplansystem, Jobrotation, Weiterbildung – all das gehört zur Stufe *Mitlernen*. Führen mit Zielvereinbarungen und Lohn- und Gehaltsgerechtigkeit gibt es auf der

Stufe *Mitverantworten*. Unter *Mitgenießen* finden sich so angenehme Rosen wie kostenlose Getränke, gemeinsame Freizeitaktivitäten, Geburtstagsbriefe, Prämien für Mitarbeiter, die nicht krank waren, und der kostenlose Besuch eines Fitnesscenters. Auf der Stufe *Mitbesitzen* schließlich geht es um die Belohnung von erreichten Zielen oder auch um die Möglichkeit, dass der Mitarbeiter steuerbegünstigt Geld in der Firma anlegen kann (Kapitalbeteiligung).

Die 33. Rose ist die neue geistgeprägte Unternehmenskultur, von der ich schon sprach. Sie ist die wertvollste Rose, die unser Unternehmen zu bieten hat: Durch die neue Eigenverantwortung und die damit verbundene Freude an der Arbeit finden die Mitarbeiter Erfüllung und Wertschätzung. Sie sehen einen Sinn in ihrer Arbeit. Und wenn ein Unternehmen das schafft – seinen Mitarbeitern genau das zu bieten, wonach es Menschen am stärksten verlangt, nämlich Anerkennung, Wertschätzung, Sinn –, dann muss es sich um Fach- und Führungskräftemangel nie mehr Gedanken machen. Das verspreche ich Ihnen.

Kapitel 14

Wenn selbst Putzfrau und Hausmeister Topleute sind

Mittlerweile ein angesehener EDV-Spezialist kam
Erwin Pinschradler eigentlich aus der Kfz-Branche...

Sie erinnern sich bestimmt an die amerikanische Fernsehserie *Das A-Team*. Sie wurde zwischen 1983 und 1987 produziert und begann bei jeder Folge mit derselben Einführung aus dem Off, die im deutschen Fernsehen so lautete: »Vor einigen Jahren wurden vier Männer einer militärischen Spezialeinheit wegen eines Verbrechens verurteilt, das sie nicht begangen hatten. Sie brachen aus dem Gefängnis aus und tauchten in Los Angeles unter. Seitdem werden sie von der Militärpolizei gejagt, aber sie helfen anderen, die in Not sind. Sie wollen nicht so ganz ernst genommen werden, aber ihre Gegner müssen sie ernst nehmen. Also wenn Sie mal ein Problem haben und nicht mehr weiterwissen, suchen Sie doch das A-Team!« Und dieses »A-Team« bestand aus ganz schön schrägen Typen. Da gab es den zigarrenrauchenden Meisterstrategen Hannibal Smith, der immer wieder in neue Verkleidungen schlüpfte. Da war der schillernde Frauenheld und eitle Hochstapler Templeton Peck, der – stets perfekt gestylt – zu den besten Kreisen Zutritt hatte. Da war der unschlagbare, aber verrückte Hubschrauberpilot »Howling Mad« Murdock, der für die Einsätze des Teams immer erst aus dem Irrenhaus geholt werden musste. Und schließlich gab es noch den muskulösen, geistig schlichten und stets schlecht gelaunten B. A., der aber als Fahrer und Techniker das Team auch aus den unmöglichsten Situationen befreite. Jeder ist auf seinem Gebiet ein »A« – auch bei fragwürdigstem sozialen Auftreten. Und alle gemeinsam bildeten sie das »A-Team«!

Die Charaktere dieser Serie sind ein schönes Bild dafür, was ich in diesem Buch nicht dick genug unterstreichen kann: Die ABC-Thematik hat überhaupt nichts mit Häuptlingen und Indianern, oben und unten, sozial niedriger oder höher gestellten Menschen zu tun. Auch nichts mit Alpha-Wölfen oder anderen Symbolfiguren für Menschen mit irgendeiner Art von Chefattitüde. Und erst recht nicht damit, dass an jeder Werkbank ein Eliteabsolvent stehen sollte.

Allerdings wird dies immer mal wieder so oder ähnlich kolportiert, selbst von der Wissenschaft. Heinrich Wottawa, Professor für Wirtschaftspsychologie an der Ruhr-Universität Bochum, vertritt zum Beispiel in der *Frankfurter Allgemeinen Zeitung* vom 10./11. Januar 2009 im Artikel »Wertvoller Durchschnitt« die Ansicht, statt A- seien B-Mitarbeiter nicht nur die Stütze, sondern auch die Leistungsträger eines jeden Unternehmens. Dies vor allem in Krisenzeiten – und obendrein glänzten sie auch noch durch jene Loyalität, die den Topführungskräften abgehe. Den B-Mitarbeitern, den mittelprächtigen Angestellten also, gebühre die meiste Aufmerksamkeit und Wertschätzung der Unternehmen, denn schließlich seien genau diese B-Mitarbeiter für deren Erfolg zuständig. Nicht die High Potentials, die ja nur 5 Prozent der Belegschaft ausmachten.

Zugegeben: Wottawas Argumentation entbehrt nicht einer gewissen Schlüssigkeit. In dem *FAZ*-Artikel, in dem er zitiert wird, zieht der Autor nämlich interessante Parallelen zum Radsport. Dort seien bekanntlich Größen wie Lance Armstrong die A-Mitarbeiter – wer aber die wirkliche Schlüsselrolle innehabe, das seien die »Wasserträger«: vollkommen uneigennützige Teammitglieder mit der einzigen Aufgabe, den Superstar mit allem zu versorgen, was er braucht, um als strahlender Sieger über die Ziellinie zu schießen. Wer hat jetzt eigentlich den Sieg verdient?, fragt man sich da, und der Bauch sagt:

der Wasserträger, keine Frage! Also sind eben doch die B-Mitarbeiter die wichtigste Stütze einer Unternehmung, könnte man meinen.

Aber ist es wirklich so einfach? Ich glaube das nicht, und zwar aus einem ganz simplen Grund: Auch unter den Wasserträgern gibt es A- und B-Mitarbeiter. Selbst so ein Wasserträger muss mitdenken, muss Bewegung antizipieren, muss Lance Armstrong die Flasche im richtigen Moment reichen, muss mehr als zwei Dinge gleichzeitig tun können – Auto fahren, Flasche reichen, andere Fahrradfahrer nicht über den Haufen fahren. Und solche Wasserträger sind deshalb auch keineswegs »ganz normale Angestellte«, wie Heinrich Wottawa behauptet. Es sind *genauso* Hochleistungssportler wie die Lance Armstrongs dieser Welt! Sie bereiten sich exzellent vor, sie trainieren jede kleinste Bewegung Hunderte Male, sie geben alles für die Situation, in der ihre Topleistung gefragt ist. Sie stehen bloß nicht im Rampenlicht. Und wollen das in der Regel auch gar nicht. Im Mittelpunkt stehen wollen ist nämlich auch eine Frage des Charakters – und liegt bei weitem nicht jedem.

Wenn Ihnen das Radsportbeispiel nicht zusagt: Es funktioniert auch mit der Formel 1. Wenn die Mechaniker in den Boxen nicht absolute Topkräfte wären, die voraus- und mitdächten, ständig überlegten, was sie besser machen können, und an jedem einzelnen Handgriff feilten, könnte der Champion in seinem aufgemotzten Rennauto keine Runde unfallfrei beenden. Machen wir uns nichts vor: Auch diese Mechaniker sind A-Mitarbeiter! Dienst nach Vorschrift ist ihnen ebenso fremd, wie sich zulasten ihrer Kollegen auf die faule Haut zu legen. Ohne »A-Team« an der Box kein Weltmeistertitel! Und die Geschichte geht weiter: Die Turnaround-Zeiten der Billig-Airlines von 25 Minuten haben ihr Vorbild ebenfalls bei der Formel 1.

Was der Wissenschaftler Heinrich Wottawa verlauten lässt, korrespondiert mit dem, was nach meiner Beobachtung die große Mehrheit der Bürger denkt: dass eben die »ganz normalen« – sprich: durchschnittlich engagierten – Angestellten doch viel wertvoller und wichtiger seien als die High Potentials. Sie haben im ersten Teil dieses Buches darüber schon einiges gelesen. Fakt ist allerdings, dass die breite Masse der ganz normalen Angestellten sich zu einem sehr hohen Prozentsatz nicht durch Loyalität und Leistung hervortut, sondern durch innere Kündigung, durch Leistungsverweigerung, durch Illoyalität. Das haben etliche Untersuchungen ergeben, zuletzt der Gallup Engagement Index von 2008 (Abbildung 5 auf Seite 133): 67 Prozent der Menschen, die einen Arbeitsvertrag haben, verrichten demnach lediglich »Dienst nach Vorschrift«, weil sie sich ihrem Unternehmen nicht verbunden fühlen. Von wegen Stütze und Leistungsträger!

Wie oft leeren Sie Ihren Papierkorb?

Halten wir also fest: Ein A-Mitarbeiter ist nicht automatisch einer, der den Karriereweg in die Chefetage möglichst auf der Überholspur hinter sich bringen will. Er ist auch nicht einer, der die anderen mit seinen Machtallüren und seinem Absolutheitsanspruch in den Wahnsinn treibt. Er ist einfach ein Mitarbeiter, der seine Arbeit besser macht als der große Rest – sei er nun Fensterputzer oder Abteilungsleiter. Stellen Sie sich nur mal eine Reinigungskraft vor, die den Putzeimer mitten im Flur stehen lässt, weil sie befindet, es sei jetzt Pausenzeit. Und alle anderen stolpern darüber! Oder stellen Sie sich einen Hausmeister vor, der ein kleines Relais nicht austauscht, weil jetzt seine tarifvertraglich geregelte Mittagszeit beginnt, und der damit 125 andere Beschäftigte, die jetzt weitermachen und erst in einer Stunde Mittag essen wollen, von der Arbeit abhält. Typische B-Mitarbeiter. Nie um eine Ausrede oder einen Rechtsanspruch verlegen, um ihr Verhalten zu begründen. Wollen Sie die? Brauchen Sie die? Wohl kaum. Und deswegen sollten auch Putzfrau und Hausmeister Topleute sein: Menschen, die ihren Job nicht nur so gut machen, dass alles reibungslos läuft, sondern sich auch noch überlegen, wie sie ihre Arbeit immer weiter verbessern können. Um es mit einem Wort auf den Punkt zu bringen: Herzblut. Darum geht es. Wer das investiert, ist ein A-Mitarbeiter.

Übrigens: Im Rahmen unserer Beratungstätigkeit frage ich Führungskräfte und Unternehmer oft: »Was glauben Sie – wie viel Herzblut investieren Ihre Mitarbeiter? Wie viel Engagement zeigen sie, wie viele Ideen entwickeln sie?« In der Regel kommt dann wie aus der Pistole geschossen: »60 Prozent von dem, was möglich wäre!« Da hake ich dann natürlich nach: »Moment mal – warum nur 60 Prozent? Warum nicht 100?« Und dann kommen ebenso wie aus der Pistole geschossen unzählige Beispiele dafür: »Die Putzfrau lässt immer den Putzeimer mitten im Flur stehen! Was glauben Sie, wie oft ich den schon in der Eile umgeworfen haben!« »Mein Hausmeister wechselt defekte Glühbirnen immer erst dann aus, wenn ich ihn darauf aufmerksam mache!« »Wenn ich nicht die Schreibtische abwische, macht das hier doch keiner unaufgefordert!« Was meinen Sie – höchste Zeit, sich nach A-Mitarbeitern umzuschauen, oder? Konkret: nach einem A-Hausmeister und auch nach einer A-Putzfrau. Sie als Führungskraft oder Unternehmer sind wahrlich nicht dafür zuständig, Leuchtstoffröhren auszutauschen oder Papierkörbe auszuleeren – auch wenn viele andere Führungskräfte genau das tun.

Noch einmal: Ein A-Mitarbeiter hat nicht automatisch all die unangenehmen Eigenschaften, die High Potentials mit Führungsanspruch oft vorgeworfen werden: Killerinstinkt, Dominanzstreben, Statussymbolverliebtheit, Karrierefixiertheit. A-Mitarbeiter sind nicht automatisch diejenigen, die ihre Luxusautos auf dem für sie markierten Parkplatz abstellen, sondern es sind diejenigen, die mit Leidenschaft ihre Arbeit verrichten. Sichtbar oder im Verborgenen. Die 100 Prozent Leistung bringen. Und das kann auf jeder Hierarchieebene stattfinden, das kann auf jeder Position sein. Das *muss* auf jeder Position sein, wenn das Unternehmen in der heutigen Zeit nachhaltig Erfolg haben will. Noch ein Aspekt ist dabei wichtig: A-Mitarbeiter finden einen Sinn in ihrer Tätigkeit. Und auch das ist auf allen Hierarchieebenen möglich. Dann definiert eine A-Putzfrau ihre Tätigkeit nicht mehr als »Ich mache hier den Dreck weg«, sondern so: »Ich trage entscheidend dazu bei, dass sich alle Menschen, die sich hier im Haus bewegen, jederzeit wohlfühlen.«

Lassen Sie mich Ihnen dazu von einer Fernsehsendung erzählen, die ich neulich durch Zufall nach einem anstrengenden Seminartag in irgendeinem Hotel gesehen habe. Ich weiß nicht mehr genau, auf welchem Kanal es war, es ging jedenfalls um Reinigungskräfte, die mit versteckter Kamera gefilmt wurden – in einer komplett verwüsteten Wohnung. Die Räume sahen aus wie ein Schlachtfeld: dreckiges Geschirr, verschmierte Oberflächen, Müll und Staub überall, herumliegende Kleidungsstücke, leere Flaschen – als hätte in der Nacht zuvor eine Horde Pubertierender eine wilde Party gefeiert. Nacheinander wurden also drei Putzdienste beauftragt, diese Wohnung wieder in einen akzeptablen Zustand zu bringen.

Auftritt Putzdienst 1: Eine Mitarbeiterin der Firma kommt in die Wohnung, sieht das Chaos und tut sich erst einmal an den offen herumstehenden Pralinen und an den Resten in den Weinflaschen gütlich. Alkohol am helllichten Tag macht natürlich müde, deshalb legt sie sich sogleich auf die Couch und hält ein kleines Nickerchen. Kaum wieder aufgewacht, entdeckt sie auf dem Fußboden neben der Couch einen 10-Euro-Schein und etliche Münzen – und steckt sie flink in die Tasche. Ein herumliegendes Fotoalbum interessiert sie mächtig, also betrachtet sie es ausführlich. Irgendwann schaut sie auf die Uhr und stellt überrascht fest, dass die zwei Stunden, die ihr für das Säubern der Wohnung eingeräumt wurden, schon fast vorbei sind. Sie nimmt daraufhin einen Staubwedel, der aussieht, als käme er direkt aus der Requisitenabteilung des städtischen Theaters, huscht nicht minder bühnenträchtig einmal durch die Räume, fuchtelt mit dem Staubwedel ein bisschen in der Luft herum und verlässt daraufhin den Ort der Verwüstung. Als das Moderatorenteam sie davon in Kenntnis setzt, dass sie mit einer versteckten Kamera gefilmt worden ist, rennt sie einfach davon. Ertappt! Nichts wie weg hier!

Nun kommt der Putzdienst Nummer 2 an die Reihe: Ein hochgewachsener Mann erscheint. Er macht den Eindruck, als könne er richtig zupacken, und genau das tut er auch. Voller Elan und sichtlich gut gelaunt kämpft er sich durch das Chaos, räumt leere Flaschen, schmutziges Geschirr und überquellende Aschenbecher weg, wienert und schrubbt, dass es eine Freude ist. Immer im Einsatz: ein großer gelber Putzlappen. Mit ihm wischt er die Kloschüssel von innen aus, spült die Teller in der Küche und poliert sogar noch einmal die Gläser, die er aus der Spülmaschine holt. Aber auch beim Glätten der Teppichfransen leistet ihm dieser gelbe Lappen anscheinend gute Dienste. Ich bekam kaum noch Luft vor Lachen, als ich das sah. Als er dann die Wohnung verlassen hatte, wurde er natürlich mit der Tatsache konfrontiert, dass er von der versteckten Kamera gefilmt worden war. Angesprochen auf den gelben Lappen, zeigte sich dieser Mitarbeiter wirklich bestürzt. Er komme von einer Zeitarbeitsfirma, habe nie eine gute Einführung in diese Arbeit bekommen, aber sicherlich sei das mit diesem gelben Lappen nicht optimal gewesen … die Situation war ihm offenbar sehr peinlich. Ein typischer B-Mitarbeiter eben. Nicht weil es ihm peinlich war. Sondern weil er sich erstens keine Gedanken um seine Arbeit gemacht hatte und weil er zweitens sofort die Schuld auf die anderen schob.

Der dritte Putzdienst aber – der begeisterte mich wirklich. Gekommen waren zwei Mitarbeiter, ein Mann und eine Frau. Er ging gleich in die Küche, sie ins Bad, flott und systematisch arbeiteten sie sich durch die verwüstete Wohnung, warfen nicht nur die verschmutzten Handtücher in das dafür vorgesehene Behältnis, sondern hängten auch wieder frische Handtücher an die Haken – sie taten also mehr, als von ihnen verlangt worden war. Obendrein waren sie weit vor der vereinbarten Zeit fertig. Auch die Abrechnung stimmte bis auf den letzten Cent. Als sie erfuhren, dass sie mit der versteckten Kamera gefilmt worden waren und für ihren 100-prozentigen Einsatz und ihr darüber hinausreichendes Engagement gewürdigt wurden, da sagten sie nur: »Na und? Das ist doch normal, was wir getan haben!« Und wissen Sie was? Genau diese Haltung ist es, die A-Mitarbeiter auszeichnet: Dass sie Spitzenleistung bringen, ist für sie normal. Nicht der Rede wert.

Eine Putzfrau als Chefin

Auch bei uns im Haus gibt es wunderbare Beispiele dafür, dass sich A-Mitarbeiter auf allen Ebenen finden. Sie wissen vielleicht, dass wir im Jahr 2002 die Auszeichnung des Ludwig-Erhard-Preises erhielten. Es gibt in Deutschland gut

200 Unternehmens- und Wirtschaftswettbewerbe. Dieser ist wahrscheinlich der anspruchsvollste. Auf die Teilnahme an einem solchen Wettbewerb muss man sich intensiv vorbereiten. Die Bewerbungsunterlagen umfassten damals 75 Seiten. Die Bewerbung selbst muss – auch heute noch! – die Anforderungen der European Foundation for Quality Management (EFQM-Modell) berücksichtigen und wird dann von Assessoren – so werden die Topberater bezeichnet, die dies vornehmen – in einem aufwändigen Verfahren geprüft. Fällt diese Prüfung positiv aus, kommt das Assessorenteam zu einem mehrtägigen Vor-Ort-Besuch in die Unternehmen, die sich beworben haben, um die Bewerbung zu verifizieren und sich selbst ein Urteil zu bilden. Der daraus entstandene Abschlussbericht mit einer Punktebewertung wird dann einer Jury aus Vertretern aus Wirtschaft und Wissenschaft vorgelegt, die die abschließende Entscheidung über den Preis oder die Auszeichnung fällt.

Als klar war, dass wir in die engere Wahl gekommen waren, erschien also ein Team aus hochkarätigen Assessoren in unserem Unternehmen. Fünf Tage lang drehten sie bei uns jeden Stein um und betrachteten ihn ausführlich von allen Seiten. Ihr Ziel: herauszufinden, ob das, was in unserer Bewerbung stand, auch in der Praxis tatsächlich stattfand. Am dritten Tag baten die Assessoren darum, abends länger bleiben zu dürfen, sie wollten sich in einem Sitzungszimmer in Ruhe zurückziehen und beraten. Und nein, unsere Anwesenheit sei nicht erforderlich. Wir kamen ihren Wünschen nach und verließen das Unternehmen zu angemessener Zeit, während das Assessorenteam im Sitzungszimmer tagte.

Irgendwann – so fand ich hinterher heraus – verließ einer der Assessoren den Raum und traf in der Toilette auf unsere Putzfrau, die hier wie jeden Abend ihrer Arbeit nachging. Die beiden kamen ins Gespräch. Unsere Putzfrau erklärte dem Assessor, warum wir ökologisch unbedenkliche Putzmittel einsetzen, wie sie damit konkret arbeitet, wo wir diese Putzmittel zu einem sehr günstigen Preis einkaufen, wie sie in Zukunft das Budget für die Putzmittel noch weiter entlasten werde, warum sie antizyklisch arbeite und eben jetzt, am Abend, noch da sei und so weiter. Putzfrau und Assessor unterhielten sich ungefähr 15 Minuten miteinander. Anschließend ging der Assessor zu seinen Kollegen zurück. Was er ihnen sagte, wurde später an mich herangetragen und lautete ungefähr so: »Ich habe auf der Toilette die Putzfrau getroffen, und soll ich euch was sagen? Sie hat geredet, als sei sie nicht die Putzfrau, sondern die Chefin!«

Dass wir die Auszeichnung der »Initiative Ludwig-Erhard-Preis« bekommen haben, hat meiner heutigen Überzeugung nach viel mit dieser ganz spe-

ziellen Begegnung zwischen dem Assessor und unserer Putzfrau zu tun –
so nebensächlich sie auch erscheinen mag. Der Assessor zumindest war tief
beeindruckt davon, wie jemand mit einem einfachen Gehalt und mit einer einfachen Tätigkeit so professionell und unternehmerisch denken und auftreten
kann.

Aber nicht nur Putzfrauen und Hausmeister können durch A-Verhalten
glänzen – auch Hotelportiers schaffen das. Das durfte ich bei einer Reise in die
Vereinigten Arabischen Emirate erleben. Dorthin war ich geflogen, weil ich die
drei teuersten Hotels der Welt erkunden wollte: das *Burj Al Arab*, das *Atlantis*
in Dubai und das *Emirates Palace* in Abu Dhabi. Die Idee war, von diesen
absoluten Spitzendienstleistern für das eigene Unternehmen etwas zu lernen.
Ich kann Ihnen versichern: Es ist gar nicht so leicht, in ein 7-Sterne-Hotel vorzudringen. Ohne sehr langfristige Reservierung geht da gar nichts – Sie schaffen es da noch nicht einmal auf einen Tee in die Hotelbar. In Dubai ist es mir
erst nach jahrelangem Anlauf gelungen, ein Zimmer für den entsprechenden
Zeitraum im *Atlantis* zu buchen. Ich hatte natürlich schon sehr viel über das
Hotel gehört und war äußerst gespannt, das können Sie sich sicher vorstellen.
Im Prospekt stand, dass in der Hotelküche pro Jahr 212 Tonnen Orangen ausgepresst werden, um die Gäste mit frischem Orangensaft zu beglücken – auch
auf diesen derlei angepriesenen Saft war ich gespannt.

Ich ging also am Abend in den prunkvollen Speisesaal, aß vom Büfett, trank
den legendären Orangensaft. Das Büfett war gut. Der Orangensaft auch – aber
was soll ich Ihnen sagen? Der Aldi-Orangensaft im schnöden Tetra Pak
schmeckt mir besser. Aber kommt es darauf an? Auch in den anderen Hotels
hatte ich solche Erlebnisse – so zum Beispiel beim *Five o'clock Tea* im *Emirates
Palace*, wo mir nicht wie erwartet mindestens zehn verschiedene Sorten angeboten wurden, sondern ganz einfach verkündet wurde: »Heute gibt es roten
Tee.« Das war nicht ganz das, was ich erwartet hatte. Am Ende fragte ich
mich: »Was läuft hier eigentlich verkehrt? Diese Hotels haben Milliarden gekostet. Hier sind nicht nur die Wände mit Blattgold verziert, nicht nur die
Schränke, nein, sogar die Schrauben, die die Schränke zusammenhalten, sind
vergoldet. Aber das allein macht diese Häuser ja noch nicht zu den besten
Hotels der Welt. Auch das Büfett, der Orangensaft und der Tee sind nicht dafür verantwortlich, dass diese Hotels Spitzenhäuser sind. Aber was ist es dann?
Was unterscheidet diese Hotels von anderen?«

Heute weiß ich die Antwort: Es ist das Lächeln der Portiers. Ja, Sie haben
richtig gelesen. In diesen Hotels begrüßen Sie die Portiers so, als hätten sie den
ganzen lieben langen Tag nichts anderes gemacht, als auf *genau Sie* zu warten.

Entsprechend freudestrahlend werden Sie also willkommen geheißen. Das setzt sich in der Halle fort, wenn der Kofferträger herbeieilt und Ihr Gepäck in Empfang nimmt, oder wenn Sie an die Rezeption zum Einchecken gehen und Ihnen auch dort die Mitarbeiter des Hotels jeden Wunsch von den Augen ablesen. Sie werden in diesen Häusern von morgens bis abends nach Strich und Faden verwöhnt. Keine Spur von Stress bei den Mitarbeitern, nicht die leiseste Andeutung der üblichen Anonymität, die große Hotels sonst so oft auszeichnet. Sie haben zu jeder Sekunde das Gefühl, jemand ganz Besonderes zu sein. Und genau das macht den Unterschied aus.

Es sind ausschließlich die Servicekräfte in den Hotels, die diese zu den besten der Welt machen. Und diese Servicekräfte sind nicht ganz normale Servicekräfte. Es sind natürlich A-Mitarbeiter. Und zwar alle – denn die Kette der A-Mitarbeiter reißt in diesen Spitzenhotels einfach nicht ab: vom Portier über den Kofferträger und den Rezeptionisten bis hin zum Room Service und dem Servicepersonal in den Restaurants. Wäre die Kette nur an einer einzigen Stelle durch einen muffeligen, schlecht gelaunten B-Mitarbeiter unterbrochen, der Dienst nach Vorschrift macht, die Gäste eher als Störfaktoren betrachtet und abends auch schon mal gerne etwas früher geht, wenn's keiner merkt, dann wäre es vorbei mit der Exzellenz. Denn A-Mitarbeiter sind so wie beschrieben: vollkommen unabhängig von ihrer hierarchischen Position in einem Unternehmen der Garant für Exzellenz. Da verzichtet man dann auch gerne mal auf eine ausführliche Teekarte und nimmt einfach das, was einem mit einem freundlichen Lächeln serviert wird. Selbst wenn es roter Tee ist.

Ab 40 geht es bergab?

Dass A-Mitarbeiter automatisch führungs- und karriereversessen sind, ist also der erste große Trugschluss, dem viele Menschen im Zusammenhang mit der ABC-Thematik aufsitzen. Es gibt aber noch einen zweiten, und der lautet: Ein A-Mitarbeiter gehört automatisch zu den jungen, dynamischen Mitarbeitern im Team. Denn schließlich hat nur ein junger Mensch die für Spitzenleistungen unbedingt erforderliche Kraft und Frische. Ich gebe zu: Selbst ich nahm lange an, dass nur junge Menschen echte A-Leistungen bringen können – bis sie etwa 40 Jahre alt sind; danach geht es dann stetig bergab mit ihnen. Lachen Sie nicht – das dachte ich tatsächlich. Heute weiß ich: Ein Leben verläuft in Zyklen, und jeder Zyklus hat seine ganz eigene Schönheit und Herausforderung, und jedes Unternehmen ist gut beraten, wenn es bei der Mitarbeiterauswahl genau überlegt: »Welche Art von Mitarbeiter benötigen wir denn an dieser Position? Jemanden, der mehr Ruhe reinbringt? Jemanden, der etwas konsolidiert? Oder einen Antreiber mit richtigem Feuer, der permanent neue Ideen kreiert und immerzu Dinge verbessern will?«

Im letzten Kapitel sprach ich vom Fachkräftemangel, der sich bei uns trotz hoher Arbeitslosigkeit immer stärker bemerkbar macht. Wer nicht zwanghaft darauf fixiert ist, dass nur junge Menschen leistungsfähig sind, der könnte dieses Problem schnell lösen, indem er beispielsweise etwas ältere Menschen einstellt. »Wer mit 50 seinen Job verliert, ist im Kern nicht mehr vermittelbar« – dass dieser Satz hier in Deutschland immer noch zu den zehn Geboten des Arbeitsmarktes gehört, halte ich nicht nur für absurd, sondern auch für fahrlässig. Schauen Sie sich einmal in den USA um, wenn Sie das nächste Mal dort

Abbildung 7: Erwerbsquote Älterer (55–64 Jahre) im internationalen Vergleich – Deutschland befindet sich im unteren Mittelfeld

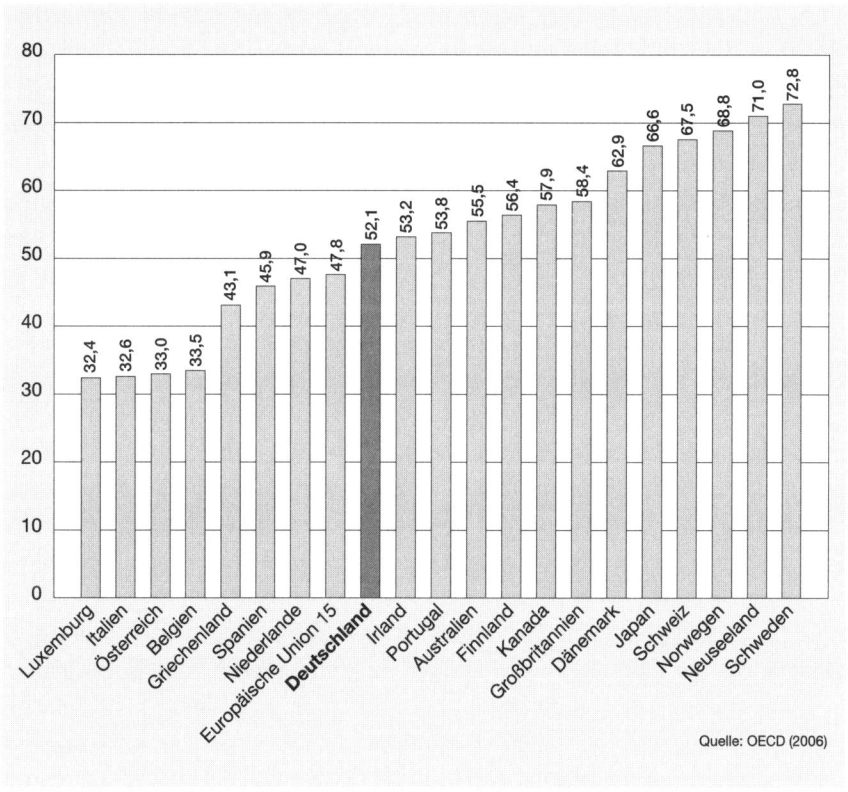

Quelle: OECD (2006)

sind. Arbeitende ältere Menschen sind dort an der Tagesordnung – sei es nun an der Supermarktkasse, am Bankschalter oder in den Büroetagen der Wolkenkratzer in den großen Städten. Nicht so bei uns: Wenn man sich auf den Straßen, in den Geschäften, in den Büros umschaut, könnte man glatt auf die Idee kommen, dies sei eine Republik der jungen, fitten, faltenfreien Menschen.

Dabei sind ältere Menschen ebenso fit und leistungsfähig wie ihre jungen Kollegen. Vielleicht nicht immer und unbedingt körperlich, dafür aber geistig – und darauf kommt es in den meisten Jobs heute ja an. Ältere Menschen sind Routiniers, sie wissen, wie ihre Arbeit funktioniert. Ihnen macht man nicht so schnell etwas vor – das wissen viele von Ihnen sicher aus eigener Erfahrung.

Dass auch hier in Deutschland langsam ein Umdenken einzusetzen scheint, habe ich in den letzten Wochen und Monaten durchaus beobachtet. In manchen Großunternehmen müssen Führungskräfte abtreten, weil sie das übliche – nicht das gesetzliche! – Ruhestandsalter erreicht haben: CEOs werden hier gerne mal mit 55 oder 58 Jahren in Rente geschickt. Das ist nicht mehr als normal. Außergewöhnlich und bemerkenswert allerdings: Genau diese aufs Altenteil geschickten Führungskräfte wurden jedoch in der letzten Zeit wieder zurückgeholt, weil die ach so dynamischen und begeisterten jungen Führungskräfte es einfach nicht auf die Reihe bekommen hatten. Da musste dann der Alte ran und den in den Dreck gefahrenen Karren wieder flottmachen. Und dies gilt auch für Facharbeiter, Fließbandarbeiter und weitere Beschäftigte. A-Mitarbeiter werden zum Beispiel bei Bosch wieder aus dem Ruhestand geholt, wenn Sie das 75. Lebensalter noch nicht erreicht haben. Man hat erkannt, was man an ihnen hat.

Der große Fehler, den die Unternehmensführung gemacht hatte, war nämlich: Sie hatte es versäumt, bei den Senior-Führungskräften nach A-, B- oder C-Mitarbeiter zu unterscheiden und stattdessen einfach den ältesten nach Hause geschickt. Die Botschaft: »Egal, wie gut du bist, lieber Mitarbeiter – jetzt musst du einem Jüngeren Platz machen, der kann es nämlich besser als du.« Der Jüngere macht es aber *nicht* automatisch besser. A, B oder C – das ist dann erneut die Frage. Dennoch: Selbst wenn die Unternehmen ihre bereits an die Luft gesetzten älteren Mitarbeiter wieder zurückholen – ein echtes Umdenken ist das noch nicht. Sondern nur ein aus der Not heraus geborenes Handeln: »Na ja, mit den jüngeren Toptalenten klappt das gerade nicht so gut, also schauen wir uns halt mal bei den älteren um.« Hier muss noch viel geschehen.

Noch einmal: Ein A-Mitarbeiter muss nicht jung sein. Eine A-Qualifikation ist keine Frage des Lebensalters. Auch unter den älteren Mitarbeitern gibt es A-Mitarbeiter – und natürlich auch welche der B- und C-Kategorie, aber das ganz unabhängig von ihrem Alter. Sicher: Ein älterer Mitarbeiter ist vielleicht gesundheitlich nicht mehr so robust – aber seinen Krankenstand macht er durch viele andere Qualifikationen mehr als wett. Ein A-Mitarbeiter muss die Chance bekommen zu punkten. Er darf nicht einfach weggeschickt werden, nur weil er 60 geworden ist – was für ein Unsinn ist das!

Premium-Behandlung auch für Praktikanten

Ähnliches gilt übrigens für Auszubildende und Praktikanten. Auch sie werden ganz oft pauschal als Nichtswisser, Nichtskönner und Nichtsblicker abgekanzelt – der dritte große Trugschluss, dem viele Unternehmen aufsitzen. Ich kenne sie natürlich durchaus auch – Schulabgänger, die auf die Frage, wie viele Minuten denn eine Stunde habe, antworten: »45 Minuten«, oder Auszubildende, die nicht wissen, dass Berlin unsere Bundeshauptstadt ist, und dergleichen Unerquickliches mehr. Aber auch wenn man es sich manchmal kaum vorstellen kann: Selbst unter Auszubildenden und Praktikanten gibt es A-Mitarbeiter, und um die geht es mir jetzt. Sie aus dem großen Pool der Schul- oder Hochschulabgänger herauszufiltern, das ist die Kunst. Sorgfältige Auswahl ist besonders wichtig. Wer an dieses Thema mit der Haltung herangeht: »Es sind ja nur Azubis und ein paar Praktikanten, da müssen wir ja wohl nicht einen solchen Aufwand treiben!«, der wird unweigerlich erleben, was selbst Auszubildende und Praktikanten für Schäden anrichten können. Und hier kommt schon wieder ein Geständnis: Auch wir sind mit diesem Thema früher sehr blauäugig umgegangen. Aber seien Sie versichert: Wir haben unsere Lehren daraus gezogen. Heute sind wir bei der Auswahl unserer Praktikanten und Auszubildenden ähnlich ernsthaft, strukturiert und klar wie bei der unserer Führungskräfte.

Wie wir diese jungen Menschen rekrutieren, habe ich Ihnen schon geschildert. Wenn sie nun in unser Unternehmen kommen, um sich vorzustellen, dann laden wir sie beispielsweise zu zwei Assessment Centern ein, die sie erfolgreich durchlaufen müssen, bevor wir ihnen einen Vertrag anbieten. Insgesamt umfasst dieser Prozess acht Stufen. Dazu gehört auch, dass wir die Eltern und Großeltern der potenziellen Azubis und Praktikanten in unser Unternehmen einladen. Seit wir diesen Prozess so eingerichtet haben, sind wir in diesem Bereich um zwei Noten besser geworden. Vorher standen wir bei einer 3,5, jetzt stehen wir bei einer 1,5 – damit haben wir unser Ziel erreicht. Denn bevor wir diesen Prozess einrichteten, hatten wir dieses Ziel festgelegt: im Bereich der Azubis und Praktikanten zu den Besten zu gehören.

Unsere Premium-Behandlung der Auszubildenden und Praktikanten hört selbst dann nicht auf, wenn ihre Zeit bei uns beendet ist – sei es, weil sie dann eine weiterführende Ausbildung aufnehmen oder weil sie ihr Studium fortsetzen. Wir halten Kontakt zu diesen ehemaligen Mitarbeitern: Wir gratulieren ihnen zum Geburtstag, wir laden sie zu Festen ein. Und eines kann ich Ihnen versichern: Zu beobachten, wie sich diese jungen Menschen dann entwickeln, zu sehen, was aus ihnen wird, wo es sie hinverschlägt, was sie alles aus sich herausholen, ist einfach wunderschön. Dieses Netzwerk zu hegen und zu pflegen, ist mir mehr als wichtig. Es ist – wie Sie schon wissen – auch Grundlage dafür, dass ich immer dann, wenn ich tüchtige Menschen in meinem Unternehmen brauche und einstellen will, auf ein stabiles und funktionierendes Netzwerk zurückgreifen kann.

Unter dem Strich steht also das hier: Wer auf allen Ebenen des Unternehmens das ABC-Prinzip richtig anwendet, der wird top. Wer es nicht nur auf Führungskräfte beschränkt, sondern auch auf Hausmeister und Putzfrau, Azubi und Praktikant und auch auf die älteren Mitarbeiter ausweitet, wird in der Summe einen qualitativen Sprung machen, der ihn und sein Unternehmen in die Topliga katapultiert. Mit den vielen Bs und Cs schaffen Sie das dagegen nicht – auch wenn so mancher Wirtschaftspsychologe etwas anderes behauptet. Mit Mitarbeitern, die pünktlich kommen und pünktlich gehen und dazwischen das machen, was gerade mal so von ihnen verlangt wird, ist die Marktführerschaft ganz gewiss nicht zu gewinnen.

Der Weg geht immer nur nach oben

Wenn man nun so jahrein, jahraus das ABC-System anwendet und ganz konsequent A-Mitarbeiter einstellt und parallel B-Mitarbeiter so fordert und fördert, dass aus ihnen A-Mitarbeiter werden, setzt sich die Belegschaft schon nach relativ kurzer Zeit zu 70 bis 80 Prozent aus A-Mitarbeitern zusammen. Zeit, sich zurückzulehnen und die Früchte der eigenen Anstrengungen zu genießen? Von wegen! Denn das ist noch nicht das Ende der Fahnenstange – noch lange nicht. Die Differenzierung geht weiter. Wenn man irgendwann einmal in seinem Unternehmen 70 oder 80 Prozent der Mitarbeiter das Etikett »A-Mitarbeiter« anheften kann, dann sollte man nämlich den nächsten Schritt gehen und diese A-Mitarbeiter weiter unterteilen. Der Managementexperte Jim Collins hat hierfür eine fünfstufige Klassifizierung vorgeschlagen. Er nennt sie in seinem Buch *Der Weg zu den Besten* »Die fünf Ebenen individueller Führungskompetenz«:

Level 1: *Begabtes Individuum.* Es erbringt produktive Beiträge durch Talent, Wissen, Fertigkeiten und gute Arbeitsgewohnheiten.

Level 2: *Teammitglied.* Es trägt mit seinen individuellen Fertigkeiten zum Erfolg der Gruppenziele bei und arbeitet effektiv mit anderen in einer Gruppe zusammen.

Level 3: *Kompetenter Manager.* Er organisiert Menschen und Ressourcen für eine effektive und effiziente Umsetzung vorgegebener Ziele.

Level 4: *Effektiver Manager.* Er sorgt für Engagement und die konsequente Umsetzung einer klaren und überzeugenden Vision und stimuliert höhere Leistungsstandards.

Level 5: *Unternehmensführer.* Er sorgt durch eine paradoxe Mischung aus persönlicher Bescheidenheit und professioneller Durchsetzungskraft für nachhaltige Spitzenleistung.

Setzt man die Anforderungen der ABC-Thematik bis in die letzte Konsequenz um und differenziert immer weiter und weiter, bringt man unweigerlich eine Positivspirale in Gang. Es geschehen Dinge, die man sich immer gewünscht hat und von denen man sich nie hat vorstellen können, dass sie einfach eines Tages da sein würden: Man muss nicht permanent die Fehler der anderen korrigieren. Man wird schneller und besser, verdient mehr Geld, gehört zu den Topunternehmen, wird Marktführer. Morgens zur Arbeit zu gehen macht wieder Spaß. Die Aussicht, in Rente zu gehen, ist plötzlich gar nicht mehr attraktiv.

Sicher: Diese ABC-Strategie in die Tat umzusetzen und sie in den Unternehmensalltag zu integrieren, ist kein Spaziergang. Es ist vielmehr eine mühsame, mitunter auch beschwerliche und unbequeme Wanderung. Allerdings eine, die sich mehr als lohnt. Wenn Sie als Unternehmer oder Führungskraft erst einmal von A-Mitarbeitern umgeben sind, dann fällt nicht nur der nerven- und zeitraubende Aufwand weg, den B- und C-Mitarbeiter nun mal verursachen. Es geschieht viel mehr als das. Ihre Organisation wird – ganz ungeachtet ihrer Größe – zu einem Selbstläufer. Sie entwickelt sich fast von allein, und zwar immer nur in eine Richtung: nach vorne. Oder nach oben, ganz wie Sie wollen. Wenn Sie auf diesem Weg erst einmal sind, haben Sie nur noch eines zu tun: den Menschen, der dafür sorgt, dass nur noch A-Mitarbeiter eingestellt werden, zum wichtigsten Manager im Haus zu erklären. Und wie das geht, lesen Sie im nächsten Kapitel.

Kapitel 15

Der wichtigste Manager im Haus

Während unserer Zielvereinbarungsgespräche erwarte ich bitte schön, dass in überhaupt keinen Urlaubskatalogen geblättert wird...

Warum nehmen Menschen Hunderte Kilometer Anfahrtsweg in Kauf, um in einem Restaurant, das drei Sterne im *Guide Michelin* hat, zu Abend zu essen? Wegen der stilvollen Atmosphäre? Gewiss auch. Wegen der aufmerksamen Bedienung? Natürlich gehört die dazu. Aber selbstverständlich kommen die Gäste in erster Linie wegen der Küche. Und deshalb ist unbestreitbar nicht der Chef de Rang, also der Oberkellner, der wichtigste Mann im Haus. Auch nicht der Sommelier, der dabei hilft, den passenden Wein auszusuchen – selbst wenn ein guter Tropfen den Genuss erst vollkommen macht. Nein, mit der Küche, der Küche und nochmals der Küche steht und fällt der »dritte Stern« – und deshalb ist selbstverständlich der wichtigste Mann im Haus, derjenige, der den meisterhaften Koch gefunden und eingestellt hat sowie es ihm ermöglicht, Spitzenleistungen zu vollbringen.

Dieses Prinzip gilt für jedes Unternehmen: Der wichtigste Mann im Unternehmen ist derjenige, der für das zuständig ist, was für jedes Unternehmen essenziell ist: Ich habe in diesem Buch eine Lanze dafür gebrochen, dass jedes Unternehmen steht und fällt mit seinen Mitarbeitern. Deshalb ist auch derjenige oder diejenige, der oder die Verantwortung für die Mitarbeiter trägt, die wichtigste Person im Unternehmen. Auch wenn es in den Lehrbüchern an den Hochschulen anders steht.

Denn sehen wir den Tatsachen ins Gesicht: Wenn ein Unternehmen an die Spitze kommt, dann nicht deswegen, weil seine Marketingcharmeure, Finanzakrobaten oder Strategieschlaumeier so überragende Arbeit geleistet haben, sondern weil Personalmanager und mit Personalien befasste Unternehmer A-Mitarbeiter suchen, finden, verpflichten, fortbilden und halten. Die Personalmanager sind es, die dafür sorgen, dass ein Unternehmen in der heutigen Zeit nachhaltig Erfolg hat – wer sonst? Sie sind deshalb die wichtigsten Manager im Haus. Punkt.

Wenn Sie der Chef eines mittelständischen Unternehmens sind, kann ich Ihnen deshalb nur eines raten: Machen Sie Personalsachen zur Chefsache! Nehmen Sie dieses zentrale Thema selbst in die Hand. Und für Großunternehmen gilt mein Rat: Das Personalmanagement muss die wichtigste Managementunit im Haus sein! Und kein Verschiebebahnhof für glücklose Manager aus anderen Abteilungen. Erst recht keine nach Indien oder sonst wohin ausgelagerte Einheit, von der keiner so richtig weiß, wofür man sie eigentlich noch braucht.

Auch wenn Dave Ulrich dem Personalmanagement seine Würde zurückgegeben hat (wie ich Ihnen in Kapitel 5 schon berichtet habe), auch wenn er erreicht hat, dass es wieder auf dem Schirm der Unternehmer und Vorstände aufgetaucht ist: Sein Ansatz geht mir noch nicht weit genug. Denn das entscheidende Thema, die Rekrutierung der A-Mitarbeiter, spielt bei ihm nur eine Nebenrolle. Und selbst wenn er so etwas wie eine Revolution angezettelt hat – viel davon angekommen ist in den Unternehmen nicht. Zu viele Personalmanager sind kaum mehr als durchschnittliche Führungskräfte – gewiss grundanständige Männer und Frauen, aber mehr Verwalter als Gestalter. Viele Firmen haben zwar wieder eigenständige Personalabteilungen, aber keine sehr großen Erwartungen an diese Bereiche. Die Personalabteilung soll funktionieren – mehr nicht. Wenn ein Unternehmen aber wirklich vorankommen will, dann muss das Personalmanagement die erste Geige spielen. Hier müssen die besten Manager arbeiten – oder der Chef selbst. Nur dann ist gewährleistet, dass auch die besten Mitarbeiter eingestellt werden. Denn: Mittelmäßige Manager stellen mittelmäßige Mitarbeiter ein. Nur A-Mitarbeiter stellen andere A-Mitarbeiter ein – und genau das soll geschehen. Das Personalmanagement ist also Dreh- und Angelpunkt des unternehmerischen Erfolgs.

Vergessen Sie die Quartalsberichte!

Selbst wenn noch nicht viele Unternehmen begriffen haben, wie wichtig das Personalmanagement für den zukünftigen Erfolg sein wird – einige gibt es inzwischen doch. Zu ihnen zähle ich die Paul Hartmann AG, ein Unternehmen, das im Bereich von Medizin- und Pflegeprodukten tätig ist. Vor nicht allzu langer Zeit saß ich mit dem Personalmanager dieses Unternehmens zusammen bei einer Podiumsdiskussion. Ich sprach über die ABC-Thematik, viele Zuhörer waren wieder einmal hell entsetzt, fragten mich, wie man so eine Haltung nur vertreten könne, sie sei doch »menschenverachtend« – ich hatte Ihnen ja schon von diesen Reaktionen berichtet. Auf einmal schnappte sich der Personalmanager der Paul Hartmann AG das Mikrofon und polterte los: »Also, ich möchte hier eines mal ganz glasklar sagen: Wir haben 9 000 Mitarbeiter. Und wir wollen, dass alle diese 9 000 Mitarbeiter A-Mitarbeiter sind. Nicht 8 550, nicht 8 999, nein, alle 9 000 sollen A-Mitarbeiter sein. Wir sind heute vielleicht bei der Hälfte, und glauben Sie mir – ich werde nicht eher ruhen, bis wir dieses Ziel erreicht haben, das wir uns gesteckt haben: Unser Unternehmen soll nur aus A-Mitarbeitern bestehen.«

Ein weiterer Verfechter dieser Haltung ist Thomas Sattelberger, einer der Top 10 der deutschen Personalszene, der für die Continental AG und die Lufthansa schon als Personalvorstand tätig war. Heute ist er in derselben Position bei der Telekom. Was auch er weiß: Wer das Personalmanagement in einem Unternehmen umkrempeln will, braucht dafür einen langen Atem. A-Mitarbeiter zu suchen, zu finden und zu binden, geht nicht von heute auf morgen. Erst einmal gilt es die Situation im Unternehmen zu analysieren, die Mitarbeiter zu klassifizieren und entsprechende Differenzierungen für jede Stelle auszuarbeiten, so Sattelberger. Dann müssen B-Mitarbeiter qualifiziert werden, und von den C-Mitarbeitern muss man sich, wenn sie nicht mehr wollen, trennen – nach Möglichkeit ohne Gerichtsverfahren und ohne Einmischung des Betriebsrats. Wer täglich dranbleibt und nicht lockerlässt, kann vielleicht nach drei, vier oder fünf Jahren erste Ergebnisse vorweisen. Dies ist sicher kein Job für ungeduldige Karrieristen.

Der wichtigste Manager im Haus muss also bereit sein, viel Detailarbeit zu leisten. Er muss kleine Schritte gehen können, einen nach dem anderen. Dazu braucht er einen sehr langen Atem und viel Geduld. Was er dabei aber nicht aus den Augen verlieren darf, ist das große Ziel. Sein Horizont sollte also definitiv weiter reichen als bis zum nächsten Quartalsbericht. Auch ein permanentes Schielen auf den Aktienkurs wird ihm bei seiner Arbeit eher hinderlich sein. Wenn man so will, sind es ganz neue Managementqualitäten, die dafür erforderlich sind. Mich beschleicht hin und wieder der Eindruck, dass so mancher deutsche Manager für diese Qualitäten noch nicht weit genug ist. »Gier frisst Hirn« scheint stattdessen das zu sein, was sich allenthalben beobachten lässt.

Dennoch: Die Zeichen mehren sich, dass in deutschen Unternehmen, auch den kleinen und den mittelständischen, ein Umdenken möglich ist. Laut einer McKinsey-Studie aus dem Jahr 2007 halten knapp 30 Prozent der Manager die Rekrutierung qualifizierten Personals für die größte Herausforderung der nächsten fünf Jahre – nicht etwa den zunehmenden Wettbewerb, eine wachsende Unternehmensgröße, geografische Expansion oder komplexe Regulierungen. Immerhin diese 30 Prozent haben erkannt, dass unter anderem das Talentemanagement das Gebot unserer Zeit ist: Es geht darum, Talente zu finden, sie einzustellen und einen Talente-Pool mit ihnen aufzubauen, sie zu führen, sie zu entwickeln – und sie dann an den Stellen im Unternehmen einzusetzen, an denen sie gebraucht werden. Diese jungen Talente arbeiten ganz normal im Unternehmen – sie wissen aber, dass sie etwas Besonderes sind, denn sie nehmen immer wieder an speziellen Trainings teil, bekommen herausfordernde Aufgaben, die über das Alltagsgeschäft hinausreichen. Und sie sind untereinander bestens vernetzt.

Warum ist es wichtig und keinesfalls reiner Luxus, gleich einen ganzen Talente-Pool aufzubauen? »Eisen schärft Eisen« – so steht es schon in der Bibel, und das gilt auch für die Talente, für die zukünftigen A-Mitarbeiter. Topleute werden gemeinsam immer besser. Sie spornen sich gegenseitig an. Sie fühlen sich wohl in einer Umgebung und Kultur, die sie fordert und fördert. Sie binden sich deshalb auch emotional an ein Unternehmen. Was dabei entsteht, ist ein neuer Aufbruch – der sich auch in handfesten Zahlen niederschlägt, wie McKinsey in einer Studie 2006 dokumentierte. Dieser Untersuchung zufolge hängt der finanzielle Erfolg eines Unternehmens (gemessen am Gewinn pro Mitarbeiter) direkt mit den entscheidenden Dimensionen des Talentemanagements zusammen: Unternehmen, die in einer internationalen Talentemanagement-Umfrage zu den besten gehörten, erwirtschafteten durchschnittlich fast 40 Prozent mehr Gewinn pro Mitarbeiter als die Unternehmen, die in der Talentemanagement-Umfrage zu den eher schlecht abschneidenden Teilnehmern gehörten. Wenn Sie jetzt noch meine Rechnung aus Kapitel 1 berücksichtigen

– dass ein B-Mitarbeiter 40 Prozent weniger arbeitet als ein A-Mitarbeiter und ein C-Mitarbeiter sogar 70 Prozent weniger –, dann sind Sie schnell bei einer immensen Summe, die ein A-Mitarbeiter Ihnen übers Jahr einbringt. Und ein Talente-Pool erscheint einem dann auch gar nicht mehr so luxuriös und nur für Großunternehmen geeignet.

Das heißt aber auch: Wenn der Personalmanager der wichtigste Mann im Haus sein soll, dann braucht er ein angemessenes Budget für das, was er tut. Mit diesem Budget kann er es sich nicht nur leisten, ungewöhnliche Ideen zu entwickeln, sondern diese auch noch umzusetzen. Wenn er nur das fünfte Rad am Wagen ist, schafft er das natürlich nicht. Da erntet er für Sätze wie »Ich habe eine bahnbrechende Idee entwickelt, wie wir unsere Toptalente vernetzen und sie besser fördern können, und bräuchte dafür ein bestimmtes Budget!« vielleicht ein müdes Schulterzucken des Vorstands. Bestenfalls. Wenn er sich nicht noch deftigere Sprüche gefallen lassen muss. Wenn die Prioritäten aber richtig gesetzt und die Personalmanager tatsächlich die wichtigsten Manager im Haus sind, dann können sie auf einmal auf ganz andere Ressourcen zurückgreifen. Und zwar nicht nur auf materielle Quellen, sondern auch auf immaterielle Ressourcen wie Unterstützung durch Kollegen oder das Commitment der Geschäftsleitung. Wenn die Bedeutung des Personalmanagers feststeht, dann zweifelt niemand mehr an dessen Vorschlägen oder Ideen. Dann versucht kein Controller und kein Finanzvorstand mehr, ihm seine Konzepte zur Talentegewinnung auszureden. Oder das höhere Gehalt für einen A-Mitarbeiter, der zur Konkurrenz zu wechseln droht, wenn er nicht mehr Geld bekommt. Dann wird er nicht mehr gefragt: »Wann hast du das denn geträumt?«, sondern dann werden gute Ideen und Pläne einfach in die Tat umgesetzt – weil jeder weiß, was am Ende dabei herauskommt: mehr Gewinn für alle.

Ich nehm' jetzt mal den Bus!

Der Kampf um High Potentials hatte in den letzten Jahren fast schon beängstigende Ausmaße angenommen. Ein regelrechter Hype war entstanden. Die vermeintlichen oder tatsächlichen Toptalente wurden mit immer höheren Gehältern und Zulagen, mit immer teureren Dienstwagen und noch schickeren Büros gelockt. Die Wirtschaftskrise 2008/2009 hat diese Entwicklung gestoppt. Die Vorzeichen sind seitdem andere. Unternehmen richten ihre Energien nicht mehr so sehr darauf, die A-Mitarbeiter dieser Welt auf sich aufmerksam zu machen und sie von anderen Unternehmen abzuwerben, sondern vielmehr darauf, ihre eigenen A-Mitarbeitern zu halten. Sie tun alles, um zu verhindern, dass sie zur Konkurrenz gehen. Anders sieht das bei den B- und C-Mitarbeitern aus. Die will man nun mit aller Macht loswerden. Hier greifen viele Unternehmen sogar zu recht zweifelhaften Tricks, von denen ich Ihnen bereits in Kapitel 13 erzählt habe.

Mit verantwortlich für diese Entwicklung ist Jim Collins' Buch *Der Weg zu den Besten*. Es war nicht ohne Grund ein Weltbestseller, denn dieses Buch hat tatsächlich einiges ausgelöst. Jim Collins' Appell: »Finde die richtigen Menschen. Bitte sie, in den Bus einzusteigen. Sorge dafür, dass jeder in diesem Bus den richtigen Platz für sich findet. Und dann musst du dir nicht mehr viele Gedanken darüber machen, wohin der Bus fährt.« Collins plädiert also dafür, einfach nur sicherzustellen, dass die Mitarbeiter ausschließlich A-Mitarbeiter sind, sich nicht aber bereits auf bestimmte Ziele festzulegen. Sie wissen, dass ich das etwas anders sehe. Meine Erfahrung hat gezeigt: Nur wenn konkrete Ziele vereinbart sind, kann man einen neuen Mitarbeiter wirklich daran messen und ihn notfalls auch auffordern, den Bus wieder zu verlassen.

Wie aber sieht er denn nun aus, der wichtigste Manager im Haus? Für die mittelständischen, inhabergeführten Betriebe, mit denen wir es im Rahmen unserer Beratungstätigkeit oft zu tun haben, kann ich sagen: Er ist ein Mensch, der auf alle Fälle Vorbildfunktion hat. Er ist nicht nur extrovertiert, sondern auch visionär und zupackend. Er besitzt eine exzellente Kommunikationsfähigkeit. Hat ein Personalmanager diese Fähigkeiten nicht, wird er massive Probleme mit seinen A-Mitarbeitern bekommen. Denn so viel ist sicher: Wer der Chef von A-Mitarbeitern sein will, kann sich nicht vor diese hinstellen und sagen: »Alle mal herhören, ich bin jetzt euer Chef. Schließlich sitze ich auf diesem Sessel hier.« So etwas werden sich A-Mitarbeiter nicht bieten lassen. Gerade vor kurzem erlebten wir in einem Unternehmen, dass die A-Mitarbeiter ihren Chef – den Inhaber des Betriebs! – fast schon erpressten. »Entweder Sie nehmen sich einen Coach und machen sich in Sachen Führung fit – oder wir werden hier nicht länger für Sie arbeiten!« Dieser Inhaber hatte in der Tat eine bittere Lektion zu lernen: Man kann Menschen auf jedem Weg nur so weit führen, wie man ihn selbst bereits gegangen ist! Und wenn ein Chef oder ein Inhaber nicht mehr an seiner eigenen Entwicklung arbeitet, fühlen sich seine A-Mitarbeiter bevormundet und reiner Willkür ausgesetzt.

Seien Sie also ehrlich zu sich selbst: Wie viele A-Mitarbeiter können Sie tatsächlich an sich binden? Wie viele der A-Mitarbeiter sehen in Ihnen ein Vorbild und verstehen Sie als einen der ihren? Sind es fünf? Oder 50? Gar 500? Gehen Sie hier wirklich hart ins Gericht mit sich. Es hat überhaupt keinen Sinn, gerne der Chef von 500 Menschen sein zu *wollen*, wenn man es einfach nicht *kann*. Deshalb: Der wichtigste Manager in einem Haus, das nur aus A-Mitarbeitern bestehen soll, muss in erster Linie sehr hohe Ansprüche an sich selbst und an seine persönliche Weiterentwicklung stellen. Auch an seine Authentizität, seine persönliche Glaubwürdigkeit. Sonst hat er keine Chance. Sonst nehmen ihn seine A-Mitarbeiter nicht mehr ernst. Die überholen ihn einfach rechts. Plötzlich führen sie Veranstaltungen auf eigene Faust durch, moderieren sie auch gleich noch selbst, haben Spaß und sind mit Begeisterung bei der Sache, besitzen Strahlkraft und Visionen – und der Chef hockt einfach nur noch da und schaut sich das alles staunend an.

Verstehen Sie mich nicht falsch: Das ist durchaus in Ordnung – wenn sich der Chef als Trainer einer Mannschaft versteht. Aber nach dem Spiel muss er wieder auftauchen können und sagen: »So, Jungs, das war richtig gut. Aber das nächste Mal machen wir das anders.« So etwas erwarten die A-Mitarbeiter. Und wenn der Chef ihnen das nicht gibt, dann ist er kein Chef, den sie akzeptieren können und wollen. Dann werden sie sich eben woanders einen solchen Chef suchen, der diese Bezeichnung auch verdient hat. Der wichtigste Manager im Haus ist der Personalmanager also nicht nur, weil er all die A-Mitarbeiter einstellt, sondern auch, weil er selbst alle diese A-Eigenschaften hat und seiner Truppe mit leuchtendem Beispiel vorangeht.

Eine solche Galionsfigur ist in meinen Augen dm-Drogeriemarkt-Gründer Götz Werner: Er geht seinen A-Mitarbeitern voran. Als er – noch ein junger Mann – seine Ideen von einem Drogerie-Discounter bei seinem Arbeitgeber nicht verwirklichen konnte, machte er sich kurzerhand selbstständig, expandierte, verdiente eine Unmenge Geld, sein Ansehen bei den Kunden stieg und stieg. Und das alles, weil er in der Lage ist, seine A-Mitarbeiter nicht nur auszuwählen, sondern sie auch wirklich zu führen und zu coachen. Er wird der immer komplexer und anspruchsvoller gewordenen Personalarbeit zu jeder Zeit und mit dem Einsatz seiner ganzen Persönlichkeit gerecht.

Komplex und anspruchsvoll – das sind auch die vielen Firmenmerger, die nahezu permanent stattfinden. Dabei prallen Firmenkulturen aufeinander, hinter denen natürlich Menschen stehen: Konfliktpotenzial ohne Ende. Auch Personalabbau – wenn er denn im großen Stil stattfinden muss – ist eine konfliktbehaftete Situation, ebenso der Personalaufbau, beispielsweise bei Firmenneugründungen. Wenn diese Herausforderungen nur von mittelmäßigen Managern gestemmt werden und nicht von den besten Managern im Haus, ist der Misserfolg programmiert. Es ändert sich also nicht nur der Stellenwert des Personalmanagements, sondern auch die Aufgaben des Personalmanagers. Sie werden anspruchsvoller, komplexer und herausfordernder.

Dass dies so ist, kann man auch an einer Studie der Unternehmensberatung Towers Perrin aus dem Jahr 2004 sehen. Im Rahmen dieser Studie wurde untersucht, warum A-Mitarbeiter ins Unternehmen kommen, warum sie bleiben und warum sie wieder gehen. Gründe, bei einem Unternehmen anzuheuern, sind beispielsweise: Reputation des Unternehmens, wettbewerbsfähiges Gehalt, herausfordernde Arbeit sowie Aufstiegs- und Karrierechancen. A-Mitarbeiter bleiben aus fast denselben Gründen, lediglich die Reputation des Unternehmens ist nachrangig; deren Position nimmt der Grad der Eigenständigkeit der eigenen Arbeit ein. Gründe für eine Kündigung sind: Mangel an Aufstiegs- und Karrierechancen, schlechtes Verhältnis zum Vorgesetzten, unausgewogene Work-Life-Balance und ein schwieriges Arbeitsumfeld.

Übersicht 5: Warum Mitarbeiter kommen, bleiben und gehen

	Warum Mitarbeiter		
	kommen*	bleiben*	gehen*
Reputation des Unternehmens	1	–	–
Wettbewerbsfähiges Gehalt	2	2	6
Herausfordernde Arbeit	3	1	–
Aufstiegs- und Karrierechancen	4	4	1
Unternehmenskultur	5	5	7
Weiterentwicklungsmöglichkeiten	6	6	–
Hoher Grad an Eigenständigkeit	–	3	–
Verhältnis zum Vorgesetzten	–	–	2
Work-Life-Balance	–	–	3
Arbeitsumfeld	–	7	4

*Zahl = Platz in der Rangliste   Quelle: Towers Perrin

All diese Punkte muss das Personalmanagement beackern – Tag für Tag. Und in einem ganz normalen mittelständischen Betrieb sind viele dieser Punkte derzeit noch überhaupt nicht Bestandteil des Geschäftsalltags: vierteljährliche Ge-

Personalentwicklung – gestern	Personalentwicklung – heute
Mitarbeitern ist es wichtig, große Budgets zu verwalten und viele Mitarbeiter unter sich zu haben.	Mitarbeiter wollen herausfordernde Aufgaben und gute Entfaltungsmöglichkeiten.
Mitarbeiter wollen in einer klaren Hierarchie stetig nach oben steigen.	Mitarbeiter wollen in flachen Hierarchien arbeiten und darin unterschiedliche Positionen einnehmen.
Mitarbeiter brauchen die Aussicht, dass sie in einem Unternehmen die nächsten 30 Jahre arbeiten werden.	Mitarbeitern reicht die Perspektive auf die nächsten fünf Jahre völlig aus.
Mitarbeiter werden befördert aufgrund langjähriger Betriebszugehörigkeit und vergleichbarer Kriterien – unabhängig von Leistung und Fähigkeiten.	Beförderungen werden strategisch geplant. Man schaut sehr genau hin, ob der Mitarbeiter die Fähigkeiten hat, die die neue Position benötigt.

spräche mit Mitarbeitern über deren Aufstiegschancen, Karrierewünsche und -ziele zum Beispiel. Dort kommt der A-Mitarbeiter einfach irgendwann zu seinem Chef und sagt ihm: »Ich kündige. Ich habe ein Unternehmen gefunden, das mir mehr Chancen bietet. Das mir *überhaupt* einmal echte Chancen bietet!« Pech für den Chef. Hätte er seiner Personalarbeit eine höhere Priorität eingeräumt, wäre er vielleicht selbst auf die Idee gekommen, mit seinem A-Mitarbeiter über dessen Perspektiven, Ziele und Wünsche zu sprechen, und hätte ihm dann die Chancen und Herausforderungen bieten können, nach denen es ihn so sehr verlangt. Ein Personalmanagement, das auf A-Mitarbeiter ausgerichtet ist, muss schon ein bisschen mehr bringen, als nur Personalakten zu verwalten und Urlaubslisten zu führen.

Ist das Erpressung?

Die »Arbeitsformel der Zukunft« – der bekannte Zukunftsforscher Horst Opaschowski hat sie schon entworfen in seinem Buch *Deutschland 2010*, das im Jahr 2001 erschien. Und langsam gibt die Entwicklung ihm Recht. Diese Arbeitsformel lautet: 0,5 mal 2 mal 3. Damit ist gemeint, dass zukünftig die

Hälfte der Mitarbeiter doppelt so viel verdient und dreimal so viel leisten muss wie früher. Man könnte diese Formel auch als die »A-Formel« bezeichnen. Wer ein echter A-Mitarbeiter ist, ist nämlich genau dazu bereit: dreimal so viel zu leisten wie alle anderen. Ein echter A-Mitarbeiter sieht das als Herausforderung. Er nimmt das sportlich. Und hat auch noch Spaß dabei.

Lassen Sie mich zum Abschluss auch einmal einen Blick in die Zukunft werfen. Dazu muss ich aber noch etwas ausholen und erst einmal in die Vergangenheit blicken – und zwar in die meiner Unternehmensgruppe. Da kam vor vielen Jahren ein sehr talentierter Mitarbeiter zum Chef – damals war der Chef noch mein Vater. Ich stand als ganz junger Mann zufällig neben seinem Schreibtisch, als dieser Mitarbeiter das Büro betrat, und kann mich noch sehr gut an die Szene erinnern. Der Mitarbeiter – von dem alle wussten, dass er der beste war – sagte zu meinem Vater: »Herr Knoblauch, ich habe ein Angebot von der Firma Bosch bekommen. Man braucht mich dort. Und ich würde nicht nur 5 D-Mark Stundenlohn bekommen, wie bei Ihnen, sondern 8 D-Mark. Vielleicht sogar 8,50. Ich könnte morgen dort anfangen. Ich sag's Ihnen aber ganz ehrlich, Herr Knoblauch: Es fällt mir schwer, einfach so hier wegzugehen. Wenn Sie mir etwas mehr Stundenlohn geben, sagen wir 6 D-Mark, dann bleibe ich.«

Sie können sich gar nicht vorstellen, in welchen Zorn mein Vater geriet. »Ich lass' mich doch nicht erpressen! Und von Ihnen schon gar nicht!«, knurrte er. Dabei war dieser Mitarbeiter ein Topmann, und jeder wusste es. Er konnte Maschinen einrichten, er konnte sie bedienen, er konnte andere darin anleiten, dachte mit, war zuverlässig, der erste, der kam, der letzte, der ging. Er verhielt sich so verantwortungsbewusst, zuverlässig und loyal, als gehörte die Firma ihm. Aber mein Vater ließ ihn ziehen. Das tat er nicht nur bei diesem Mitarbeiter. Er ließ auch andere Topleute gehen, und immer wieder verlor er so seine besten Mitarbeiter. Ich kann es ihm nicht vorwerfen: Damals hatte man einfach keine Ahnung, was ein talentierter Mitarbeiter bedeutet. Man wusste es nicht besser. Maschinen, Werkzeug, Kreditlinien, Methoden, Kunden – all das war wichtiger. Mitarbeiter rangierten unter »ferner liefen«.

Heute sieht man das glücklicherweise anders – und Gehaltsverhandlungen mit A-Mitarbeitern gehen so vonstatten: Der Mitarbeiter schreibt den Betrag auf einen Bierdeckel, schiebt ihn Ihnen über den Tisch, und wenn Sie klug sind, nicken Sie ganz schnell. Beratungen mit den Kollegen oder der Personalabteilung – vergessen Sie's. Sagen Sie einfach: »Ja!« Sonst kommt der A-Mitarbeiter noch auf dumme Gedanken.

Anders als noch zu Zeiten meines Vaters sieht es in unserem Unternehmen so aus: Wir bitten unsere Mitarbeiter einmal im Jahr, mit der Geschäftsleitung über ihre Gehälter zu sprechen. Jeder Mitarbeiter erhält ein Blatt, auf dem drei Zahlen aufgelistet sind. Das Gehalt des Vorjahres, das aktuelle Gehalt und das Gehalt, das jetzt nach der anstehenden Lohnerhöhung ausbezahlt würde. Dann wollen wir wissen, ob diese Entlohnung für den Mitarbeiter akzeptabel ist. Falls nicht, bitten wir ihn, das ebenfalls auf dieses Blatt zu schreiben und zu begründen. Wir sind mittlerweile in unseren Unternehmen so weit, dass wir 90 Prozent unserer Mitarbeiter Wunschgehälter bezahlen. Ja, Sie haben richtig gelesen: Die meisten unserer Mitarbeiter legen ihr Gehalt selbst fest. Und glauben Sie bloß nicht, dass da astronomische Summen genannt würden. Ganz im Gegenteil. Unsere Mitarbeiter gehen damit sehr verantwortungsbewusst um. Sie nützen das ganz und gar nicht aus.

Übersicht 7: Recruiting gestern und heute

Recruiting – gestern	Recruiting – heute
Für einfachere Tätigkeiten nehmen wir jeden, der zwei Hände hat.	Auch bei einfachen Tätigkeiten suchen wir konsequent den A-Mitarbeiter. Ihm machen wir die Tore weit auf. Für den C-Mitarbeiter werden sie verschlossen.
Der Schwerpunkt des Einstellungsprozesses liegt in der Auswahl.	Einstellen hat sehr viel mit Marketing zu tun. Gute Kandidaten sind Mangelware. Der Bewerber muss gewonnen werden.
Das Einstellen von Mitarbeitern ist eine verwaltende Tätigkeit.	Einstellungen sind zunehmend Chefsache.
Der Einstellungsvorgang wird nebenher und standardisiert erledigt – sozusagen 08/15.	Einstellen hat eine strategische Komponente: so wie es einen Produktionsprozess gibt, gibt es auch einen Einstellungsprozess.
Wenn eine Firma verschiedene Niederlassungen hat, dann wird das in jeder Niederlassung anders gehandhabt – so wie es der Verantwortliche eben will.	Heute werden Einstellungsprozesse firmenübergreifend geregelt. Ist der optimale Prozess erst mal gefunden, wird er durchgängig installiert.
Personalverantwortliche haben ihre Lieblingsfragen (Voodoo-Techniken).	Strukturierte Interviews anhand von Leitfäden in hoher Qualität.

Ich bin davon überzeugt, dass der Mitarbeiter der Zukunft der selbstbestimmte Mitarbeiter ist, der seinen Wert kennt und realistisch einschätzt. Und der auf der Basis vernünftiger Gespräche mit seinem Arbeitgeber genau das bekommt, was er »verdient«. Denn die Wirtschaft der Zukunft wird nicht mehr auf den tangiblen, also materiellen Werten beruhen, sondern auf den intangiblen, den immateriellen. Es wird der Geist der Menschen sein, das Denken und Verstehen, auf das es ankommt. Menschen sind kreativ, haben Ideen, tauschen sie aus, entwickeln sie weiter, und aus dieser Bewegung heraus werden Unternehmen wachsen und wird die Wirtschaft wachsen. Dies ist keine quantitative Veränderung mehr, sondern eine qualitative: Die Art und Weise, wie wir Werte schaffen, verändert sich dramatisch – und wird es noch weiter tun. Das, was wir bislang als Kapital bezeichnen, wird nicht mehr das Geld sein. Auch nicht die Maschinen und auch nicht die Prozesse. Das Kapital, das wir schaffen, ist in unseren Köpfen: unser Wissen und unsere Fähigkeiten. Und deshalb sind A-Mitarbeiter so wichtig. Denn nur sie haben das Wissen und die Fähigkeiten, die uns in die Zukunft tragen. Diese neue Wirtschaft ist nicht zuletzt zutiefst menschlich. Und sie ist sozial gerecht.

Anhang

Was noch zu sagen bleibt: Fragen und Antworten zur Personalfalle

Die diesem Buch zugrundeliegende ABC-Thematik ist nicht unumstritten. Bei meinen Vorträgen und Seminaren gibt es Fragen, die immer wieder in der Diskussion aufkommen.

1. *Wenn engagierte Mitarbeiter weniger Überstunden machen würden, hätten wir dann nicht Vollbeschäftigung für alle?*

Genau das Gegenteil ist richtig; das ABC-Phänomen erklärt, warum: Wer diese A-Mitarbeiter in ihrer Stundenzahl beschneidet, reduziert die Stellen der B-Mitarbeiter und C-Mitarbeiter dramatisch. In jeder dieser A-Überstunden werden Dinge entwickelt, neu gedacht, Projekte angeschoben und neue Produkte erdacht. Damit entsteht Arbeit für B-Mitarbeiter und C-Mitarbeiter.

In Großbetrieben werden A-Mitarbeiter teilweise angehalten, irgendwann im Laufe des Nachmittags auszustempeln, damit ihre wahre Präsenzzeit (über 10 Stunden) nicht angezeigt wird. In anderen Worten: Die Firma will verhindern, dass sie eine Strafe zahlen muss, wenn Arbeitszeitkonten überprüft werden.

2. *Hat die zunehmende Verlagerung der Produktion ins Ausland mit der ABC-Thematik zu tun?*

Je mehr A-Mitarbeiter ein Land hat, desto weniger ist Outsourcing ein Thema. A-Mitarbeiter bedeuten immer Schnelligkeit, Kundennähe und damit hohe Wertschöpfung. A-Mitarbeiter steigern die Produktivität, während C-Mitarbeiter die Produktivität verringern.

3. *Warum verliert Deutschland jedes Jahr 160 000 gut ausgebildete und hoch motivierte Menschen? Wie kann man den sogenannten Braindrain stoppen?*

Es ist ein offenes Geheimnis: A-Mitarbeiter lieben andere A-Mitarbeiter. In anderen Worten, es zieht sie dorthin, wo sie optimale Arbeitsbedingungen und Kollegen vorfinden, die ebenso engagiert sind wie sie selbst. Dubai, USA, Kanada, Neuseeland und Skandinavien sind Länder, die A-Mitarbeiter hofieren. In diesen Ländern bekennt man sich klar zu Leistung und zur Elite. Man ist stolz darauf, wenn Menschen sich selbstständig machen und in irgendeiner Form zur Vermehrung des Wohlstandes beitragen. Klar, dass A-Mitarbeiter in solchen Ländern mehr Freiheiten finden und sich damit besser verwirklichen können.

4. *Warum ist es selbst in Zeiten hoher Arbeitslosigkeit schwer, talentierte Mitarbeiter zu finden?*

Gerade in der Krise stellen sich Firmen neu auf und suchen angestrengt nach A-Mitarbeitern, um aus dem Umsatztief herauszukommen und die Zeit danach erfolgreich zu gestalten. Dabei sind vor allem gute Fachkräfte Mangelware und werden händeringend gesucht. A-Mitarbeiter stehen in Brot und Arbeit und suchen nur bedingt nach neuen Herausforderungen.

5. *Wir brauchen nicht nur Häuptlinge, wir brauchen auch Indianer.*

Das ist nicht nur unter Chefs ein weit verbreitetes Missverständnis: »A-Mitarbeiter sind Alpha-Tiere und wollen Führungspositionen; die B-Mitarbeiter erledigen die Arbeit.« Nichts könnte verkehrter sein. Ob Portier, Putzfrau oder Bandarbeiter, immer gibt es A-, B- und C-Mitarbeiter. Der Portier, der freundlich und zuvorkommend ist, der ein lebhaftes Interesse am Anliegen des Besuchers hat und kompetent und hilfsbereit weiterhilft, ist sicher ein A-Mitarbeiter. Der B-Mitarbeiter ist durchaus pünktlich und loyal, aber das reicht immer weniger.

6. *Herr Knoblauch, Sie sind Christ. Vieles, was Sie hier schreiben, empfinde ich jedoch als ausgesprochen unchristlich.*

Die Bibel hat durchaus auch etwas Forderndes, meine ausführliche Erläuterung dazu finden Sie im Unterkapitel *Fordern: Nicht nur fair, sondern ethisch* (Seite 95). Ein Christ hat nicht nur Verantwortung gegenüber Gott, sondern natürlich auch gegenüber den ihm anvertrauten Mitarbeitern. Es geht also nicht nur darum, einen schwachen Mitarbeiter zu schützen – möglicherweise muss man auch fleißige Mitarbeiter vor faulen Kollegen schützen.

7. Ich habe hauptsächlich C-Mitarbeiter, wenige B- und keinen einzigen A-Mitarbeiter. Was tun?

Wer das ändern will, hat ein paar Hausaufgaben zu erledigen.

Gute Leute kennen gute Leute. Haben Sie bisher nur über Anzeigen gesucht, oder haben Sie Ihr persönliches Netzwerk und damit Ihren Talente-Pool benutzt?

A-Mitarbeiter stehen nicht auf der Straße. Sie können sie nur »anlocken«, indem die Firma zum Leuchtturm wird, der im Dunkeln leuchtet.

Die besten Auszubildenden gewinnen Sie, indem Sie zum Beispiel in den Schulen Werbung machen, um so das Interesse guter Schüler zu wecken. Die Auswahl sollte dann sehr zügig vonstattengehen, noch bevor die großen Firmen mit ihren Auswahltests beginnen.

8. Wir haben beschlossen, uns mit B-Mitarbeitern zu begnügen. Warum soll das nicht ausreichend sein?

Wenn sich Ihre Kunden auch mit einer durchschnittlichen Leistung begnügen, dann ist dieses Vorgehen durchaus akzeptabel. Da Ihre Kunden dies vermutlich nicht werden, müssen Sie das Thema anpacken, bevor es zu spät ist!

9. Wie lange soll man B- und C-Mitarbeiter halten?

B- und C-Mitarbeiter dürfen wir auf keinen Fall als Status quo akzeptieren. Jeder Tag ist ein Tag zu viel! Die Aufgabe heißt: aus C-Mitarbeitern B-Mitarbeiter machen oder die Trennung einleiten. Aus B-Mitarbeitern gilt es, A-Mitarbeiter zu machen.

10. Ist es besser, Mitarbeiter aus den eigenen Reihen oder externe Mitarbeiter einzustellen?

Die Untersuchungen sind da eindeutig: Mitarbeiter aus den eigenen Reihen zu rekrutieren, ist beinahe immer die bessere Lösung. Diese Mitarbeiter kennen die Kultur und das Umfeld. Das Risiko, einen B- oder C-Mitarbeiter auf die neue Position zu setzen, ist deutlich geringer. Auch die Gehaltsstruktur kommt so nicht durcheinander.

11. *Wir können uns keine A-Mitarbeiter leisten.*

Die Aussage müsste genau andersherum lauten: Wir können es uns nicht leisten, keine A-Mitarbeiter zu haben – A-, B- und C-Mitarbeiter gibt es schließlich auf jeder Gehaltsstufe. Wenn Sie einen Verkäufer suchen, der 70 000 Euro verdienen soll, dann liegt es an Ihnen, durch einen mehrstufigen Auswahlprozess den entsprechenden A-Mitarbeiter zu finden.

Die Erfahrung zeigt: Ein A-Mitarbeiter ist nie überbezahlt, egal, was er verdient. Der C-Mitarbeiter dagegen ist immer zu teuer – selbst wenn er umsonst arbeiten würde.

Sie haben weitere Fragen oder kritische Anmerkungen? Ich wäre Ihnen dankbar, wenn Sie diese auf www.die-personalfalle.de eintragen würden. Ich werde in meinem Newsletter diese Themen aufgreifen.

Tipps zum Weiterlesen

o.V.: »Die große Karawane«, in: *Brand eins 09/2006, http://www. brandeins.de/archiv/magazin/ die-welt-ist-eine-scheibe/artikel/die-grosse-karawane.html*

Blanchard, Ken: *Der Minuten-Manager.* 3. Auflage. Reinbek: Rowohlt 2002.

Buckingham, Marcus und Curt Coffman: *Erfolgreiche Führung gegen alle Regeln. Wie Sie wertvolle Mitarbeiter gewinnen, halten und fördern.* 3., aktualisierte Auflage. Frankfurt/ New York: Campus 2005.

Buford, Bob: *Halbzeit. Sie können nicht alles machen, aber alles könnte mehr Sinn haben! Neue Ziele für die zweite Lebenshälfte.* Wiesbaden: Projektion J 1997.

Collins, Jim: *Der Weg zu den Besten. Die sieben Management-Prinzipien für dauerhaften Unternehmenserfolg.* 5. Auflage. München: Deutscher Taschenbuch Verlag 2003.

Covey, Stephen R.: *Der 8. Weg. Mit Effektivität zu wahrer Größe.* 5. Auflage. Offenbach: GABAL 2006.

Csikszentmihalyi, Mihaly: *Flow im Beruf. Das Geheimnis des Glücks am Arbeitsplatz.* 2. Auflage. Stuttgart: Klett-Cotta 2004.

Czwalina, Johannes: *Zwischen Leistungsdruck und Lebensqualität. Warum der Markt keine Seele hat.* Oberursel: Who's Who Media-Projektgruppe 2003.

Florida, Richard: *The Rise of the Creative Class: And How It's Transforming Work, Leisure, Community and Everyday Life.* Basic Books: New York 2003

Förster, Anja und Peter Kreuz: *Alles, außer gewöhnlich. Provokative Ideen für Manager, Märkte, Mitarbeiter.* Berlin: Econ 2007.

Gallup-Studien – kein anderes Meinungsforschungsinstitut hat sich mit der emotionalen Bindung von Mitarbeitern am Arbeitsplatz beschäftigt. Diese Studien werden jedes Jahr durchgeführt. Die Website www.gallup.de gibt weitere Hinweise.

Gay, Friedbert: *Das persolog® Persönlichkeits-Profil. Persönliche Stärke ist kein Zufall.* 37. Auflage. Offenbach: GABAL 2008.

Hanssmann, Friedrich: *Humanisierung des Managements. Ein christlicher Standpunkt.* Gräfelfing: Resch 2001.

Knoblauch, Jörg: *Die Personal-Toolbox. Mit 30 Einzelteilen (Leitfäden, DVDs, CDs, Arbeitsmaterialien), die Ihre Personalauswahl nachhaltig verbessern.* Giengen: tempus-Consulting 2009 (erhältlich über www.tempus.de).

Knoblauch, Jörg, Johannes Hüger und Marcus Mockler: *Dem Leben Richtung geben. In drei Schritten zu einer selbstbestimmten Zukunft.* 5. Auflage. Frankfurt/New York: Campus 2007.

Knoblauch, Jörg und Kurt Nagel: *TEMP-Praxisbuch. Die 55 besten Methoden für Ihren unternehmerischen Erfolg.* Giengen: tempus-Consulting 2009 (erhältlich über www.tempus. de).

Knoblauch, Jörg und Jürgen Kurz: *Die besten Mitarbeiter finden und halten. Die ABC-Strategie nutzen.* 2. Auflage. Frankfurt/New York: Campus 2009.

Knoblauch, Jörg, Jürgen Kurz und Jürgen Frey: *Die TEMP-Methode® – Das Konzept für Ihren unternehmerischen Erfolg.* Frankfurt/New York: Campus 2009.

Kobjoll, Klaus, Ulrich Scheiper und Markus Wiesmann: *max. Das revolutionäre Motivations-konzept.* 2. Auflage. Zürich: Orell Füssli 2005.

Kurz, Jürgen: *Für immer aufgeräumt. Zwanzig Prozent mehr Effizienz im Büro.* 4. Auflage. Offenbach: GABAL 2009.

Lundin, Stephen C., Harry Paul und John Christensen: *Fish! Ein ungewöhnliches Motivations-buch.* München: Goldmann 2003.

Morris, Peter und Peter Laufer: *Disgruntled Employee: Manage Challenging Staff Without Losing Your Mind.* Cincinnati (USA): Adams Media Group 2008.

Opaschowski, Horst: *Deutschland 2010. Wie wir morgen arbeiten und leben.* Hamburg: Germa Press 2001.

Peter, Laurence J. und Raymond Hull: *Das Peter-Prinzip oder die Hierarchie der Unfähigen.* 3. Auflage. Reinbek: Rowohlt 2001.

Peters, Tom und Robert H. Waterman Jr.: *Auf der Suche nach Spitzenleistungen. Was man von den bestgeführten US-Unternehmen lernen kann.* 9. Auflage. Frankfurt/Main: Redline Wirtschaft bei Verlag moderne Industrie 2003.

Simon, Hermann: *Hidden Champions des 21. Jahrhunderts. Die Erfolgsstrategien unbekannter Weltmarktführer.* Frankfurt/New York: Campus 2007.

Smart, Bradford D.: *Topgrading. How Leading Companies Win by Hiring, Coaching, and Keeping the Best People.* New York u. a.: Portfolio (USA) 2005.

Smart, Geoff und Randy Street: *Who – The A Method for Hiring.* New York: Random House 2008.

Späth, Lothar und Marlis Prinzing: *» Wir schaffen das.«* Antworten auf die Krise, Perspektiven *für die Zukunft.* Lahr: Kaufmann 2009.

Sprenger, Reinhard K.: *Mythos Motivation. Wege aus einer Sackgasse.* 18. Auflage. Frankfurt/New York: Campus 2007.

Ulrich, Dave: *Human Resource Champions. The Next Agenda for Adding Value and Delivering Results.* Columbus (Ohio): McGraw-Hill 1996.

Venohr, Bernd: *Wachsen wie Würth. Das Geheimnis des Welterfolgs.* Frankfurt/New York: Campus 2006

Welch, Jack und Suzy Welch: *Winning: das ist Management.* Frankfurt/New York: Campus 2005.

Welch, Jack mit John A. Byrne: *Was zählt. Die Autobiografie des besten Managers der Welt.* 2. Auflage, Berlin: Ullstein 2005.

Wunderer, Rolf (Hrsg.): *Mitarbeiter als Mitunternehmer. Grundlagen, Förderinstrumente, Pra-xisbeispiele.* Neuwied u. a.: Luchterhand 1999.

Zeylmans, van Emmichoven Vincent: *Mein neuer Job! Impuls für Ihre Karriere. Das Coaching-Buch für die erfolgreiche Bewerbung gegen den Strom.* 2. Auflage. Regensburg: Walhalla Fachverlag 2008.

Danke!

Es steht zwar mein Name auf dem Umschlag. Zur Verwirklichung des Buches haben jedoch viele Menschen beigetragen. Ihnen gilt mein Dank.

Marcel Dompert ist mein Kollege. Seine unermüdliche Mitarbeit, seine Computerexpertise und Geschwindigkeit beim Formulieren sind begeisternd.

Achim Zoll und *Oliver Gorus*, die mich auf dem Weg vom Manuskript bis zu diesem Buch entscheidend begleitet haben.

Christiane Meyer ist die kluge Lektorin des Campus Verlags. Danke für alle kritischen Rückfragen.

Markus Bodewei, der im Rahmen seines Praktikums sich intensiv mit dem Thema befasst hat.

Vincent G. A. Zeylmans van Emmichoven und seine Jobhunting-Erfahrung haben uns wesentliche Einsichten gebracht.

Johannes Czwalina und seinem Freundeskreis, den sogenannten Wolfsberger Gesprächen, verdanke ich ganz wesentliche Erkenntnisse zur ethischen Vertretbarkeit der ABC-Methode.

Hans P. Schwarz ist unser genialer Experte für Rechtsfragen im Personalwesen.

Traudel Knoblauch für ihre Geduld beim Korrekturlesen des Manuskriptes.

Dirk Meissner ist ein begabter Cartoonist, den wir wegen der »Schärfe seiner Bilder« ausgewählt haben.

Jürgen Kurz, Chef unserer Consulting-Firma, hat mich für dieses Projekt immer wieder freigestellt.

Meine Frau *Elfi* hatte immer Geduld, wenn ich's wieder mal übertrieben habe.

Ich nehme nicht in Anspruch, die ABC-Mitarbeitersystematik erfunden zu haben. Dieser Verdienst gilt *Jack Welch*, dem legendären CEO von General Electric, *Bradford Smart* und vielen anderen, die hier nicht genannt sind. Mit diesem Buch habe ich versucht, diese geniale Einsicht, die so viele Phänomene des Alltags erklärt, in eine Form zu bringen, die allgemein verständlich ist.

Ein großer Dank auch an meine »professionellen Freunde«, die das Manuskript durchgesehen und mit ihren Erfahrungen und Gedanken ergänzt haben.

Ihnen, lieber Leser, liebe Leserin, danke ich, dass Sie sich für dieses Thema interessieren. Es ist das zentrale Thema der nächsten Jahre.

Giengen, im Frühjahr 2010

Jörg Knoblauch

(j.knoblauch@tempus.de)

Register

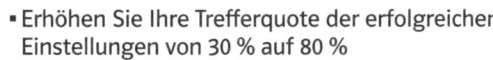